高等职业教育规划教材

金相热处理综合实训

燕样样　刘晓燕　编著

机 械 工 业 出 版 社

本书采用理论基础知识与技能强化训练相结合的“理-实一体化教学”模式，简述热处理原理，详述热处理工艺及技能操作，以普通热处理工艺及显微组织鉴别为主。其目的在于强化零件材料、热处理工艺、显微组织与力学性能（硬度）之间关系的知识讲解，提高学生理论联系实际、综合分析问题及解决问题的能力，以及对各种信息资料的查询、收集、筛选、归纳整理和综合运用的能力。

本书共分两个单元：第1单元为基础理论知识，包括铁碳合金相图、钢在加热和冷却时的组织转变、热处理安全生产常识；第2单元为技能强化训练，包括金相试样制备技术和钢材相似显微组织鉴别、钢的热处理工艺、显微组织缺陷及实例分析。第1单元根据基础理论设置了3个强化训练、1个拓展知识；第2单元根据技能要求设置了2个强化训练、1个拓展训练、1个拓展知识。所有强化训练均按照“六步工作法”设置，内容既能互相融合，又能自成体系，具有很强的可操作性。本书提供了200多幅典型的金相照片，引用和录用失效分析案例、金相试样制备技巧等科技论文14篇，附录部分内容包括常用钢材热处理工艺及显微组织、根据第6章强化训练内容编制的“金相热处理综合实训”课程标准，以及2套热处理工技能鉴定考核模拟试题和答案。

本书可作为高等职业院校热处理技术及应用、材料成型与控制、检测技术及应用、焊接以及机械类相关专业实训教材，还适用于热处理工技能考试及金相检验资格证考试的培训。对于大专院校从事相关教学、科研的教师以及生产第一线工程技术人员也具有重要的参考价值。

本书配套有电子教案，凡使用本书作为教材的教师，可登录机械工业出版社教育服务网 www.cmpedu.com 注册后免费下载。咨询邮箱：cmp-gaozhi@sina.com。咨询电话：010-88379375。

图书在版编目（CIP）数据

金相热处理综合实训/燕样样，刘晓燕编著．—北京：机械工业出版社，2013.8（2024.7重印）

高等职业教育规划教材

ISBN 978-7-111-43179-4

Ⅰ．①金…　Ⅱ．①燕…②刘…　Ⅲ．①金相组织-热处理-高等职业教育-教材　Ⅳ．①TG113.1

中国版本图书馆CIP数据核字（2013）第145895号

机械工业出版社（北京市百万庄大街22号　邮政编码100037）

策划编辑：于奇慧　责任编辑：于奇慧　沈　荣

版式设计：常天培　责任校对：张　媛

封面设计：陈　沛　责任印制：常天培

北京机工印刷厂有限公司印刷

2024年7月第1版第3次印刷

184mm×260mm · 12.25印张 · 301千字

标准书号：ISBN 978-7-111-43179-4

定价：35.00元

电话服务　　网络服务

客服电话：010-88361066　机　工　官　网：www.cmpbook.com

010-88379833　机　工　官　博：weibo.com/cmp1952

010-68326294　金　书　网：www.golden-book.com

封底无防伪标均为盗版　机工教育服务网：www.cmpedu.com

前　言

本书是高等职业教育材料类“热处理技术及应用”专业的规划教材之一。采用理论基础知识与技能强化训练相结合的“理-实一体化教学”模式，简述热处理原理，详述热处理工艺及技能操作。可作为材料成型与控制、检测技术及应用、焊接以及机械类相关专业的实训教材，也适用于热处理工技能鉴定考核和金相检验资格证考试的培训。对于大专院校从事相关教学、科研的教师具有重要的参考价值，对生产第一线工程技术人员也具有积极的指导意义。

本书具有以下特点：

1）密切结合生产实际，把在长期的实验实训教学中积累的大量资料（200多幅金相照片）、科研成果、科技论文（14篇）及学生的综合实训（六个强化训练）融入到教材之中。一方面可提高教师教学的积极性，激发教师除了正常的教学工作之外，利用业余时间投入到科研中的热情；另一方面可鼓舞学生的学习兴趣，也为工科类各专业实训教材的编写提供了一个新思路。

2）根据教学内容，按照“六步工作法”设置了六个强化训练项目，其内容由简单到复杂逐渐递增，既能互相融合，又能自成体系。同时，还设置了两个拓展知识，分别介绍了材料热处理技术发展史、热处理质量和检验概论及显微镜的发展史。

3）本书内容不求面面俱到，力求突出实践应用，注重技能和方法的培养。本书针对普通热处理，始终围绕材料→工艺→组织→性能之间的关系这条主线，尽可能地利用金相照片对工艺、性能之间的关系进行详细说明，内容充实丰富，结果直观清晰。

4）紧密结合职业教育的办学模式和教学目标，强调实践性、应用性和创新性，理论知识坚持以必需、够用为度。本书注意内容的精选和创新，既考虑了知识结构的合理性、系统性，又兼顾了职业技术培训的要求。本书内容的设置在广度上适当收缩（材料及热处理方法不一定全面），深度上比较深入（针对某种材料热处理后所形成的显微组织和性能之间的关系）。既注重实训对技能的培养，也注重培养获得技能的方法和手段。

本书的知识结构体系见下表。

章　节	知　识　要　点	说　明
第1单元	基础理论知识：结合典型显微组织照片进行说明	
第1章	铁碳合金相图 强化训练：用金相法鉴别碳钢牌号	适用于时间为1周的金相试样制备实训

（续）

章节	知识要点	说明
第2章	钢在加热时的组织转变 强化训练：鉴别加热温度对预备热处理显微组织及性能的影响	适用于时间为2周的热处理与金相制样实训
第3章	钢在冷却时的组织转变 强化训练：鉴别预备热处理显微组织对最终热处理性能的影响	
第4章	热处理安全生产基础知识 拓展知识：1. 我国材料热处理技术发展史 2. 热处理质量和检验概论	使实际操作有章可循，安全规范
第2单元	技能强化训练：围绕材料→工艺→组织→性能之间的关系这条主线，尽可能地利用金相照片对工艺、性能之间的关系进行详细说明	
第5章	金相试样制备技术与钢材相似显微组织的鉴别 强化训练：钢铁材料显微组织的分析与鉴别	适用于时间为3~4周的金相检验实训
第6章	钢的热处理工艺 强化训练：金相热处理技能强化训练	1. 适用于时间为1周的热加工（热处理）实训 2. 适用于时间为3~4周的金相热处理综合实训
第7章	显微组织缺陷与案例分析 拓展训练：钢材力学性能测试强化训练 拓展知识：显微镜的发明及其对人类的贡献	适用于时间为4~5周的材料力学性能综合实训

本书第4章由西安飞机国际航空制造股份有限公司研究员级高级工程师、陕西省机械工程学会理事刘晓燕编写，其余部分由陕西工业职业技术学院高级实验师燕样样编写。燕样样负责统稿，并采集提供所有的金相照片。陕西工业职业技术学院材料工程学院副教授姚永红、李红莉审阅了全书。

承蒙陕西工业职业技术学院校企合作处白宝忠，材料工程学院王艳芳、牛艳娥、宋丽萍、薛平等以及材料成型与控制专业08级、09级全体同学的大力配合和帮助，陕西省机械工程学会理化分会秘书长、高级工程师王维发，西安煤矿集团有限公司王培科等人的鼎力支持，使得实训过程得以顺利进行，教材编写按时完成，在此向大家表示衷心的感谢！在教材的编写过程中，还参考了许多文献资料，在此也向资料的原作者致以诚挚的谢意！

由于作者的水平有限，教材中的错误和不妥之处在所难免，敬请专家、同行和广大读者多提宝贵意见！

编　者

目　录

第 1 单元　基础理论知识

本单元主要学习铁碳合金相图、钢在加热和冷却过程中的组织转变以及热处理生产安全基础知识，同时提供了大量的典型显微组织照片及分析说明，以便比较鉴别。本单元知识可为材料热处理工艺参数的选择及安全操作奠定良好的基础。

第 1 章　铁碳合金相图

铁碳合金相图全面概括了钢铁材料的组织结构、成分及温度之间的关系，是热加工参数中加热温度选择的依据。

【学习目的】

掌握铁碳合金相图上的特性线 A_1（Ac_1、Ar_1）、A_3（Ac_3、Ar_3）、A_{cm}（Ac_{cm}、Ar_{cm}），基本相和组织，平衡组织的形态，以及碳的质量分数与组织和性能之间的关系。

【重点】

平衡组织形态，碳的质量分数与组织和性能之间的关系。

【难点】

平衡组织形态的鉴别。

钢和铸铁是现代工业中应用最为广泛的金属材料，其基本组成是铁、碳元素，故称为铁碳合金。铁碳合金相图是一个比较复杂的二元合金相图，它全面概括了钢铁材料的组织结构、成分及温度之间的关系，对研究钢铁材料、制订热加工工艺等具有重要的指导作用。

在铁碳合金中，铁与碳可以形成 Fe_3C、Fe_2C、FeC 等一系列化合物，因此整个 Fe-C 相图应由 Fe-Fe_3C、Fe-Fe_2C、Fe-FeC 等一系列相图组成。由于 $w_C>5\%$ 的铁碳合金性能很脆，没有实用价值，所以在铁碳合金相图中，仅研究 Fe-Fe_3C 部分。因此，一般所说的铁碳合金相图实际上是指 Fe-Fe_3C 相图，Fe_3C 是组成 Fe-Fe_3C 相图的一个独立组元，如图 1-1 所示。

1.1　铁碳合金的基本相

Fe 和 Fe_3C 是组成 Fe-Fe_3C 相图的两个基本组元。纯铁有同素异晶转变，可形成体心立方和面心立方两种晶格的同素异晶体。碳溶于铁的这两种晶格中，形成了两种固溶体，它们是相图中的两个基本相，即铁素体和奥氏体。此外，Fe_3C（渗碳体）也是 Fe-Fe_3C 相图的基本相之一。

1.1.1　铁素体

碳溶于体心立方晶格的 α-Fe 中所形成的固溶体称为铁素体，用 F 表示。由于晶体内部

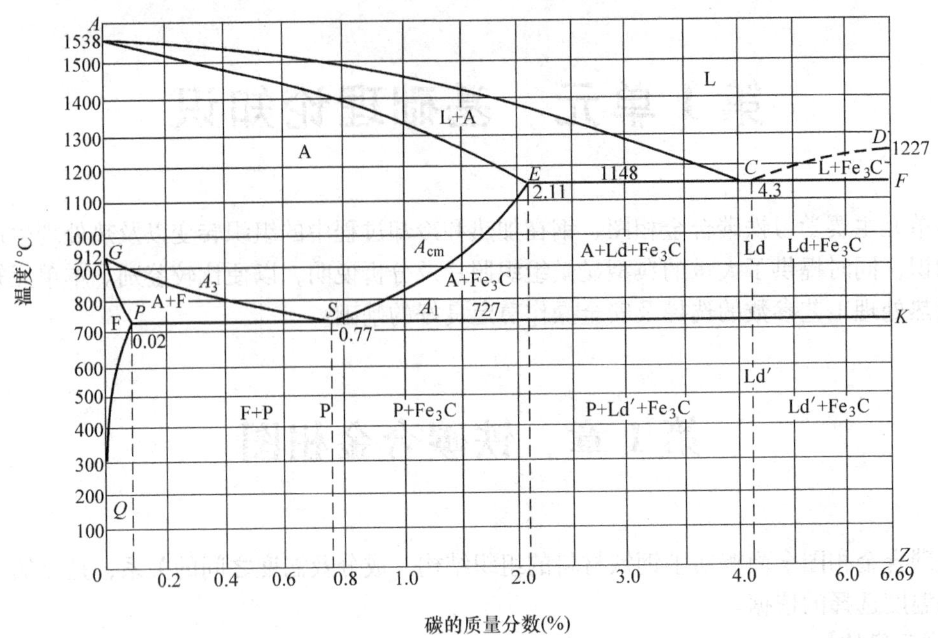

图 1-1　Fe-Fe_3C 相图

存在缺陷（如位错、空位、晶界等），故 α-Fe 中可溶解微量的碳，而且随着温度的升高溶碳量也有所增加。铁素体在室温时的溶碳量几乎等于零，在 600℃时的溶碳量仅为 0.0057%（质量分数），在 727℃时可增至 0.0218%。

合金元素可以置换铁素体中的铁原子，形成合金铁素体，使铁素体产生固溶强化。将试样用 4%（体积分数）硝酸酒精溶液侵蚀后在显微镜下观察，铁素体呈明亮的等轴多边形，有时由于各晶粒间的位向不同，受侵蚀程度略有差别，因而稍显明暗不同，如图 1-2 所示。

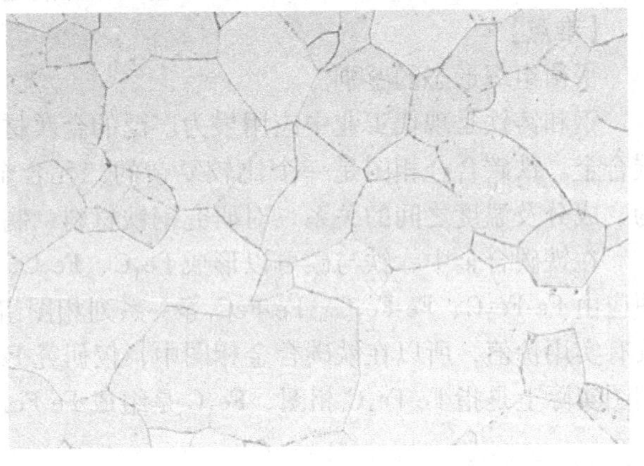

图 1-2　工业纯铁中的铁素体（×400）

铁素体的强度、硬度很低，但具有高的塑性和韧性。由于铁素体的含碳量低，其结构和纯铁相似，因此其力学性能和物理性能与纯铁相近。

铁素体在 770℃以下具有铁磁性，在 770℃以上则失去铁磁性。

1.1.2　奥氏体

碳溶于面心立方晶格的 γ-Fe 中所形成的固溶体称为奥氏体，用 A 表示，如图 1-3 所示。奥氏体存在于 727～1495℃的温度范围内。高温下奥氏体的形态呈多边形，与铁素体的形态相似，但其晶粒边界较铁素体平直，且晶粒内常有孪晶出现。

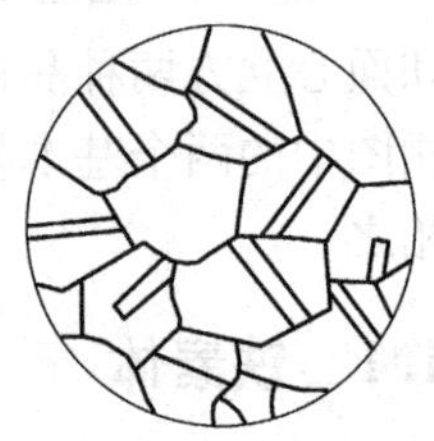

图 1-3　奥氏体示意图

奥氏体的强度较低，塑性高。与 γ-Fe 一样，奥氏体无铁磁性。

1.1.3　渗碳体

渗碳体是铁和碳的化合物，其碳的质量分数为 6.69%，分子式为 Fe_3C，也可以用 C 表示。渗碳体是一种具有复杂晶格结构的间隙化合物。在铁碳合金中，当碳的含量超过碳在铁中的溶解度时，多余的碳就会形成 Fe_3C。

渗碳体的熔点计算值为 1227℃，但有的资料介绍为 1600℃。

渗碳体无同素异晶转变，但有磁性转变，它在 230℃以下具有弱铁磁性，在 230℃以上则失去铁磁性。

渗碳体的硬度很高（800～1000HV），而塑性和冲击韧性几乎等于零，脆性很大。渗碳体的形态有很多，不受硝酸酒精腐蚀，在显微镜下呈白亮色，在碱性苦味酸钠腐蚀下被染成黑色，如图 1-4 所示。在钢和铸铁中与其他相共存时可以呈片状、粒状、网状或板状。渗碳体是碳钢中主要的强化相，它的数量、形状、大小与分布对钢和铸铁的性能有很大的影响。

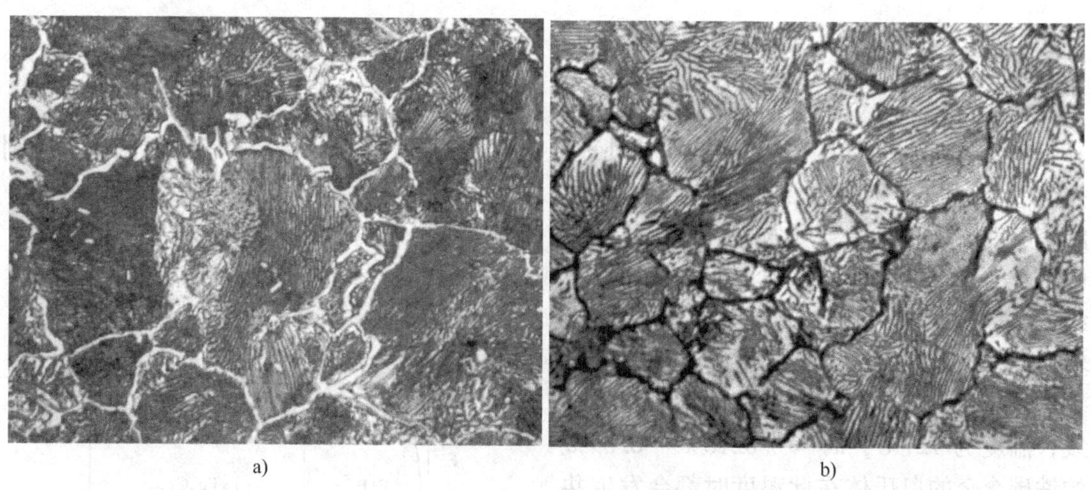

a)　　b)

图 1-4　过共析钢中的网状二次渗碳体（×400）

a）4% 硝酸酒精溶液侵蚀　b）碱性苦味酸钠煮沸热蚀

1.1.4　珠光体

珠光体是奥氏体冷却到 727℃时发生共析转变的产物，是铁素体和渗碳体的机械混合物，用 P 表示，其碳的质量分数为 0.77%。由于它是硬、软两相的混合物，所以它的性能介于两者之间，缓冷时的硬度为 180～200HBW。在放大倍数较高的显微镜下观察，可以清楚地看到铁素体与渗碳体呈片状交替排列的状态，如图 1-5 所示。

图 1-5　共析钢中的珠光体（×400）

1.1.5 莱氏体

碳的质量分数为4.3%的液态合金冷却到1148℃时，同时结晶出奥氏体和渗碳体的共晶体，该共晶体称为高温莱氏体，用Ld表示。而在727℃以下由珠光体和渗碳体所组成的莱氏体称为低温莱氏体，用Ld′表示。莱氏体硬而脆，是白口铸铁的基本组织，如图1-6所示。

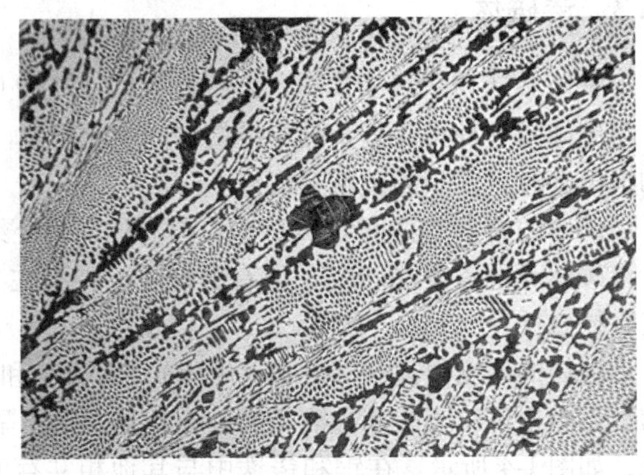

图1-6 共晶白口铸铁中的莱氏体（×100）

在铁碳合金的五种基本组织中，F、A、Fe_3C都是单相组织，是基本相；而P、Ld′是由基本相组成的两相组织。

1.2 相图分析

在铁碳合金相图中，有三条线是热处理工艺参数选择的基础，需要熟悉。这三条线分别为：①*ES*线，又称为A_{cm}线，是碳在γ-Fe中的溶解度曲线，随着温度的降低，从奥氏体中析出二次渗碳体，用$Fe_3C_{Ⅱ}$表示；②*GS*线，又称为A_3线，是奥氏体和铁素体的相互转变线，随着温度的降低，从奥氏体中析出铁素体；③*PSK*线，又称为A_1线，是共析线，温度为727℃，$w_C=0.0218\%\sim6.69\%$的铁碳合金的奥氏体在此温度时都会发生共析转变，形成珠光体。

在加热时，这三条线分别表示为Ac_1、Ac_3、Ac_{cm}，在冷却时分别表示为Ar_1、Ar_3、Ar_{cm}，如图1-7所示。

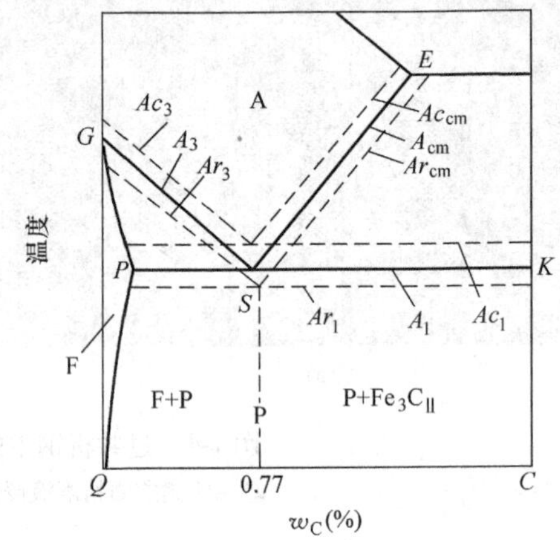

图1-7 加热（冷却）时Fe-Fe_3C相图上各相变点的位置

在相图中，铁碳合金根据碳的质量分数不同，可分为三个部分，即工业纯铁、钢和白口铸铁。

1.2.1 工业纯铁

工业纯铁中碳的质量分数$w_C\leqslant0.0218\%$，其显微组织全部由铁素体组成。铁素体在4%硝酸酒精溶液侵蚀后呈白色不规则多边形，如图1-2所示。

1.2.2 钢

钢中碳的质量分数为$0.0218\%<w_C<2.11\%$。根据碳的质量分数不同可将钢分为以下

三种类型：

（1）亚共析钢　碳的质量分数为 $0.0218\% < w_C < 0.77\%$，显微组织由铁素体和珠光体组成。用 4% 硝酸酒精溶液侵蚀后，铁素体呈白色不规则多边形，珠光体为深色片层状不规则多边形。

亚共析钢随着碳的质量分数的增加，铁素体量减少，珠光体量增多，如图 1-8 所示。其力学性能的变化为强度、硬度升高，塑性、韧性下降。

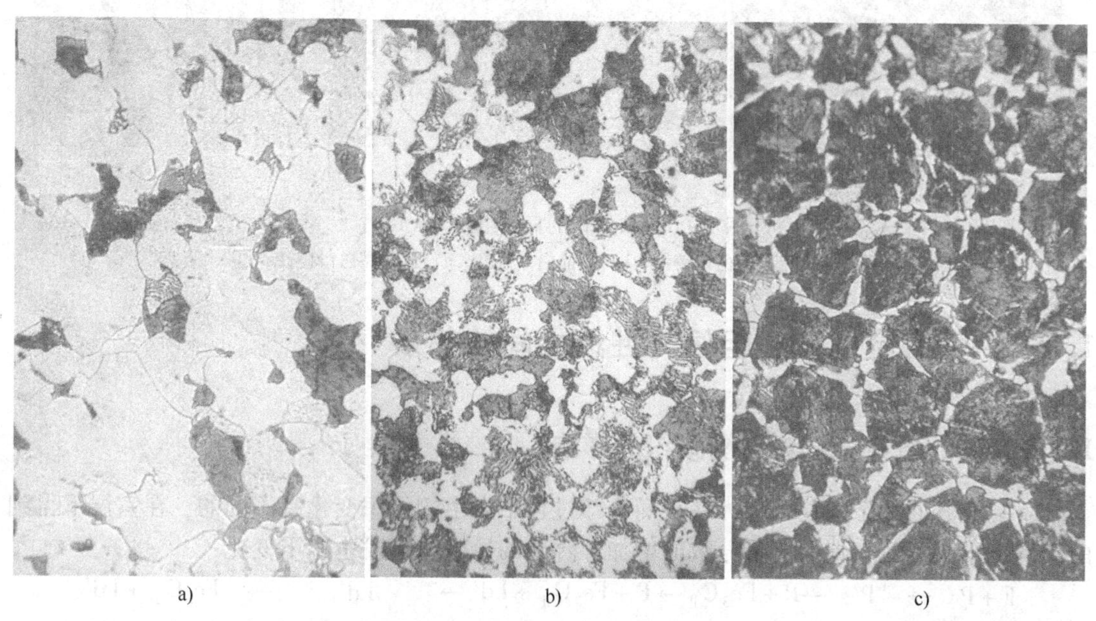

图 1-8　亚共析钢的显微组织（×400）
a）20 钢　b）45 钢　c）65 钢

（2）共析钢　碳的质量分数 $w_C = 0.77\%$，显微组织全部由深色片层状珠光体组成。珠光体是由铁素体和渗碳体组成的片层相间的机械混合物，如图 1-5 所示。

（3）过共析钢　碳的质量分数为 $0.77\% < w_C < 2.11\%$，显微组织由珠光体和二次渗碳体组成。二次渗碳体分布在珠光体周围，形成细而均匀的二次渗碳体网络，用 4% 硝酸酒精溶液侵蚀后呈白色，如图 1-4a 所示。

1.2.3　白口铸铁

白口铸铁中碳的质量分数为 $2.11\% < w_C < 6.69\%$。根据碳的质量分数不同可将白口铸铁分为以下三种类型：

（1）亚共晶白口铸铁　碳的质量分数为 $2.11\% < w_C < 4.3\%$，显微组织由珠光体 + 二次渗碳体 + 低温莱氏体组成，如图 1-9a 所示。

（2）共晶白口铸铁　碳的质量分数 $w_C = 4.3\%$，显微组织全部由莱氏体组成。莱氏体是在白色渗碳体基体上分布着点状或短棒状的深色珠光体，如图 1-9b 所示。

（3）过共晶白口铸铁　碳的质量分数为 $4.3\% < w_C < 6.69\%$，显微组织由亮白色的长条状（板状）初生渗碳体和莱氏体组成，如图 1-9c 所示。

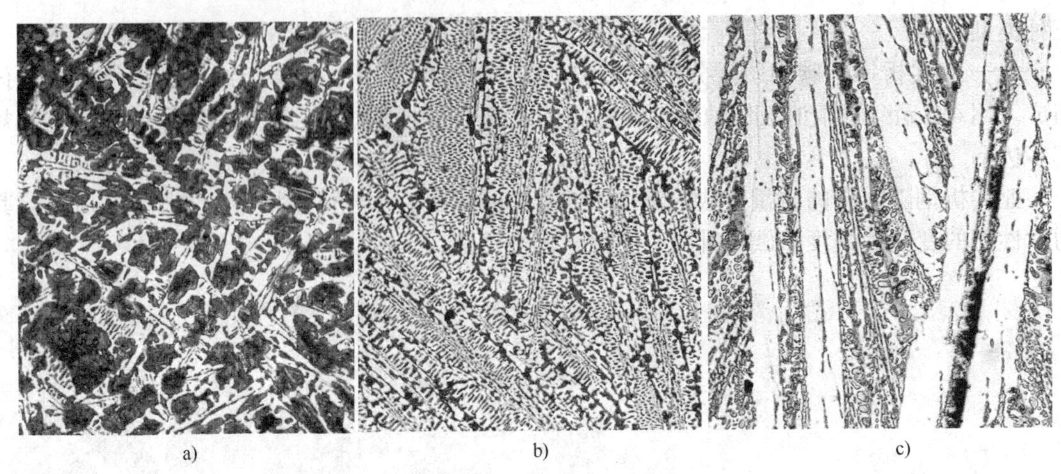

图 1-9　白口铸铁的显微组织（×100）
a）亚共晶白口铸铁　b）共晶白口铸铁　c）过共晶白口铸铁

1.3　铁碳合金成分、组织与性能之间的关系

1.3.1　碳的质量分数对平衡组织的影响

不同成分的液态铁碳合金，在平衡冷却过程中发生的组织变化是不同的，在室温下得到的组织也不同。随着碳的质量分数的增加，合金的显微组织发生以下变化：

$$F+P \rightarrow P \rightarrow P+Fe_3C_{II} \rightarrow P+Fe_3C_{II}+Ld' \rightarrow Ld' \rightarrow Fe_3C_{I}+Ld'$$

亚共析钢　共析钢　过共析钢　亚共晶白口铸铁　共晶白口铸铁　过共晶白口铸铁

由此可见：随着碳的质量分数的增加，组织中渗碳体的相对量将不断增多，而且渗碳体的形状和分布也发生变化，故不同成分的铁碳合金具有不同的性能。

1.3.2　碳的质量分数对力学性能的影响

当 $w_C<0.9\%$ 时，随着碳的质量分数增加，钢的强度、硬度直线上升，而塑性、韧性不断降低。这是因为随着碳的质量分数的增加，组织中作为强化相的渗碳体数量增多，引起合金的硬度提高和塑性降低；渗碳体的数量越多，分布越均匀，钢的强度就越高。当 $w_C>0.9\%$ 时，渗碳体以网状分布于晶界处或以粗大片状存在于基体中，不仅使钢的塑性、韧性进一步降低，而且强度也明显下降。为了保证工业上使用的钢具有足够的强度，并具有一定的塑性和韧性，钢中碳的质量分数一般不超过 1.3% ~1.4%。$w_C>2.11\%$ 的白口铸铁由于组织中存在较多的渗碳体，在性能上显得特别硬而脆、难以切削加工，因此在一般机械制造工业中应用较少。

【强化训练】　用金相法鉴别碳钢牌号

★任务下达

某钢料库把一批碳钢材料混淆在一起，试用金相法鉴定碳钢牌号。

★制订计划

1）熟悉金相试样制备技术。

2）明确金相试样制备是为了正确鉴别显微组织。

3）明确在这批碳钢中可能有亚共析钢、共析钢和过共析钢。

4）明确用金相法鉴定碳钢牌号时，其显微组织必须为平衡状态（或退火态）。

5）明确采用热处理退火工艺后的显微组织可以作为平衡组织。

★做出决定

1）在以上分析的基础上，计划对这批材料进行完全退火。

2）完全退火必须加热到完全奥氏体化。

3）兼顾亚共析钢、共析钢和过共析钢，完全退火选择较高的加热温度，即900℃±10℃。

★实施计划

1）在混淆的材料中取合适大小的金相试样。

2）选择中温箱式电阻炉，把控温仪表调整到900℃。

3）空炉升温到给定温度后装入试样，保温足够时间（根据试样大小确定）后关闭电源，试样随炉冷却到500℃左右出炉空冷。

4）制备好金相试样，置于显微镜上观察组织。

5）根据显微组织判断是亚共析钢、共析钢还是过共析钢。

6）利用目镜测微尺，用截点法测定试样中珠光体的含量。为了准确，建议测3～5个视场，每个视场测3～5条线，并计算出珠光体的面积百分比。

7）计算含碳量。

亚共析钢

$$w_C = A_p\% \times 0.8\%$$

式中　$A_p\%$——观察视域中珠光体所占的面积百分数；

0.8%——珠光体中碳的质量分数（也可用0.77%）。

过共析钢

$$w_C = A_p\% \times 0.8\% + A_{Fe_3C}\% \times 6.69\%$$

式中　$A_p\%$——观察视域中珠光体所占的面积百分数；

0.8%——珠光体中碳的质量分数（也可用0.77%）；

$A_{Fe_3C}\%$——观察视域中渗碳体所占的面积百分数；

6.69%——渗碳体中碳的质量分数。

球化组织

$$w_C = A_{Fe_3C}\% \times 6.69\%$$

式中　$A_{Fe_3C}\%$——观察视域中渗碳体所占的面积百分数；

6.69%——渗碳体中碳的质量分数。

8）采集金相照片。

★数据整理

1）根据计算的碳的质量分数分别判断碳钢牌号。例如，一试样中珠光体所占的面积百分数为55%，其碳的质量分数为 $w_C = A_p\% \times 0.8\% = 55\% \times 0.8\% = 0.44\%$，可判定为45

钢。

2）用 Word 文档形式整理编辑采集的金相照片，为完成实训报告做好准备。

★总结分析

1）根据金相法判断碳钢牌号，只能在完全退火工艺后进行。

2）此方法对合金结构钢不适用，因为合金结构钢完全退火后的显微组织也是铁素体和珠光体。

★实训报告

1）写出实训目的。

2）用 Word 文档形式整理、编辑金相照片，并根据要求加以说明，如图 1-10 所示。

3）应详细说明以下内容：组织形态、组成物的量、组织分布、颜色，以及晶粒大小等。

4）提交打印的实训报告及电子稿各 1 份。

★说明

此项目可以作为实训时间为 1 周的“金相试样制备实训”内容。

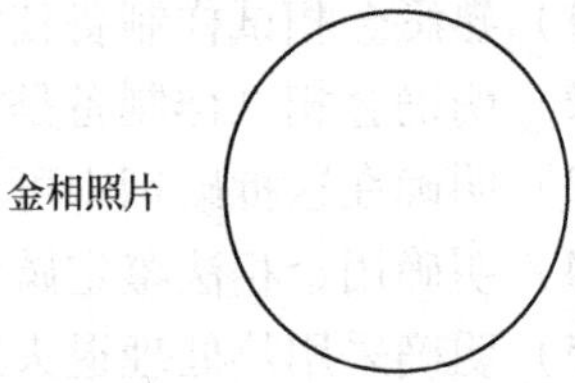

材料名称：__________

处理状态：__________

放大倍数：__________

侵 蚀 剂：__________

组织说明：__________

图 1-10　金相照片及说明

【思考题】

1. 分析比较亚共析钢、共析钢及过共析钢组织的异同点。

2. 某工厂仓库积压了许多碳钢（退火状态），不知道钢的化学成分，现找出其中一根，经金相分析，发现其组织为珠光体 + 铁素体，其中铁素体占视域面积的 80%，问此钢材的含碳量大约是多少？

第 2 章　钢在加热时的组织转变

加热是热处理的第一道工序。由 $Fe\text{-}Fe_3C$ 相图可知，在 A_1 以下温度钢的平衡组织为铁素体和渗碳体，当温度超过 A_1（共析钢）或 A_3（亚共析钢）或 A_{cm}（过共析钢）以上时，钢的组织为单相奥氏体。奥氏体是碳和各种化学元素溶入 γ-Fe 中所形成的固溶体。

【学习目的】

掌握钢在加热时的特征曲线 Ac_1、Ac_3 及 Ac_{cm} 的含义，熟悉奥氏体晶粒大小对钢热处理工艺的影响。

【重点】

钢在加热时奥氏体的形成过程。

【难点】

亚共析钢和过共析钢奥氏体化的特点。

2.1　奥氏体的形成过程

实验证明，奥氏体的形成也是由形核和核长大这两个过程完成的。

现以共析钢为例，说明奥氏体的形成过程。共析钢的原始组织为 P，当加热到 Ac_1 以上温度时，发生 P→A 转变，在转变过程中要发生晶格改组和碳原子的重新分布。转变包括奥氏体形核、奥氏体长大、Fe_3C 溶解及奥氏体均匀化四个基本环节，如图 2-1 所示。

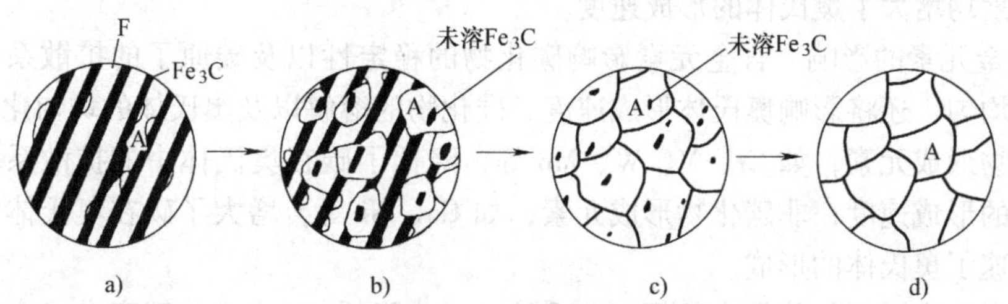

图 2-1　共析钢的奥氏体形成过程示意图

a）奥氏体形核　b）奥氏体长大　c）剩余 Fe_3C 溶解　d）奥氏体均匀化

对于亚共析钢和过共析钢，在继续升温时，先共析产物也会转化为奥氏体。只有当亚共析钢的加热温度超过 Ac_3、过共析钢的加热温度超过 Ac_{cm} 并保温足够时间，才能获得均匀单相的奥氏体。加热温度不同时，奥氏体中的含碳量不同，奥氏体均匀化后的成分与合金成分相同。

2.2　影响奥氏体形成速度的因素

一切影响奥氏体形核率和长大速度的因素都影响奥氏体的形成速度，如加热温度、钢的原始组织和化学成分等。

2.2.1 加热温度的影响

1）奥氏体形成速度随着加热温度的升高而迅速增大，转变的孕育期变短，相应地转变终了时间也变短。

2）随着奥氏体形成温度的升高，形核率的增长速率高于长大速度的增长速率。例如，Fe-C 合金的转变温度从 740℃升高到 800℃时，其形核率增加 270 倍，而长大速度只增加 80 倍。因此，奥氏体形成温度越高，起始晶粒度越细小。

3）随着奥氏体形成温度的升高，奥氏体相界面向铁素体的推移速度比向渗碳体的推移速度之比增大，在 780℃时其比值为 14，而在 800℃时比值增大到约为 19。因此，随着转变温度的升高，当奥氏体将铁素体全部吞并时，剩下的渗碳体量增多。

2.2.2 原始组织的影响

钢的原始组织越细小，碳化物分散度越高，相界面越多，形核率越大。同时，珠光体的片间距越小，碳原子的扩散距离越短，奥氏体中的浓度梯度增大，均使奥氏体形成速度加快。珠光体、索氏体、托氏体的奥氏体形成速度依次增加；片状珠光体比粒状珠光体的形成速度快。当碳的质量分数为 0.77% 时，铁素体和渗碳体的界面最多，奥氏体化速度最快。

2.2.3 化学成分的影响

（1）含碳量的影响　钢中含碳量越高，奥氏体的形成速度越快。这是由于含碳量增高，碳化物数量增多，增加了铁素体和渗碳体的相界面面积，因而增加了奥氏体的形核部位，使形核率增大。同时，碳化物数量的增加使碳原子的扩散距离减小，碳和铁原子的扩散系数增大，这些因素均增大了奥氏体的形成速度。

（2）合金元素的影响　合金元素影响碳化物的稳定性以及碳原子的扩散系数，若合金元素分布不均匀，还将影响奥氏体形成速度、碳化物的溶解以及奥氏体的均匀化。

强碳化物形成元素，如 Cr、V、W、Mo 等，降低了碳在奥氏体中的扩散系数，因而减慢了奥氏体的形成速度；非碳化物形成元素，如 Co、Ni 等，增大了碳在奥氏体中的扩散系数，因而加速了奥氏体的形成。

合金元素改变了钢的临界点位置，如升高 Ac_1 或降低 Ac_3，或使转变在一个温度范围内进行，因而改变了过热度，影响奥氏体的形成速度。

合金元素影响珠光体的片层间距，改变碳在奥氏体中的溶解度，从而影响奥氏体的形成速度。

合金元素在奥氏体中的分布不均匀，其扩散系数仅为碳的 1/10000 ~ 1/1000。因此，合金钢的奥氏体化需要更长时间，而且更难以均匀化。

2.3 奥氏体的晶粒度

奥氏体的晶粒大小是评定钢加热时质量的重要指标之一，对钢的冷却转变过程及其所获得的组织与性能有很大影响，对于热处理实践也具有重要意义。

2.3.1　奥氏体晶粒度

晶粒的大小用晶粒度表示（通常晶粒度分成八级）。目前世界上通用的方法是用与标准金相图片相比较来确定晶粒度的级别。具体操作可按照 GB/T 6394—2002《金属平均晶粒度测定方法》进行。

（1）起始晶粒度　奥氏体转变刚刚完成，其晶粒边界刚刚相互接触时的奥氏体晶粒的大小称为奥氏体的起始晶粒度。一般起始晶粒总是十分细小、均匀的。

（2）实际晶粒度　钢在某一具体的热处理或热加工条件下获得的奥氏体实际晶粒的大小称为奥氏体的实际晶粒度，它取决于具体的加热温度和保温时间。实际晶粒度总是比起始晶粒度大，实际晶粒度对钢热处理后获得的性能有着直接的影响。

（3）本质晶粒度　本质晶粒度是表示钢在一定条件下奥氏体晶粒长大的倾向性。凡随着奥氏体化温度的升高，奥氏体晶粒迅速长大的钢称为本质粗晶粒钢。相反，随着奥氏体化温度的升高，在930℃以下时，奥氏体晶粒长大速度缓慢的钢称为本质细晶粒钢。超过930℃后，本质细晶粒钢的奥氏体晶粒也可能迅速长大，有时，其晶粒尺寸甚至会超过本质粗晶粒钢。钢的本质晶粒度与钢的脱氧方法和化学成分有关，一般用Al脱氧的钢称为本质细晶粒钢，用Mn、Si脱氧的钢称为本质粗晶粒钢。含有碳化物形成元素（如Ti、Zr、V、Nb、Mo、W等元素）的钢也属于本质细晶粒钢。

2.3.2　影响奥氏体晶粒长大的因素

（1）加热温度和保温时间的影响　加热温度升高，原子的扩散速度呈指数关系增大，奥氏体晶粒急剧长大。在较高温度延长保温时间，奥氏体晶粒长大加快。

（2）加热速度的影响　加热速度越快，奥氏体转变时的过热度越大，形核率远大于其长大速率，奥氏体的实际形成温度也越高，起始晶粒则越细。若采用快速短时加热，可细化奥氏体晶粒。

（3）化学成分的影响　随着奥氏体中含碳量的升高，Fe、C原子的扩散速度增大，奥氏体晶粒长大的倾向增加；$w_C > 1.2\%$时，未溶Fe_3C阻碍奥氏体颗粒长大，奥氏体晶粒细小。当钢中含有能形成难溶化合物的合金元素如Ti、Zr、V、Al、Nb、Ta等时，会强烈阻止奥氏体晶粒长大，并使奥氏体粗化温度升高。但不形成化合物的合金元素，如Si、Ni、Cu，则影响不大。Mn、P、S、N等元素溶入奥氏体后，削弱了γ-Fe原子间的结合力，加速了铁原子的自扩散，所以会促进奥氏体晶粒长大。

（4）原始组织的影响　原始组织越细，碳化物弥散度越大，奥氏体的起始晶粒越小。细珠光体和粗珠光体相比，总是易于获得细小均匀的奥氏体起始晶粒。在相同的加热条件下，和球状珠光体相比，片状珠光体在加热时奥氏体晶粒易于粗化，因为片状珠光体的表面积大，溶解快，奥氏体形成速度也快，奥氏体形成后较早进入晶粒长大阶段。组织极细的钢，不宜采用过高的加热温度和长时间保温。

2.3.3　奥氏体晶粒度对钢在室温下组织和性能的影响

奥氏体晶粒细小，冷却后转变产物的组织也细小，其强度、塑性与韧性都较高；反之，粗大的奥氏体晶粒冷却转变后仍获得粗晶粒组织，使钢的力学性能（特别是韧性）降低。

所以，热处理加热时获得细小而均匀的奥氏体晶粒是保证热处理产品质量的关键之一。

2.3.4　防止奥氏体晶粒长大的措施

1）控制奥氏体化温度不要过高，保温时间不要过长。

2）加入碳化物、氮化物形成元素，形成 VC、TiC、NbC、AlN 等微粒，钉扎奥氏体晶界，阻碍奥氏体晶粒长大，细化晶粒。

3）加入某些元素，降低奥氏体的晶界能，可以降低晶界移动的驱动力，如稀土元素（RE）可以细化晶粒，使奥氏体转变产物的组织细小。

【强化训练】　鉴别加热温度对预备热处理显微组织的影响

★任务下达

以 45 钢为例，鉴别加热温度对预备热处理显微组织的影响。

★制订计划

1）熟悉金相试样的制备技术。

2）明确钢的预备热处理一般采用退火或正火。

3）明确 45 钢预备热处理一般选择正火。

4）明确 45 钢正火工艺参数的选择原则。

5）明确加热温度对 45 钢正火后显微组织的影响（晶粒大小、铁素体形态、珠光体量等）。

★做出决定

1）把试样做成标准冲击试样。根据以上分析，计划对 45 钢进行不同温度（保温时间一定）的正火处理。

2）根据 45 钢的 Ac_3 点温度，正火加热温度分别选择 830℃、860℃、890℃、920℃。

★实施计划

1）选择中温箱式电阻炉，把控温仪表分别调整到 830℃、860℃、890℃、920℃。

2）空炉升温到给定温度后装入试样，保温足够时间（根据试样大小确定）后关闭电源，立即取出试样置于空气中冷却。

3）测定正火后试样的洛氏硬度并进行冲击试验。

4）观察不同温度正火后冲击试样断口形貌并采集宏观断口照片。

5）把冲击后的试样制备成金相试样，观察显微组织并采集金相照片。

6）预留一定数量正火后的冲击试样，准备淬火用。

★数据整理

1）整理正火后试样的洛氏硬度及冲击试验值。

2）用 Word 文档形式整理编辑采集的断口照片和金相照片，为完成实训报告做好准备。

★总结分析

1）45 钢在不同温度正火后铁素体形态、晶粒大小、珠光体量等的变化。

2）比较 45 钢在不同温度正火后性能和显微组织的关系。

★实训报告

1）写出实训目的。

2）用 Word 文档形式整理、编辑断口和金相照片，并根据要求加以说明（图1-10）。

3）组织说明应详细说明以下内容：组织形态、组成物的量、组织分布、颜色以及晶粒大小等。

4）提交打印的实训报告和电子稿各 1 份。

★说明

此项目和第3章的强化训练项目统一起来，可以作为实训时间为2周的“热处理与金相制样实训”内容。

★强化训练结果分析举例

试分析材料为45钢，试样大小为ϕ13.2mm，分别在830℃、860℃、890℃、920℃加热保温20min后空冷，其组织（晶粒大小、组织形态）与性能的变化。结果分析如下：

1）硬度测定结果平均为17～19HRC，表明加热温度高低对硬度的影响不太显著。

2）加热温度对晶粒大小的影响如图2-2所示。随着正火加热温度的升高，晶粒逐渐增大，但由于保温时间较短，所以混晶现象比较严重，几乎每个温度下都有一些特别粗大的晶粒存在，而且随着温度的升高，粗大晶粒比率增高，这将对最终热处理淬火产生不良的影响。根据GB/T 6394—2002中的相关规定，在100倍显微镜下，用比较法分别评定45钢在

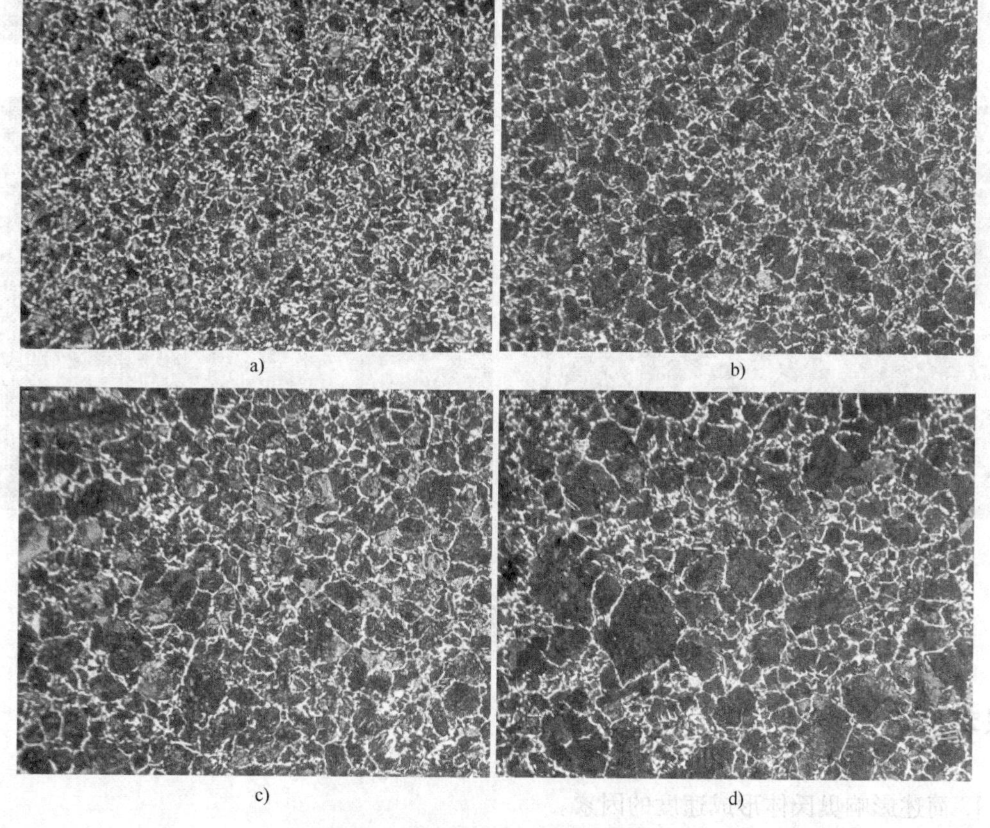

图2-2　45钢在不同温度加热保温20min后空冷的晶粒大小（×100）

a）830℃　b）860℃　c）890℃　d）920℃

不同温度正火后的晶粒度，见表 2-1。

表 2-1　45 钢在不同温度正火后的晶粒度

温度/℃	830	860	890	920
级别	7～8	5～6	4～5	4～5，4 级为主

3）加热温度对组织形态的影响如图 2-3 所示。随着正火加热温度的升高，铁素体以块状为主逐渐过渡到以网状为主。除了 830℃以外，其余温度下的铁素体都有针状魏氏组织形成，且随着温度的升高，针状铁素体数量增加，奥氏体晶粒粗化，这将使钢的韧性大大降低。可见，45 钢的正火温度不能超过 860℃。

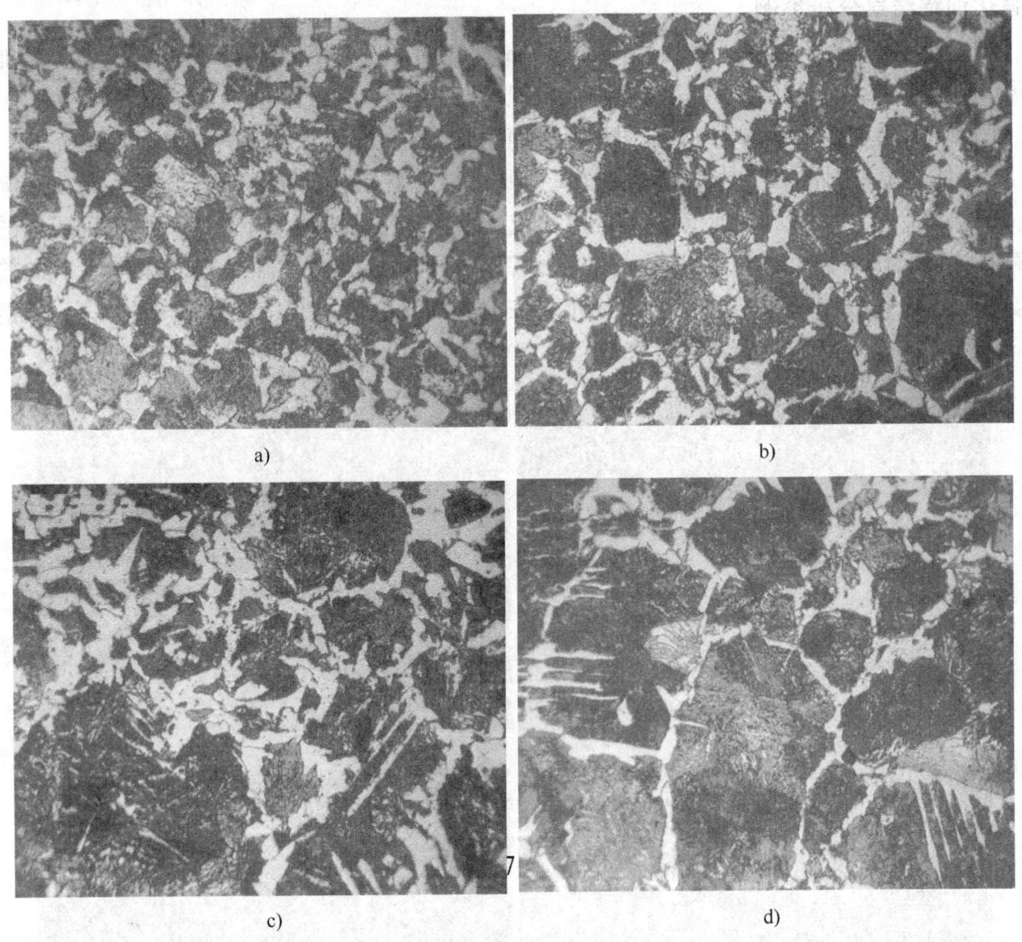

a)　b)　c)　d)

图 2-3　45 钢在不同温度加热保温 20min 后空冷的显微组织（×400）

a）830℃　b）860℃　c）890℃　d）920℃

【思考题】

1. 简述影响奥氏体形成速度的因素。

2. 分析 45 钢在 830℃、860℃、890℃、920℃加热保温 20min 后空冷，其组织（晶粒大小、组织形态）与性能的变化。

第3章　钢在冷却时的组织转变

钢经过加热和保温后，将以不同的方式冷却下来，获得预期的性能。钢在室温下的各种显微组织，都是奥氏体以不同的冷却速度冷却后获得的。在热处理生产实践中，奥氏体的冷却方法有两大类，第一类是等温冷却，第二类是连续冷却。

【学习目的】

掌握钢在冷却时的特征曲线 Ar_1、Ar_3、Ar_{cm} 的含义，以及共析钢等温冷却曲线及其在不同温度等温时转变产物的形态特征与性能；熟悉等温冷却曲线与连续冷却曲线的异同点，熟悉亚共析钢和过共析钢的连续冷却曲线的特点。

【重点】

钢的等温冷却曲线及其转变产物的特征与性能。

【难点】

钢在冷却时转变产物形态特征的识别。

钢在加热后得到的奥氏体冷却到 A_1 以下是不稳定相，这种不稳定的奥氏体叫做过冷奥氏体，它将发生向其他组织的转变，因为这种过冷奥氏体的自由能高于其他组织的自由能。因此，钢在室温下的各种显微组织都是奥氏体以不同的冷却速度冷却后获得的。

在热处理生产实践中，奥氏体的冷却方法有两大类。第一类是等温冷却，即将处于奥氏体状态的钢迅速冷却至临界点以下某一温度并保温一定时间，让过冷奥氏体在该温度下发生组织转变，然后再冷至室温；第二类是连续冷却，即将处于奥氏体状态的钢以一定的速度冷至室温，使奥氏体在一个温度范围内发生转变，如图3-1所示。

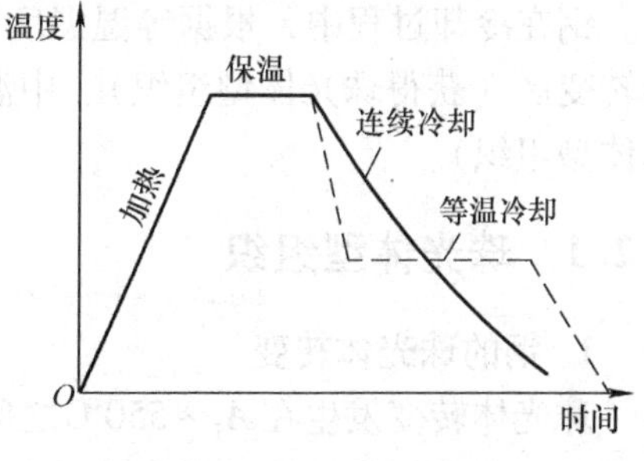

图3-1　奥氏体的冷却方式

3.1　过冷奥氏体等温转变曲线

共析钢过冷奥氏体等温转变曲线（Time Temperature Transformation）如图3-2所示。图中最上面的一条水平虚线为钢的临界点温度 A_1，下方的一条水平线 *Ms* 为马氏体转变开始温度，另一条水平线 *Mf* 为马氏体转变终了温度。A_1 与 *Ms* 之间有两条C形曲线，左边一条为过冷奥氏体转变开始线，右边一条为过冷奥氏体转变终了线。

在 A_1 温度以上是奥氏体稳定区，*Ms* 线与 *Mf* 线之间的区域为马氏体转变区，过冷奥氏体冷却到 *Ms* 以下时将发生马氏体转变。两条C形曲线之间的区域为过冷奥氏体转变区，在该区域过冷奥氏体将向珠光体或贝氏体转变，在转变终了线右侧区域为过冷奥氏体转变产物区。

在 A_1 温度以下，过冷奥氏体转变开始线与纵坐标之间的水平距离称为过冷奥氏体在该温度下的孕育期。从图3-2中可见，在不同温度下等温，其孕育期是不同的。在550℃左右

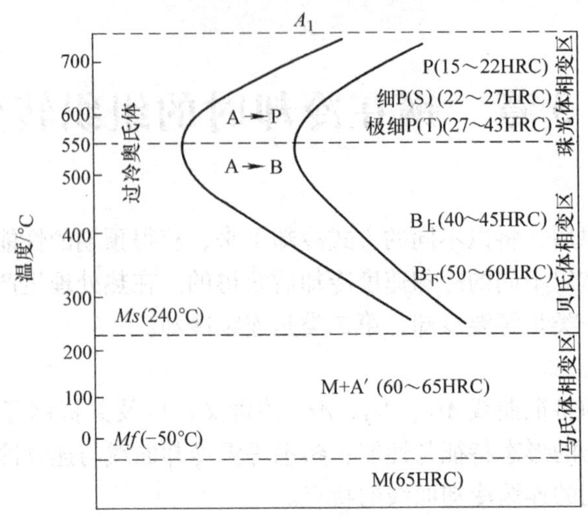

图 3-2　共析钢过冷奥氏体等温转变曲线

共析钢的孕育期最短，转变速度最快，此处俗称为 C 形曲线的“鼻尖”。

3.2　过冷奥氏体等温转变产物

钢在冷却过程中，根据等温温度的高低不同，可以把等温冷却曲线分为三个部分，即高温转变区（获得珠光体型组织）、中温转变区（获得贝氏体型组织）、低温转变区（获得马氏体型组织）。

3.2.1　珠光体型组织

1. 钢的珠光体转变

珠光体转变发生在 A_1 ~550℃之间较高的温度范围内，是由单相奥氏体分解为铁素体和渗碳体这两个新相的机械混合物的相变过程，为典型的扩散型相变。根据等温温度的高低不同，在 A_1 ~650℃之间等温，得到片状珠光体，用 P 表示，如图 3-3a 所示；在 650 ~600℃之间等温，得到细片状珠光体，也称为索氏体，用 S 表示，如图 3-3b 所示；在 600 ~550℃之

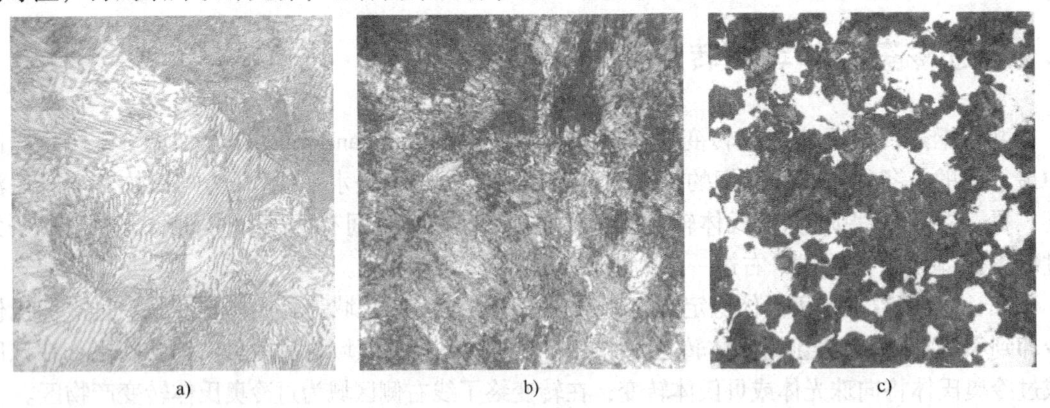

图 3-3　珠光体型组织（×400）

a）片状珠光体　b）细片状珠光体（索氏体）　c）极细片状珠光体（托氏体）

间等温，得到极细片状珠光体，也称为托氏体，用 T 表示，如图 3-3c 所示。

2. 珠光体的组织形态与力学性能

按照珠光体中渗碳体的形态不同，可以把珠光体分为片状珠光体和粒状珠光体两种类型。

（1）片状珠光体　片状珠光体是过冷奥氏体在 A_1 ~550℃之间等温转变的产物，由片层相间的铁素体和渗碳体组成。若干大致平行的铁素体和渗碳体组成一个珠光体领域或珠光体团，在一个奥氏体晶粒内可形成几个珠光体团，各珠光体团之间的位向互相交错。珠光体团中相邻的两片渗碳体（或铁素体）之间的距离称为珠光体片间距，它是用来衡量珠光体组织粗细程度的一个重要指标。珠光体片间距的大小主要与过冷度（即珠光体的形成温度）有关，而与奥氏体的晶粒度和均匀性无关。

片状珠光体的力学性能主要取决于片间距和珠光体团的直径，珠光体的直径越小，片间距越小，相界面越多，塑性变形越困难，则钢的强度和硬度越高，而塑性和韧性略有改善。一般按片层粗细程度不同将珠光体分为珠光体、细珠光体和极细珠光体。珠光体型组织的名称、符号与特征见表 3-1。

表 3-1　珠光体型组织的名称、符号与特征

组织名称	符号	形成温度/℃	片层间距/μm	显微组织特征	硬度 HRC
珠光体	P	A_1 ~650	>0.4	F 与 Fe_3C 片层相间的混合物，在大于 400 倍显微镜下能看到层片状特征	15 ~25
索氏体	S	650 ~600	0.2 ~0.4	F 与 Fe_3C 片层相间的混合物，其间距比 P 的小，在大于 1000 倍显微镜下能看到层片状特征	25 ~35
托氏体	T	600 ~550	<0.2	F 与 Fe_3C 片层相间的混合物，其间距比 S 的小，在大于 5000 倍电镜下能看到层片状特征	35 ~42

（2）粒状珠光体　片状珠光体经球化退火后，其组织变为在铁素体基体上分布着颗粒状渗碳体的组织，叫做粒状珠光体。粒状珠光体的力学性能主要取决于渗碳体颗粒的大小、形态与分布状况。一般情况下，钢的成分一定时，渗碳体颗粒越细、形状越接近等轴状、分布越均匀，其强度和硬度就越高，韧性越好，如图 3-4 所示。

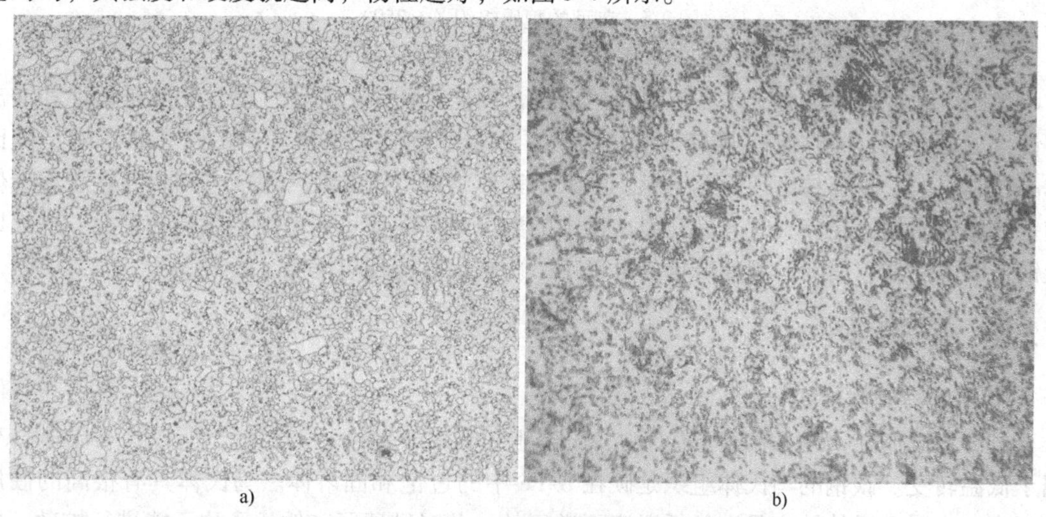

a)　　b)

图 3-4　球化退火后的粒状珠光体

a）T12 钢球化退火组织（×500）　b）9CrSi 球化退火组织（×400）

在相同成分下，粒状珠光体的硬度比片状珠光体稍低，但塑性较好，并有较好的冷加工性能。

3.2.2　魏氏组织的形成

在亚共析钢和过共析钢中，由高温以较快的速度冷却时，先共析铁素体或渗碳体从奥氏体晶界沿着奥氏体的一定晶面向晶内生长，呈针状析出。在光学显微镜下可以观察到，从奥氏体晶界上生长出来的铁素体或渗碳体近似平行，呈羽毛状或三角形，其间存在着珠光体组织，这种组织称为魏氏组织。亚共析钢中的魏氏组织为铁素体与珠光体，如图 3-5a 所示；过共析钢中的魏氏组织为渗碳体与珠光体，如图 3-5b 所示。

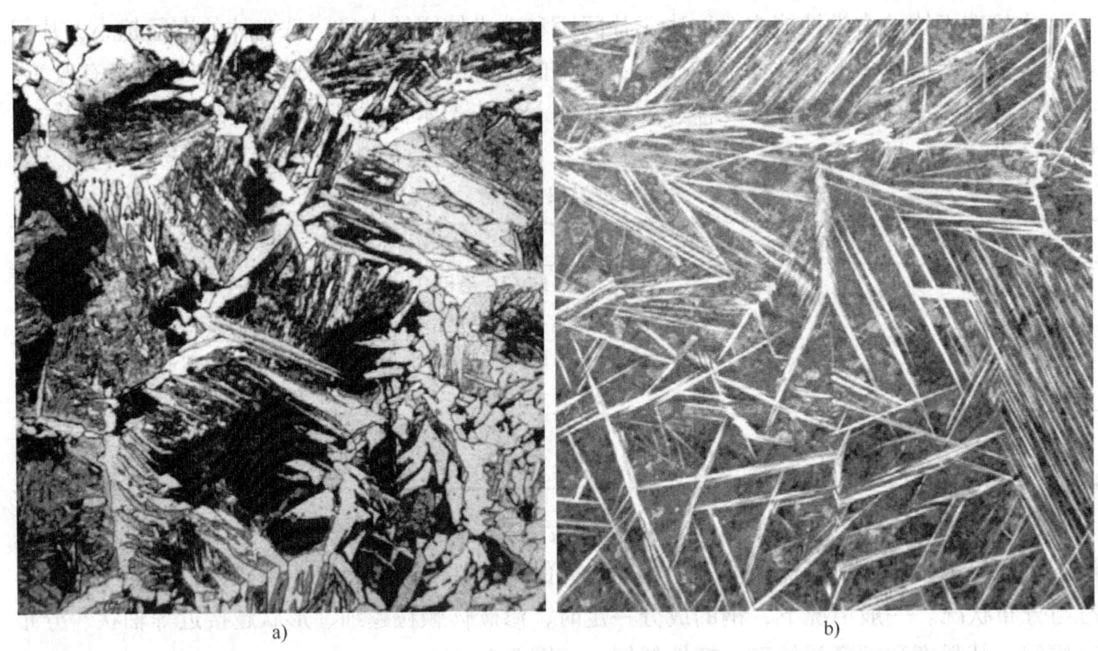

图 3-5　典型的魏氏组织（×250）
a）亚共析钢的魏氏组织　b）过共析钢的魏氏组织

魏氏组织常伴随着奥氏体晶粒粗大而出现，因此，使钢的力学性能，尤其是塑性和冲击韧性，显著降低，同时使韧-脆转变温度升高。魏氏组织容易出现在钢的过热状态中，奥氏体晶粒越粗大，越容易出现魏氏组织。网状铁素体将降低钢的疲劳性能，网状和针状渗碳体使钢的脆性增加，在淬火时容易开裂。钢中的魏氏组织一般可通过细化晶粒的正火、退火以及锻造等方法加以消除，程度严重的可采用二次正火方法加以消除。

3.2.3　马氏体型组织

1. 钢的马氏体转变

过冷奥氏体在 $Ms \sim Mf$ 之间转变为马氏体组织，由于温度相对较低，所以，马氏体转变属于低温转变。碳钢的马氏体组织是碳在 α-Fe 中的过饱和固溶体。马氏体具有很高的硬度和强度。由于马氏体转变是在较低温度下进行的，此时碳原子和铁原子均不能进行扩散，因此，在马氏体转变过程中铁的晶格改组是通过切变方式来完成的。所以，马氏体转变是典型的非扩散型相变。

2. 马氏体组织的形态

马氏体的形态多种多样，但最常见的为板条马氏体和片状马氏体。

（1）板条马氏体　板条马氏体是中、低碳钢及马氏体时效钢、不锈钢等铁基合金形成的一种典型马氏体组织，它是由许多成群的、相互平行排列的板条所组成的，如图3-6a所示。

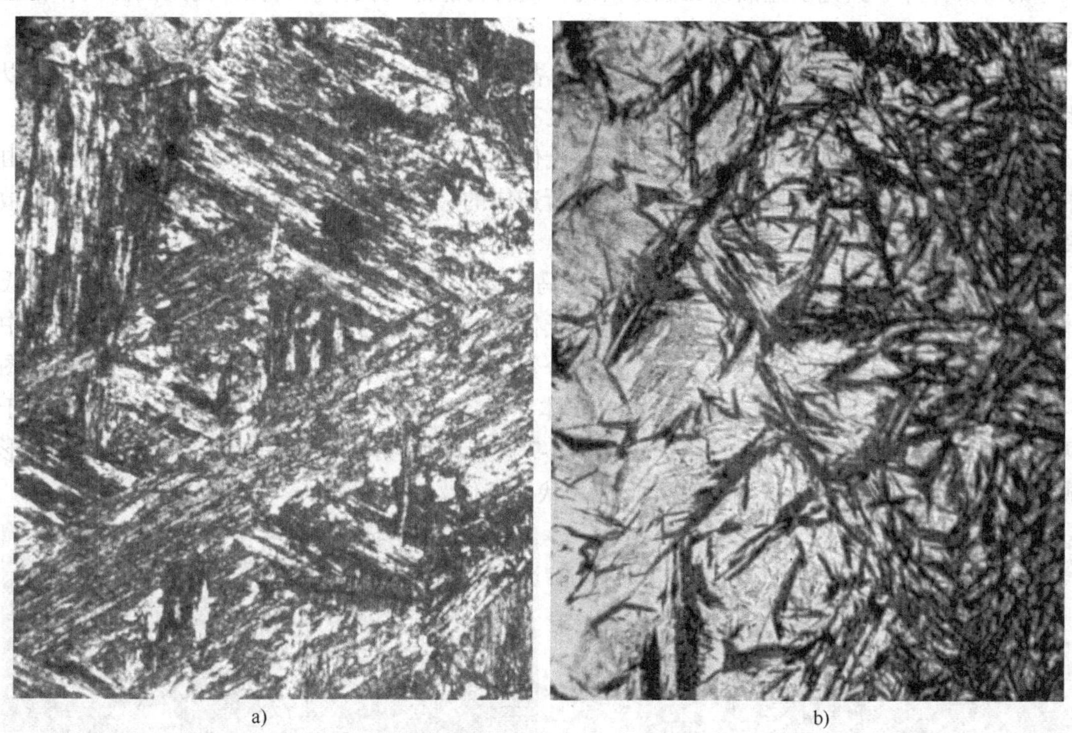

a)　　b)

图3-6　不同形态的马氏体（×400）

a）低碳板条马氏体　b）高碳片状马氏体

板条马氏体的空间形态是扁条状的，每个板条为一个单晶体，它们之间一般以小角度晶界相间。板条宽度一般在0.025～2.250μm之间，最常见的约为0.150μm。许多相互平行的板条组成一个板条束（或领域），一个奥氏体晶粒内通常有3～5个板条束（或领域）。采用选择性侵蚀时，有时在一个板条束内可观察到若干个黑白相间的板条块（每个板条块由若干个板条组成），块与块之间呈大角度晶界。

板条马氏体的亚结构主要为高密度的位错，这些位错分布不均匀，且相互缠结，形成胞状亚结构。

由于板条马氏体主要产生于低碳钢的淬火组织中，故又称为低碳马氏体；因其形成温度比片状马氏体高，也称为高温马氏体；其亚结构为位错密集，故又有位错马氏体之称。同时，因其形成温度较高，在形成过程中会析出碳化物（自回火），在金相分析时易被侵蚀呈较深的颜色。板条马氏体具有由很好的硬度、强度和韧性相配合的综合力学性能。

（2）片状马氏体　片状马氏体存在于中碳钢、高碳钢和镍的质量分数大于29%的Fe-Ni合金中，其空间形态呈双凸透镜状。由于与试样的磨面相截，在光学显微镜下则呈针状或竹叶状，所以又称为针状马氏体。马氏体片之间不平行，呈一定的交角，其组织形态如图 3-6b 所示。

在原奥氏体晶粒中首先形成的马氏体片是贯穿整个晶粒的，但一般不穿过晶界，只将奥氏体晶粒分割。以后陆续形成的马氏体片由于受到限制而越来越小，所以片状马氏体的最大尺寸取决于原始奥氏体晶粒大小，奥氏体晶粒越粗大，马氏体片越大，反之则越小。当最大尺寸的马氏体片小到光学显微镜无法分辨时，便称为隐晶马氏体。马氏体的周围往往存在着残留奥氏体。

片状马氏体产生于高碳钢的淬火组织中，故又称为高碳马氏体；且在低温下形成，所以也称为低温马氏体；因其亚结构为孪晶，故又有孪晶马氏体之称。

在电子显微镜下可以观察到，在片状马氏体中存在大量的显微裂纹，这些显微裂纹是由于马氏体高速形成时互相撞击或与晶界撞击所造成的。马氏体片越大，显微裂纹越多，显微裂纹的存在增加了钢的脆性。

实验证明，钢的马氏体形态主要取决于马氏体形成温度和含碳量。高温形成板条马氏体，低温形成片状马氏体。碳是强烈降低马氏体开始形成温度 *Ms* 点的元素，因此碳对钢中马氏体的形态具有决定性的影响。碳的质量分数大于 1.0% 钢中的马氏体为片状马氏体（图 3-6b）；碳的质量分数小于 0.2% 钢中的马氏体是板条马氏体（图 3-6a）；碳的质量分数介于两者之间的为两种马氏体的混合组织，如图 3-7 所示。钢在淬火冷却的前期（高温）主要形成板条马氏体，在后期（低温）主要形成片状马氏体。

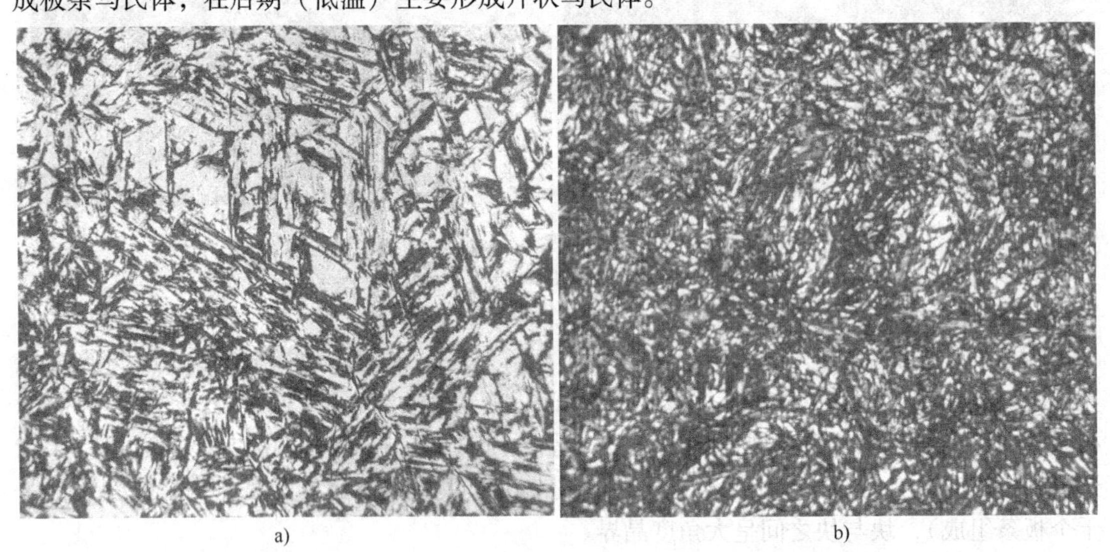

a)　b)

图 3-7　$0.2\% < w_C < 1.0\%$ 的碳钢淬火后得到的混合马氏体（×400）

a）45 钢淬火马氏体　b）T8 钢淬火马氏体

3. 马氏体的力学性能

（1）马氏体的硬度与强度　钢中马氏体力学性能的显著特点是强度和硬度高。马氏体的硬度主要取决于它的含碳量，随着碳的质量分数的增加，马氏体的硬度增大，当碳的质量分数达到 0.6% 时，淬火钢的硬度接近最大值。碳的质量分数进一步增加时，虽然马氏体的硬度会有所增加，但由于残留奥氏体的含量也增加，会使钢的硬度有所下降，如图 3-8 所示。合金元素对马氏体的硬度影响不大，但可以提高它的强度。

马氏体具有高硬度和高强度，这主要是由以下几个因素决定的：

1）固溶强化，主要是碳对马氏体的固溶强化。过饱和的碳原子存在于间隙固溶体 α-Fe 中，造成晶格畸变，形成一个强的应力场，它阻碍位错运动，从而提高了马氏体的硬度和强度。

2）相变强化。在马氏体转变过程中产生的亚结构（高密度位错或精细孪晶）严重阻碍滑移进行，同时马氏体中有大量的嵌镶块结构，从而引起强化。

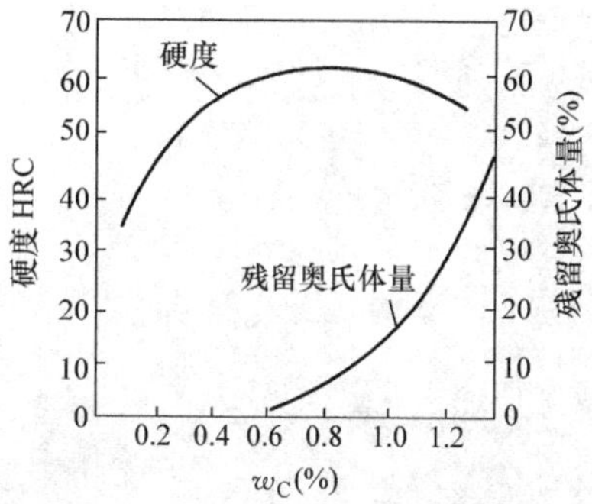

图3-8　含碳量对淬火钢硬度的影响

3）时效强化。马氏体转变开始点 *Ms* 大多处在室温以上，因此，淬火钢在室温停留时或在外力作用下，都会发生“自回火”现象，使碳原子和合金元素的原子向位错及其他晶体缺陷处扩散、聚集或弥散析出碳化物，钉扎位错，使位错运动受阻，从而提高马氏体的强度。

（2）马氏体的塑性和韧性　马氏体的塑性和韧性主要取决于它的亚结构。片状马氏体具有高硬度、高强度，但韧性很差，而具有相同强度的板条马氏体的韧性就比较好，即板条马氏体不但具有高硬度、高强度，而且还具有相当高的塑性和韧性。其原因主要是片状马氏体存在的孪晶亚结构大大减少了有效滑移，同时片状马氏体的含碳量高，晶格畸变大，淬火应力大，并存在大量的显微裂纹，这些都是造成其韧性差的原因。而板条马氏体的含碳量低，可以发生自回火，碳化物分布又均匀，同时由于它的位错密度分布不均匀，存在低密度区，为位错提供了活动余地，缓和了局部应力集中，延缓了裂纹形核，可削减已存在裂纹尖端的应力峰值，有利于韧性增加；另一方面，由于淬火应力小，不产生显微裂纹，裂纹也不容易通过板条马氏体，因此，板条马氏体不仅具有很高的强度和韧性，而且还具有低的韧-脆转变温度、小的缺口敏感性和过载敏感性。不同马氏体组织的性能比较见表3-2。

表3-2　马氏体组织的性能

马氏体类型	σ_b/MPa	σ_s/MPa	硬度 HRC	δ（%）	a_K/J · cm^{-2}
板条马氏体（w_C = 0.2%）	1500	1300	50	9	60
片状马氏体（w_C = 1.0%）	2300	2000	66	1	10

3.2.4　贝氏体型组织

贝氏体转变是介于马氏体和珠光体之间的转变，又称为中温转变。研究证明，贝氏体也是铁素体和渗碳体的混合物，其转变特点是既有珠光体转变特征，又有马氏体转变特征。根据形成温度的不同，可将贝氏体分为上贝氏体和下贝氏体。

1. 贝氏体组织的形态

（1）上贝氏体　上贝氏体形成于贝氏体转变区中较高的温度范围内。钢中的贝氏体成束分布，是平行排列的铁素体和夹于其间的断续的条状渗碳体的混合物。在中、高碳钢中，当上贝氏体形成量不多时，在光学显微镜下可观察到成束排列的铁素体的羽毛状特征，如图3-9a 所示为典型的上贝氏体光学显微镜形态。

在一般情况下，随着含碳量的增加，上贝氏体中的铁素体条增多、变薄，而渗碳体亦增

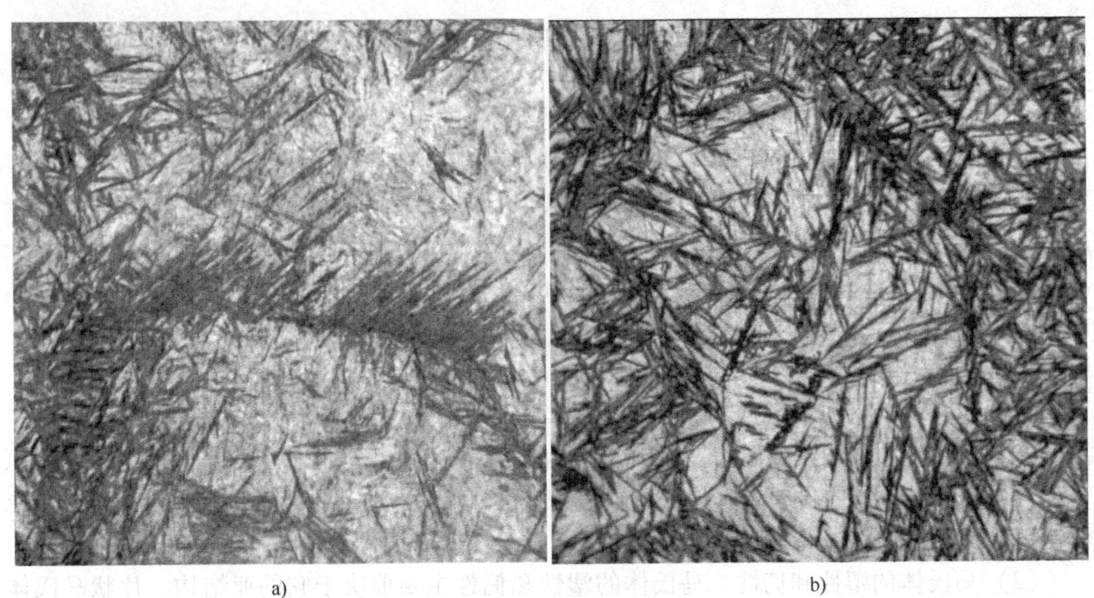

a) b)

图 3-9 典型的贝氏体（×300）

a）羽毛状的上贝氏体 b）针状下贝氏体

加、变细。上贝氏体的形态还与转变温度有关，随着转变温度降低，上贝氏体中的铁素体条变薄，渗碳体细化，在上贝氏体中的铁素体间还存在未转变的残留奥氏体。

（2）下贝氏体 下贝氏体形成于贝氏体转变区的较低温度范围内。典型的下贝氏体是在片状铁素体内沉淀碳化物的两相混合组织。下贝氏体的空间形态呈双凸透镜状，在光学显微镜下呈黑色针状或竹叶状，针与针之间呈一定夹角，图 3-9b 所示为典型的下贝氏体光学显微镜形态。

2. 贝氏体的力学性能

贝氏体的力学性能主要取决于它的组织形态。上贝氏体形成温度较高，铁素体条粗大，碳的过饱和度低，因此，其强度和硬度较低。另外，由于碳化物颗粒粗大，且呈断续条状分布，故其韧性也较低。下贝氏体的铁素体针细小，分布均匀，在铁素体内又沉淀析出大量细小的、弥散的碳化物，而且铁素体内还含有过饱和碳和高密度位错，因此，下贝氏体不但强度高，而且韧性也好，缺口敏感性低，韧-脆转变温度较低。贝氏体组织的名称、符号与特征见表 3-3。

表 3-3 贝氏体组织的名称、符号与特征

组织名称	符号	形成温度/℃	显微组织特征	硬度 HRC	塑性和韧性
上贝氏体	$B_{上}$	550 ~ 350	平行的 F 板条间分布着不连续的短棒状碳化物，金相形态呈羽毛状特征	40 ~ 45	差
下贝氏体	$B_{下}$	350 ~ *Ms*	针状的 F 内分布着平行的小片状碳化物，金相形态呈黑色针状特征	50 ~ 55	较好

3.3 共析钢过冷奥氏体等温转变产物的形态与性能

由过冷奥氏体的等温转变曲线可以看出，共析钢在不同温度等温，其转变产物的性能不同、形态各异。高温转变（珠光体相变）和中温转变（贝氏体相变）产物随等温温度的高低不同而不同，转变产物的量随等温时间的延长而增加。低温转变（马氏体相变）产物与钢的含碳量有关，低碳钢淬火得到板条马氏体，高碳钢淬火得到片状马氏体，中碳钢淬火得到两种马氏体的混合组织。转变产物的量与温度的高低有关，要使过冷奥氏体更多地转变成马氏体，就必须使其在 *Ms* 点以下更低的温度冷却。共析钢过冷奥氏体的等温转变温度、转变产物、组织形态和性能之间的关系见表3-4。

表3-4　共析钢过冷奥氏体的等温转变温度、转变产物、组织形态和性能

转变温度/℃	过冷度	转变产物	符号	组织形态	片层间距/μm	转变产物硬度HRC
A_1 ~650	小	珠光体	P	粗片状	≈0.3	<25
650~600	中	索氏体	S	细片状	0.1~0.3	25~35
600~550	较大	托氏体	T	极细片状	≈0.1	35~40
550~350	大	上贝氏体	$B_上$	羽毛状		40~45
350~*Ms*	更大	下贝氏体	$B_下$	竹叶状		45~50
Ms~*Mf*	最大	马氏体	M	板条状		≈50
				双凸透镜状		>55

3.4　共析钢过冷奥氏体连续冷却转变曲线

如图3-10所示，在共析钢连续冷却转变中无贝氏体转变区，曲线为半个C形。这是因为从 *K* 到 *Ms* 温度范围内冷却速度较快，达不到贝氏体转变所需的孕育时间，所以贝氏体转变被抑制了。可见，共析钢的连续冷却转变没有贝氏体转变区，在珠光体转变区之下多了一条转变终止线 *K*。当连续冷却曲线碰到转变终止线时，珠光体转变终止，剩余的奥氏体一直保持到 *Ms* 以下转变为马氏体。*Ps* 线为珠光体转变开始线，*Pf* 线和 *K* 线为珠光体转变终止线。在生产中，钢经加热奥氏体化后，多采用连续冷却方式，如在炉内、空气中、油中和水中冷却，如图3-10所示。

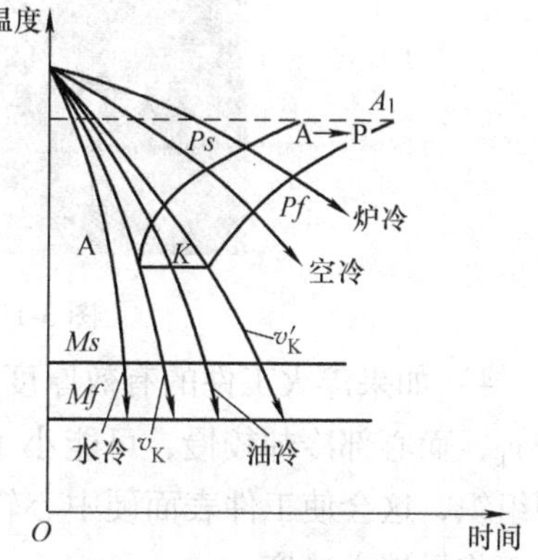

图3-10　共析钢连续冷却转变曲线

3.4.1　共析钢过冷奥氏体连续冷却转变产物

从图3-10中可以看出：

1）过冷奥氏体连续冷却时，相变是在一个温度范围内完成的。冷却速度低，相变的温度范围就窄，相变时间就长；冷却速度高，相变的温度范围就大，相变时间就短。

2）由于相变是在一个温度范围内进行的，一开始的转变产物粗，以后的转变产物细，因此相变温度范围越宽，相变初期和末期的产物差异就越大，最后得到的组织均匀性越差。

3）要使相变组织中出现马氏体，冷却速度必须大于 v_k'。若要使相变组织全部获得马氏体，冷却速度一定要大于 v_k。因此，v_k' 称为下临界冷却速度，也是获得全部珠光体组织的最快冷却速度，是决定退火保温时间长短的主要依据。当冷却速度小于 v_k' 时，得到珠光体型组织。v_k 为临界冷却速度（也称为上临界冷却速度），即为获得全部马氏体组织的最慢冷却速度，它与鼻尖温度相切。当冷却速度大于 v_k 时，得到马氏体＋少量残留奥氏体组织。当冷却速度在 v_k 与 v_k' 之间时（图 3-10 中油冷），在冷却过程中先与珠光体转变开始线 *Ps* 相交，开始发生珠光体转变，将有球团状极细珠光体在奥氏体晶界上产生并长大；与 *K* 线相交时珠光体转变停止，剩余奥氏体在继续冷却至 *Ms* 点时转变为马氏体，至 *Mf* 点时剩余奥氏体绝大部分转变为马氏体，尚余少量残留奥氏体，最后得到极细珠光体＋马氏体＋少量残留奥氏体的混合组织，这将降低工件的硬度和强度。图 3-11 所示为 T8 钢 1100℃加热保温 30min 水淬的显微组织，为黑色沿晶界分布的极细珠光体（淬火托氏体）和粗大的淬火马氏体。由于加热温度很高，所以奥氏体晶粒粗大，而且大小很不均匀，淬火后出现了沿晶界的裂纹（该视场没有裂纹）。

图 3-11 T8 钢连续冷却显微组织（×400）

4）如果淬火工件的有效厚度较大，那么在连续冷却时，其表层冷却速度较快，可能大于 v_k，而心部冷却较慢，可能小于 v_k'，这样淬火后的工件表层为马氏体，心部则为珠光体型组织，这会使工件表面硬中心软。若要使工件“淬透”，就必须使心部冷却速度也大于或等于临界淬火速度 v_k。

3.4.2 亚共析钢和过共析钢连续冷却转变产物

亚共析钢的连续冷却转变曲线与共析钢相似，不同之处是在珠光体相变之前多了一条先共析铁素体析出线和一个贝氏体相变区，同时曲线的鼻尖向左移，*Ms* 线提高。图 3-12 所示为 45 钢 900℃加热保温 25min 油淬的显微组织，为白色沿晶界分布的细网状先共析铁素体、羽毛状上贝氏体、深色团球状极细珠光体及灰白色马氏体和残留奥氏体。由白色细网状先共析铁素体可以看出，因为加热温度较高，所以奥氏体晶粒比较粗大。

过共析钢的连续冷却转变曲线与亚共析钢的相似，只是先共析相为先共析渗碳体，其 *Ms* 线较低。图 3-13 所示为 T12 钢 1196℃加热保温 30min 水淬的显微组织，为黑色沿晶界分布的淬火托氏体、沿晶界向晶内延伸的黑色羽毛状上贝氏体及灰色马氏体和残留奥氏体基体。从黑色淬火托氏体的分布可以看出，由于加热温度过高，奥氏体晶粒特别粗大。该试样因为淬火时形成大量的托氏体，平均硬度为56HRC，所以未淬裂；其余试样几乎没有淬火托氏体，硬度最高达63HRC，所以均已淬裂。

图3-12　45钢连续冷却显微组织（×400）

图3-13　T12钢连续冷却显微组织（×400）

合金钢连续冷却转变曲线与碳钢相比，其鼻尖向右移，有明显的贝氏体转变区，*Ms*点有所下降。

综上所述，除了个别钢种外，大多数钢种在连续冷却时也会发生贝氏体相变，特别是在合金钢中，连续冷却时很容易出现贝氏体。因此，有些合金钢以某种速度冷却之后，所得到的混合组织中不但有珠光体、马氏体、残留奥氏体，而且还有贝氏体，甚至上、下贝氏体都会出现。

影响连续冷却转变曲线的因素与等温转变曲线的相同，它们的影响规律也相同。

3.4.3 过冷奥氏体转变动力学图的应用

1）转变图为正确选用金属材料提供了理论依据。转变图说明了钢种进行热处理的能力，因此，可以依据转变图，按工件所要求的组织、性能及尺寸选出相应的材料。奥氏体稳定性高的，也就是说，临界淬火冷却速度低的钢种，可以用于做大尺寸、形状复杂的工件；反之可用于做小尺寸、形状简单的工件。

2）转变图为正确制订工艺规程，发挥材料性能的潜力提供了有力依据。奥氏体等温转变图是制订等温退火、贝氏体等温淬火的依据，可按工件要求的组织和性能，根据等温转变图正确制订出合理的等温温度和保温时间。

3）转变图是了解工件在一定的工艺条件下，所能获得组织的能力的依据。在已给定的冷却条件下，如果一定尺寸工件的表层和心部的冷却速度被确定，就可以按照连续冷却转变图判断出连续冷却后，工件各部位的组织和性能。经等温处理的工件的组织和性能可以从等温转变图中做出正确的判断。

4）转变图为研制新钢种的合金化提供了一定的依据，揭示了不同合金元素对奥氏体转变为珠光体和贝氏体时起促进或抑制作用，以及对转变温度区位置的影响。根据这些变化规律，新钢种的合金元素的运用及加入量就有了科学的指导。

【强化训练】 鉴别预备热处理显微组织对最终热处理性能的影响

★任务下达

鉴别不同正火温度后的显微组织对最终热处理性能的影响（以45钢为例进行说明）。

★制订计划

1）熟悉金相试样制备技术。

2）明确钢的最终热处理一般采用淬火和回火。

3）明确晶粒大小对热处理淬火性能的影响。

4）明确45钢淬火工艺参数的选择原则。

★做出决定

1）根据以上分析，使用第2章强化训练试样进行淬火处理。

2）对不同温度正火后的冲击试样进行830℃加热淬火。

★实施计划

1）选择中温箱式电阻炉，把控温仪表调整到830℃。

2）空炉升温到给定温度后装入试样，保温足够时间（和正火保温时间相同）后，立即取出试样在水中冷却，冷却过程中要不断移动试样。

3）测定淬火试样的洛氏硬度并进行冲击试验。

4）观察淬火后冲击试样的断口形貌并采集宏观断口照片。

5）把冲击后的试样制备成金相试样，观察显微组织并采集金相照片。

★数据整理

1）整理淬火后试样的洛氏硬度及冲击试验值。

2）用 Word 文档形式整理编辑采集的断口照片和金相照片，为完成实训报告做好准备。

★总结分析

1）分析 45 钢在不同温度正火后的显微组织对淬火性能的影响。

2）分析 45 钢淬火后，宏观断口形貌和显微组织与正火显微组织的关系。

★实训报告

1）写出实训目的。

2）用 Word 文档形式整理编辑断口和金相照片，并根据要求加以说明（图 1-10）。

3）应详细说明以下内容：组织形态、组成物的量、组织分布、颜色及晶粒大小等。

4）提交打印的实训报告和电子稿各 1 份。

★说明

此项目与第 2 章强化训练项目结合起来，可以作为实训时间为两周的“热处理与金相制样实训”内容。

【思考题】

1. 分析 45 钢在不同温度正火后于 830℃淬火，其组织与性能的变化。

2. 如图 3-14 所示，根据共析钢过冷奥氏体连续冷却转变曲线示意图，指出以下五个区域分别是什么转变区：①A_1 线以上②AA'左边③AA'和 BB'之间④BB'右边⑤Ms 以下。

3. 比较共析钢过冷奥氏体在 $A_1 \sim Mf$ 之间等温转变产物在光学显微镜下的形态特征及力学性能。

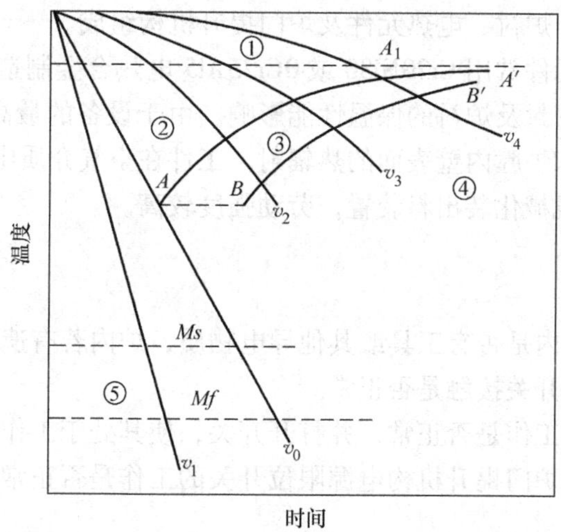

图 3-14　共析钢过冷奥氏体连续冷却转变曲线示意图

第4章 热处理安全生产基础知识

本章主要介绍热处理炉、测温仪表、硬度计及显微镜的操作要点及维护知识。

【学习目的】

熟悉热处理常用设备、仪器的使用方法及维护保养常识。

【重点】

中温箱式电阻炉的使用与维护保养。

4.1 热处理炉的操作要点及维护

热处理炉是实现热处理工艺的重要设备，它既要保证实现特定的热处理工艺参数，又要操作方便、安全、节能和无污染。随着对热处理工艺和产品质量的要求越来越高，热处理炉的自动化和复杂程度不断增加，对参与热处理工艺设计和现场操作人员的要求也随之提高。热处理设备的熟练操作及维护保养是提高热处理产品质量的有力保障。

4.1.1 中温箱式电阻炉

1. 结构及特点

中温箱式电阻炉主要用于碳钢及合金钢件的退火、正火、淬火等常规热处理，炉料一般在空气介质中加热，无装出料机械化装置。这种炉子是由炉体、测温系统和电控系统组成的，炉体由炉架、炉壳、炉衬、电热元件及炉门提升机构组成。

箱式电阻炉的电热元件常用Cr20Ni80或0Cr25Al5电热合金制造，炉内温度的均匀状态受电热元件布置、炉门密封及炉衬的保温性能影响。由于设备的最高工作温度为950℃，工件加热主要靠电热元件和炉膛内壁表面的热辐射。工件在空气介质中被加热，表面极易发生氧化。该设备通常没有机械化装出料装置，劳动强度较高。

2. 操作要点

（1）开炉前的准备

1）检查电器控制箱内是否有工具或其他导电物质，炉内若有遗忘工件应及时清除。

2）合闸后检查电器开关接触是否正常。

3）检查温度控制仪工作是否正常，并打开开关，使其处于工作状态。

4）还应检查炉门及炉门提升机构电源限位开关的工作是否正常。

（2）开炉生产

1）将温度自动控制仪按工艺要求调整到所需温度。

2）将控制旋钮旋转到自动控制的位置，开始升温。

3）冷炉升温，到温后停留一段时间，使炉温均匀后即可装入工件。连续生产，允许连续装炉。

4）零件在炉内应放置均匀、平衡，不允许零件和电热丝接触。

5）严格按照工艺规程进行操作。

6）为了保证工件加热均匀，箱式电阻炉靠近炉口约300mm区域内不允许摆放工件，且工件不能直接摆放在炉底板上加热。

（3）停炉　关上仪表开关，并断开电源闸刀，还应将工件和工具放在固定位置并清扫工作场地。

3. 操作注意事项

1）炉温高于400℃时，不允许打开炉门激烈冷却。

2）最高使用温度不应超过950℃。

3）装炉量不可过大，引起温度降低不应大于50℃。

4）装炉时不要用力过猛，以免损坏炉底板。

5）经常注意仪表和电器控制箱的电器工作是否正常。

6）新安装或大修的炉子，装修好后在室温放置2～3昼夜，经电工用500V兆欧表检查三相电热元件对地（炉外壳）的电阻应大于0.5MΩ方可送电，并按规定工艺通电烘烤，见表4-1。

表4-1　通电烘烤工艺

通电温度/℃	通电时间/h
100～200	15～20，炉门打开
300～400	8～10，炉门打开
550～600	8，炉门关闭
750～800	8，炉门关闭

在烘炉过程中应将炉壳盖板取下，使砌体内的水蒸气易于散出。

7）大修或新安装的炉子在使用一个月后，应检查炉顶处硅藻土的状态，如有下陷应及时填满。

8）为了保证操作人员的人身安全，在工件的装、出炉过程中，不允许带电操作。

4. 电阻炉的维修

1）经常检查炉衬及电阻丝托板砖，发现损坏及时修理。

2）经常检查电热丝的情况，如发现两根间有接触，应及时分开。

3）每月检查电阻丝引出杆的夹头紧固情况，清除氧化皮并及时拧紧夹头。

4）每星期打扫炉膛，清除氧化物及遗留在炉内的零件。

5）经常检查炉门起重钢丝绳的使用情况，发现损坏及时更换。

6）对炉门及炉门提升机构的电源限位开关进行维护。

7）应注意对热电偶、控温仪表按标准规定要求进行周期鉴定。一般情况下，控温仪表的鉴定周期为一年；热电偶的鉴定周期应根据其使用的重要程度分别规定为三个月、六个月或一年。

4.1.2　高温箱式电阻炉

1. 结构及特点

高温箱式电阻炉主要用于高铬模具和高速钢刃具等的热处理，按其最高工作温度可分为1200℃和1350℃两种类型。由于加热温度高，工件极易氧化脱碳，因此必须通入保护气氛或采取其他措施。

2. 操作要点

1）炉子、温度控制设备应经常保持清洁。

2）炉壳表面的涂料应经常保持完好无损，定期刷新。

3）经常注意控制屏上的仪表及红绿灯是否正常。

4）在检查炉膛及炉门开启机构均正常后，才能开始起动使用。

5）装出炉时应断电，工件应平放，不得碰撞和振动，应特别注意装出炉时防止将 SiC 棒和热电偶撞坏。

6）当发现电器设备、温度控制设备出现故障时，应立即停止使用。

7）在炉温大于400℃时，不得长时间打开炉门，以免损坏炉衬及电热元件。

8）使用温度不得超过最高工作温度。

9）经常检查 SiC 棒两端的接线夹头及 SiC 棒之间的耐火砖是否良好。

10）为了保护炉衬及电热元件，不得加热一切有害物质，如硼砂、硅酸盐等。

11）经常保持炉膛的清洁，防止 SiC 棒之间落入氧化皮。

3. 特别注意事项

1）使用电热元件时，必须注意它的使用电压；星形联结时，每组电热元件的使用电压为220V；三角形联结时，每组电热元件的使用电压为380V。

2）为了保证供电安全，在三相供电线路中，应尽可能保证电源的三相负载平衡，并应采用三相五线制的供电方式，即在供电线路中除了三相电源线外，将设备的电气接零（零线）与接地（地线）分开。

4. 电阻炉的性能测试项目（设备验收，设备鉴定时常用，应掌握其测试方法及要求）

1）电热元件冷态直流电阻的测定，考核电热元件的设计与制造质量。

2）额定功率的测定，考核炉子的设计功率是否合理、是否满足规定要求。

3）空炉升温时间的测定，考核炉子的设计功率是否充分、炉衬设计是否合理。

4）空载功率的测定，考核炉子的整体保温性能。

5）炉温均匀性的测定，是炉子的重要考核指标，决定着工件的热处理质量好坏与稳定。

6）设备表面温升的测定，考核热处理炉炉衬的设计与制造质量，以及保温性能是否良好。

5. 常用电热元件材料的性能

电热元件材料应具备以下特殊性能：

1）良好的耐热性和较高的高温强度。电热元件是高温条件下的工作器件，因而电热元件材料应具有良好的耐热性和高温强度，即要求电热元件材料的工作表面在高温条件下不易发生氧化起皮，且在以后的较长时间工作中不易发生显著变形。

2）较大的电阻率。用电阻率较大的材料制作电热元件有利于功率的获得。在获得同等必需功率的条件下，使用电阻率较大的材料制作电热元件可以有效地节约材料、简化结构、方便安装使用。

3）良好的耐蚀性能。

4）较小的电阻温度系数。使用电阻温度系数很大的材料制作电热元件时，需配备调压器，以便调整设备功率。

5）较小的热膨胀系数。

6）良好的可加工性能。电热元件材料的可加工性能主要是指成形加工、绕制、焊接及返修的可能性和难易程度。镍铬系电热材料与铁铬铝系电热材料相比具有更好的可加工性能。硅碳棒及硅钼棒很脆，不易成形加工，在使用、操作和维修过程中易断裂，应特别小心。

4.1.3　井式电阻炉

1. 结构及特点

井式电阻炉一般适用于细长工件的加热，以减少加热过程中工件的变形，中小型工件亦可放在料筐里，用吊车装出炉。井式电阻炉占地面积小，在车间也便于布置。为了方便操作，井式电阻炉一般均置于地坑中，炉口只露出地面或操作平台500~600mm。井式电阻炉按其工作温度可分为低温、中温和高温三种类型。这里仅介绍低温井式电阻炉的操作要点。

低温井式电阻炉最高工作温度为650℃，为了增强对流换热效果和炉温的均匀性，在炉盖下装有离心风扇，强迫炉气沿导向马弗罐外侧向下流动，再由料筐底板孔进入料筐内，将热量传给工件，筐内气体受风机中心负压吸入而循环流动。

低温井式电阻炉广泛用于钢件的回火处理，也可用作有色金属的热处理。

2. 操作要点

（1）开炉前的准备

1）检查电器控制箱和炉内是否有能引起电源漏电的危险东西，并予以取出。

2）合闸后检查控制箱内电器和仪表工作是否正常，并打开仪表开关，使其处于工作状态。

（2）开炉生产

1）将温度自动控制仪表按工艺要求定好温度。

2）将控制柜旋钮旋转到自动控制的位置，起动风扇，供电升温。

3）冷炉升温，到温后停留一段时间，使炉温均匀后即可装入工件（连续生产允许连续装炉）。

4）零件出炉时应拉闸断电，在风扇停止转动后，使用手压泵或开启泵液压管路的阀门和开关，或搬动气动开关提升炉盖。

5）用吊车小心装入料筐，或用其他夹具使料筐置于中心线上，并注意装入的零件不与风扇相碰。

6）关上炉盖，使炉盖边缘与石墨盘条的槽重合，保持炉盖的水平。

7）按工艺规定进行操作。

3. 使用注意事项及维护

1）炉温最高不超过650℃。

2）装入零件勿高于料筐上端。

3）严禁将潮湿和带油污的零件放入炉内。

4）不允许风扇停止转动，或出现异声时继续通电加热。

5）每月打扫一次炉膛，清除氧化皮及其他污物。

6）不允许炉温高于400℃时打开炉盖激烈冷却。

7）每月检查线夹上的螺栓紧固情况，并及时清除氧化皮以免接触不良。

8）每月对控温仪表和热电偶进行检查、标定。

9）每月对炉盖升降机构、风扇轴承等加油润滑。

4.1.4　浴炉

1. 浴炉的特点

浴炉是利用液体作为介质进行加热或冷却工件的一种热处理炉。按所用液体介质的不同，可将浴炉分为盐浴炉、碱浴炉、油浴炉、铅浴炉等。

浴炉具有以下优点：

1）浴炉的工作温度范围宽（60～1350℃），可完成多种热处理工艺操作（随炉冷却的退火工艺除外），如淬火、回火、分级淬火、等温淬火、正火、局部加热和化学热处理等。

2）因工件在液体介质中加热，因此加热速度快、温度均匀、变形小、不易氧化和脱碳等。特别适用于尺寸不大、形状复杂、表面质量要求较高及精密零件的热处理。

3）浴炉结构简单，制造方便，炉口向上，便于操作，容易实现机械化。

浴炉具有以下缺点：

1）装料少，不适宜处理较大工件。

2）炉口向上敞开，热损失大。

3）劳动条件差，容易污染环境。

4）因使用的盐类有些有毒，需进行妥善保管，盐浴残渣亦需妥善处置。

5）处理后的工件需要认真清洗，否则工件表面易发生腐蚀。

6）内热式盐浴炉的起动及脱氧操作比较麻烦。

2. 浴炉的使用、维护及安全操作

（1）外热式浴炉使用和维修的技术要点

1）燃料加热浴炉烧嘴应沿浴槽切线方向安装，每隔一定时间（如每周）应旋转浴槽30°～40°，以防浴槽局部过热烧穿，延长浴槽使用寿命。

2）在浴槽突缘与护面板之间应用耐火水泥或石棉填垫密封，以防熔盐流入炉膛。不宜用燃料加热硝盐炉，以免护罐烧穿后，炭黑与硝盐作用引起爆炸。

3）炉膛底部应设放盐孔，以备发生事故时使熔盐排出，平时用适当材料堵住。

4）外热式浴炉应设两支热电偶，分别测定盐浴及加热元件附近的炉膛温度。

5）用氰盐、铅、碱等有毒浴剂时，应设强力通风装置。

6）应定期脱氧、捞渣、添加新盐。

（2）电极盐浴炉使用和维修的技术要点

1）新购置或重修的电极盐浴炉需烘炉，可用电阻丝盘炉烘烤，分段升温和保温，以防混凝土浴槽开裂。

2）工作时应开动排风装置，停电时炉口加盖。

3）炉壳与变压器接地，铜排与电极柄应接触良好。检查浴槽、电极、电极柄、变压器及水冷却装置等部位有无漏电短路。清理炉子各部位的粘盐、氧化皮等污物。

4）盐液面应保持一定高度，以保证工件能均匀、快速地加热，应及时脱氧、捞渣并加足够新盐。

5）因电极盐浴炉起动困难而暂时停炉时，可在炉口加盖并在低挡供电下保温；长期停电应捞出部分盐液，并安放起动装置。

6）应避免工件落入浴槽造成短路，工件落入炉中应及时断电捞出。工件装炉时应与电极、浴槽侧壁、炉底及液面保持一定距离。

7）应采用自动控温装置。

8）应注意变压器的运行情况，不宜过载，不得漏油，不得使铁心过热或油温过高。

（3）盐浴炉的安全操作要点

1）必须安装排风装置，排除盐蒸气及其他有毒气体。工作人员应戴防护眼镜、手套，穿工作服。

2）向浴槽内加入新盐和脱氧剂时，应使其完全干燥，分批、少量逐步加入。工件与夹具在装炉前应充分烘干。向硝盐内放入的工件应去除油污。低温盐浴需要加水时，应在常温下加入。

3）前后工序所用盐浴成分应兼容，上道工序的少量用盐带入下道工序盐浴中时，应不致引起盐浴变质或爆炸。严禁将硝盐带入高温盐浴和将氰盐带入硝盐中。在高温盐、氰盐、硝盐中作业时，应分别使用专用工具夹。

4）毒性大、易爆炸、腐蚀性强或易潮解的浴剂，如氰盐、硝盐、氯化钡和碱等，应按规定在专门地点用专门容器包装存放，由专人保管。

5）在盐浴炉附近应备有灭火装置和急救药品，操作人员应经过专业训练。盐浴炉起火时应用干砂灭火，不能用水及水溶液扑救，以免使盐飞溅或造成火势蔓延。

6）废弃毒性盐浴剂接触过的工具夹、容器、工作服及手套时，均应进行消毒。带氰盐废物需用硫酸亚铁、熟石灰及水配置的溶液进行消毒，浸泡搅拌 30min 后再静置泡 3h。碱液废料通常用硫酸中和消毒。

特别提示：

★ 严防水的带入而引发的熔盐爆炸。

★ 生产用盐必须妥善保管。一般情况下，盐类储存箱应采取两个人的分锁（即每人一把锁）保管。

★ 生产过程中产生的盐渣必须进行妥善处置，应集中保存并统一交给专业处理机构进行处置，不得随意抛弃和掩埋，以防对环境造成污染。

（4）使用硝盐浴炉的防爆安全措施

1）在硝盐浴炉中，任何局部温度超过 595℃时，都可能着火或爆炸，使用温度应严格控制在 550℃以下。

2）硝盐混合物是氧化型的，不应与容易被氧化的材料混合。氰化物和含氰化物盐与硝盐不能共存。在含氰化物盐中进行奥氏体化加热的零件，绝不能直接在硝盐中进行贝氏体等温淬火。在含氰化物盐浴中进行液体渗碳的零件，在进行贝氏体等温淬火前，应先浸入在奥氏体化温度下的中性盐浴中。

3）不应使用微细的碳化材料作硝盐的覆盖物，也必须避免渗碳炉出料端所聚集的炭黑对硝盐浴炉的污染。

4.2　硬度计的操作要点及维护

硬度是工件热处理最重要的质量检验指标之一。在确定硬度时，通常是根据零件工作时所承受的载荷来考虑安全系数，提出对材料的强度要求，再根据强度与硬度的关系，确定工件热处理后应具有的硬度值；同时应考虑零件的实际工作条件和失效模式提出合理的硬度要求。硬度计是测定硬度的主要仪器，其保持良好的工作状态是测试结果准确的重要保证。

4.2.1　布氏硬度计

1. 布氏硬度试验的优缺点

布氏硬度试验的优点是其硬度值代表性全面，数据较稳定，测量精度高。因其压痕面积较大，能反映金属表面较大范围内各组成相的综合平均性能数值，故特别适宜于测定铸铁、轴承合金等具有粗大晶粒或组成相的金属材料的硬度，以及钢件退火、正火和调质后的硬度。其缺点是试验操作时间较长；测试高硬度材料时，因钢球本身变形会影响测试结果；由于压痕较大，不适宜小件及薄件成品的检验。

2. 布氏硬度试验的注意事项

（1）试样厚度　试样厚度应大于压痕深度的10倍。

（2）压痕间距　为了测量准确，压痕中心到试样任一边缘的距离应大于压痕直径的3倍，相邻压痕的中心间距也应大于压痕直径的3倍。

（3）试样测试表面的粗糙度　试样表面加工精度越高，则压痕直径的测量越准确。因此，从保证试验的相对误差较小来考虑，压痕较小的试样其表面应研磨或抛光。

（4）受力方向　为了保证试验表面与受力方向垂直（偏斜角应小于2°），加载时试样的移动量最小，试样表面与支承面之间应保持平行，支承面应加工平整且正确放在试验机砧座上。

3. 布氏硬度计的操作要点

（1）试样　制备试样过程中不得使试样因冷、热加工而影响试样表面原来的硬度，试样表面应为光滑的平面，不应有氧化皮和污物。试样厚度至少应为压痕深度的8倍，试验后若试样背面出现可见变形，则表明试样太薄。

（2）试验设备　试验设备即布氏硬度计，必须满足GB/T 231.2—2002《金属布氏硬度试验 第2部分：硬度计的检验与校准》的要求，能施加预定试验力或9.807N ~29.42kN范围内的试验力。常用HB-3000B型数显布氏硬度计的操作要点如下：

1）试验过程。布氏硬度试验一般在10 ~35℃的室温下进行。

2）将被测试样放置在样品台中央，顺时针平稳旋转手轮，使样品台缓慢上升，试样与压头紧密接触，直至手轮与螺母产生相对滑动，停止转动手轮。

3）此时按下“开始”键，试验开始，同时自动完成以下过程：试验力加载，完全加上后开始按设定的保持时间保持该试验力，时间到后即开始卸载，完成卸载后恢复初始状态。

4）逆时针旋转手轮，样品台下降，取下试样，用读数显微镜测量表面的压痕直径，并取下试样，从专门的硬度表中查出相应的硬度值。

4.2.2　洛氏硬度计

1. 洛氏硬度试验的优缺点

洛氏硬度试验具有以下优点：①因洛氏硬度计有许多不同的标尺，压头有硬质、软质多种，可以测出从极软到极硬材料的硬度，不存在压头变形问题；②压痕小，对一般工件不造成损伤；③操作简单迅速，可立即得出数据，生产效率高，适用于大批量生产中的产品检验。其缺点是采用不同的硬度标尺，测得的硬度无法直接进行比较。此外，因压痕小，对于具有粗大组织的材料（如灰铸铁和粗晶材料等）缺乏代表性，因此不宜采用此法进行测试。

2. 洛氏硬度计操作要点

（1）试样　试样表面应尽可能是平面，不应有氧化皮及其他污物，一般表面粗糙度 *Ra* 值≤0.8μm。

（2）试验设备　试验设备即洛氏硬度计，是应用最广的一种硬度计。洛氏硬度计必须满足 GB/T 230.2—2002《金属洛氏硬度试验 第2部分：硬度计（A、B、C、D、E、F、G、H、K、N、T标尺）的检验与校准》的要求。

现以 HR-150 型洛氏硬度计为例叙述其操作要点：

1）试验过程。洛氏硬度试验一般在10~35℃的室温下进行。

2）先将试样放置在洛氏硬度计的载物台上，选好测试位置；顺时针旋转手轮，加初始试验力，使压头与试样紧密接触，直到短指针对准表盘上的小红点为止。然后将表盘上的长指针对零（HRC、HRA 的零点为0，HRB 的零点为30）。

3）调好后轻轻推动加载手柄加主试验力，在长指针停止2~6s后，拉回手柄卸除主试验力，此时长指针回转若干格后停止，从表盘上读出长指针所指的硬度值（HRA、HRC 读外圈黑数字，HRB 读内圈红数字），并记录下来。

4）逆时针旋转手轮，使压头与试样分开，调换试样位置再次测量，共需测量四次，取后三次测量结果作为试样的洛氏硬度值。

4.2.3　维氏硬度计

1. 维氏硬度试验的优缺点

维氏硬度试验的优点是可以测定从极软到极硬的各种金属材料，尤其适宜测量零件表面的淬硬层及化学热处理的表面渗层等。同时维氏硬度只用一种标尺，材料的硬度可以直接通过维氏硬度值比较大小，不存在布氏硬度试验力 F 与球体直径 D 之间关系的约束，也不存在洛氏硬度因采用不同标尺硬度值无法统一的问题。

维氏硬度的缺点是对试样表面要求高，压痕对角线长度测量比较麻烦，不适于大批量产品的测试。

2. 维氏硬度计的操作要点

（1）试样　维氏硬度试验，特别是小载荷维氏硬度试验，由于试验力较小，所以压痕尺寸很小。为了保证清晰地测量出压痕对角线长度，对试样表面的质量要求较高。试样表面应平坦光滑，无氧化皮及污物。试样或试验层的最小厚度应满足试验要求，试验后，试样背面不应出现可见的变形痕迹，从而保证试验结果准确可靠。表面粗糙度 *Ra* 值≤0.4μm，小载荷维氏硬度试样的表面粗糙度 *Ra* 值≤0.2μm。

（2）试验设备　试验设备即维氏硬度计，是测量维氏硬度的精密计量仪器。维氏硬度计配有测微目镜，用于加载后测读压痕对角线长度，使用方便，测量精度高。

（3）试验过程　维氏硬度试验与布氏硬度试验基本相同，即先对试样进行加载，保持规定时间后卸除载荷。用测微目镜测量压痕对角线长度，通过查表得到试样的维氏硬度值。

4.3　显微镜的操作要点及维护

金相检验是工件热处理质量检验中不可缺少的检测手段，显微镜是金相检验最常用的仪器之一。

金相显微镜由光学镜片和精密的机械零件组成，属于精密光学仪器。为了避免过早损坏，应做到正确使用、妥善保管，这样才能减少故障发生，延长使用寿命。

4.3.1　光学镜头的维护保养

镜头是光学仪器中的关键部件，它直接影响成像质量及使用效果。镜头常见的疵病有镜片生霉、起雾、脱胶、破损、表面镀层损坏或脱落等。

（1）生霉和起雾　生霉是镜头表面呈现出蜘蛛状物质，它是由霉菌繁殖引起的。霉菌在25～35℃、相对湿度80%～90%的条件下最宜繁殖。霉菌依靠油脂、汗渍、空气中的尘埃、指纹印等供给营养来生长。

雾产生的原因较多，可分为油性雾、水性雾、混合雾三种类型。总之，在镜头表面有“露珠状”或干的堆积物，都认为是雾。

镜头一旦生霉和起雾，视场就会变得模糊不清，分辨能力降低。它们的形成与制造、装配、光学玻璃的化学稳定性、环境条件、使用和保管等多方面因素有关。

为了防止镜头生霉和起雾，金相显微镜应放置在干燥、通风的地方。使用结束后应立即将镜头放入干燥皿内，并将光学系统密封好。

（2）脱胶　镜头一般由多片透镜胶合而成，若胶合面的胶粘层开裂，即为脱胶。根据脱胶的程度不同，视场呈现不同的形貌，如霓虹斑、树叶斑、群点等。脱胶使成像质量降低，严重的将影响使用。

由于外界温度剧烈变化，使胶粘层与玻璃的膨胀不一致；在搬运及使用过程中受到冲击；有机溶液浸入胶粘层使之溶解等，都是造成脱胶的原因。

为了防止脱胶，显微镜室要保持恒温，避免胶层受到冲击，更不能使阳光直射在显微镜上。另外，要注意不能用大量有机溶液擦镜头。

（3）划伤、裂纹和破损　为了提高光学性能，在光学零件的表面往往有一层镀铝或镀银的薄膜。若表面有灰尘或用擦布清洁，则易擦伤镀膜。若遇腐蚀介质，易使镀膜变质。

光学玻璃性脆易碎，使用时要轻拿轻放。对于直立光程的显微镜，调焦时要特别注意，避免碰伤镜头。

4.3.2　机械装置的维护保养

金相显微镜的机械装置用于使光学元件保持在确定的位置，并保证在一定范围内精确移动。它们常出现的疵病有零件变形、润滑脂干涸、脏污、腐蚀、调节不灵活、松动等。

（1）载物台　载物台的台面要平，且与主光轴垂直，否则会影响视场的均匀性和清晰度。在载物台上不应放过重的试样，使用结束后应降到最低位置，以防止变形。活动部位要定期加中性润滑脂。

（2）物镜转换器　它是机械精度要求较高的一个部件，应具有良好的稳定性和重合性。常见故障为定位机构失灵，这多由定位簧片损坏引起。使用时不要抓住物镜转动，应平衡地转动物镜转换器。

（3）粗动和微动机械　粗动调节机构一般采用齿轮、齿条传动装置。齿条固定在镜臂上，与粗动手轮带动的斜齿轮啮合，转动手轮，齿轮便带动齿条沿镜体燕尾槽上下运动，也就是使镜臂上方的载物台及试样跟着运动。经常使用后，由于磨损而松动，即出现所谓“镜臂自溜”现象，可在齿条背面加垫金属薄片或旋紧定位螺钉，通过减小啮合间隙来修复。

微动调节机构是一种多级齿轮传动装置，其作用是使镜体能缓慢平稳地升降。微动手轮外侧有分度，它本身是一只测微螺杆，每一分度格的分度值为 1 ~ 2μm，微动调节的距离小，应在规定的刻度范围内移动，不可用力过大，调到极限位置应立即停止。长期使用后，由于齿轮磨损或油污太多，会使微动机构失灵，可请专人修理。微动机构十分精密，出厂时均已调好，不可随意拆卸。

4.3.3　操作要点

1）使用金相显微镜之前必须仔细阅读说明书，熟悉结构及操作规程，方可动手操作。

2）调焦时，眼睛观察目镜，双手缓慢进行。先用粗动手轮调至物镜工作距离出现模糊的图像，再用微动手轮进一步精确调焦，使图像清晰可辨，尽量避免频繁地旋转手轮。

3）不得用手指触摸物镜和目镜的镜片，使用结束后要及时装入干燥器内，显微镜加盖，同时装上目镜罩。

4）光学元件上有灰尘、油污、油脂时，禁止用手或手帕去擦，只能用专用的软毛刷或镜头纸轻轻掸去或擦去灰尘等。

5）使用油镜头时，油量不宜过多。由于工作距离小，调焦时应细心，避免碰伤镜头。使用结束后立即用脱脂纱布或吸水纸将油镜上的油吸去，再用软细布沾少许二甲苯擦拭干净，待干燥后便可装入镜头盒。

6）金相显微镜的光源一般采用低压钨丝灯，务必通过变压器接入，不能将灯泡直接插在 220V 电源上。

7）金相显微镜应放在无灰尘、无腐蚀气氛、无振动、无阳光直射且通风良好的地方。

8）金相显微镜最好放在专用的活动玻璃罩内，罩内放置氯化钙或硅胶干燥剂。也可用软绸布罩，切勿使用塑料罩。如能设有专门的空调、恒温、去湿设备则更为理想。

4.4　测温仪表的使用与维护

温度是热处理生产中最重要的工艺参数，需要用专门的仪器来控制、显示并记录，测温仪表就具有这样的功能。作为热处理技术人员，熟悉热处理车间常用测温仪表的原理、构造和使用方法，以及维护与保养知识，是十分必要的。

4.4.1　动圈式仪表的使用和维护

1）按说明书要求进行安装。动圈式仪表都是嵌入固定式，一般都装在炉子的控制柜上，应使仪表呈水平位置。仪表工作环境温度为0～50℃，相对湿度不超过85%，且无腐蚀性气体。

2）仪表刻度分度号与配接的热电偶分度号应一致，补偿导线的型号应与使用的热电偶型号相配。

3）要正确接线：①补偿导线的正负极与热电偶的正负极对应相接，补偿导线另一端的正负极接在仪表外部标有正负记号的接线端子上，不可接错。接线时，应先拆除连接仪表正负极的短路导线，再接补偿导线；②必须进行外阻调整，使热电偶、补偿导线和附加电阻的阻值总和等于仪表盘上所标注的外阻值（允许有±0.1Ω的误差）；③补偿导线应单独用铁管屏蔽，不能与电源线共用一根铁管。

4）补偿导线冷端要进行温度补偿，生产上常用的补偿方法是调零法，即在仪表无输入信号时，根据仪表附近的工作环境温度，调节表盘前面的仪表指针调零螺钉，使指示指针预先指到所要求的补偿温度处。

5）为了使仪表能够长期可靠地工作，必须定期进行下列维护工作：①用直流电位差计校对仪表的指示误差，如超过规定值，应进行调修；②检查接线头（热电偶、补偿导线）连接是否良好；③检查指针有无卡住或滞呆现象，如有应及时排除；④检查断偶保护是否失灵；⑤保持仪表清洁。

4.4.2　电子电位差计的使用和维护

1. 安装注意事项

在安装电子电位差计时，应合理选择安装位置，正确地铺设仪表的连接线路，这对于保证仪表的正常工作是很重要的。

1）安装地点应干燥，无腐蚀性气体，否则将会使仪表的绝缘电阻降低，抗干扰性能下降；滑线电阻、开关及其他金属件表面产生腐蚀，也会影响仪表的正常运行和缩短使用寿命。为此，应注意提高仪表的密闭性，仪表表门上的密封衬垫应保持完整、接触紧密；仪表外壳上的穿线孔应予以堵塞；仪表内应放置干燥剂，如氯化钙或硅胶等，以吸收水分，保持表内干燥。

2）安装地点附近不应有强烈的电磁场，如大功率电动机、变压器等。强烈的电磁场是产生仪表外来干扰信号的主要来源之一，会严重干扰仪表的正常工作。因此，在干扰源较大的环境中使用仪表时，应采取相应的抗干扰措施。

3）安装地点应无强烈的振动。因为强烈振动容易使仪表的接线端子松动，振动变流器的对称度容易失调，并缩短电子管等元件的使用寿命。

4）使用环境温度不能过高。仪表允许在0～50℃的环境温度下使用，过高的环境温度会降低仪表的精度，缩短电气元件的使用寿命，严重时可能烧毁变压器和电动机线圈。

5）热电偶的分度号应与使用的电子电位差计的分度号一致；补偿导线的型号应与热电偶配套；补偿导线的极性与热电偶的极性要对应，不可接错。

6）为了避免交流感应的干扰信号进入仪表，补偿导线与电源线、控制线不能铺设在同一穿管中，补偿导线应单独用铁管屏蔽。

2. 仪表的使用和维护

各种型号的电子电位差计都附有详细的说明书，在安装使用前必须熟悉说明书并严格按照要求执行。下面介绍 XWB 型仪表的维护知识。

1）接交流电源线时，必须注意相线和中性线的位置，不可接错。在仪表外壳背部的接线座上，标有“220V”的为相线端子，“0”为中性线端子，“G”为接地端子，接地线的另一端建议接在深埋于湿地中的铜板或者铁管上。

2）补偿导线的屏蔽铁管如对地“浮空”（即铁管不接地），则要用导线将铁管与仪表接线板“P”端连接。

3）仪表运行时，必须将表内转换开关按标示牌扳到“测量”位置，否则仪表不能指示被测温度。

4）XWB 型仪表的放大器采用浮空安装，即放大器机壳对仪表外壳是绝缘的，以提高仪表的抗干扰能力。因此，使用前应检查放大器对地是否绝缘。

5）检查测量单元、滤波单元、稳压单元的固定是否牢固，晶体管放大器上的 22 孔插头和电容单元上的 9 孔插头是否插紧。它们的松动会影响仪表的正常工作。

6）记录纸的更换。拔下指示指针，抬起记录笔搁在笔架上，将记录纸上的两个小圆孔对准卡纸轮上的两个月牙板端，套入后再将记录纸按逆时针方向旋转一定角度即可卡住记录纸。

装记录纸时，要按操作的时间将笔尖对准记录纸上的时间分度，以便日后检查。为此，只要将两个月牙板顺时针方向转动一下即可对准。记录纸装好后，应校核记录笔与指针零点。

4.4.3　热电偶安装和使用方法要点

1）热电偶和仪表分度号必须一致。

2）热电偶的补偿导线安装位置应尽量避开大功率的电源线，并应远离强磁场、强电场，以免干扰。通常都是将补偿导线穿在单独的铁管中，予以屏蔽。

3）热电偶不应装在太靠近炉门处和发热源处。

4）热电偶插入炉内的深度可依实际情况而定，其工作端应尽量靠近被测物体，以保证测量准确；另一方面，为了装卸工件方便且不至于损坏热电偶，要求工作端与被测物体保持适当距离，一般不少于 100mm。热电偶的接线盒不应靠到炉壁上。

5）热电偶应尽量垂直安装，以免保护管在高温下变形；若需要水平安装时，应使用耐火泥或耐热合金支架支撑。

6）热电偶保护管和炉壁之间的空隙应用绝热物质（如耐火泥或石棉绳）堵塞，以免冷热空气对流而影响测温的准确性。

7）安装具有瓷类或氧化铝等保护管的热电偶时，选择的位置应适当，以防因加热工件的移动而损坏保护管。在插入或取出热电偶时，应避免急冷急热，以防保护管破裂。

8）热电偶工作端的安装位置应尽可能避开强磁场和强电场，以免干扰。

9）除特殊情况外，一般不允许将热电偶从保护管抽出而直接与测温介质接触。同时，在使用时应经常检查保护管的情况，发现其表面侵蚀严重时应予以更换。

10）测量盐浴炉温度时，测量前应先将热电偶放在炉旁预热。插入盐浴炉中时严禁与电极相碰，插入深度为盐浴炉深度的1/3～1/2。使用结束后自然冷却，然后用碱水将热电偶保护管洗净。

11）为了保证测量准确，热电偶应定期校验。

【拓展知识】

——我国材料热处理技术发展史

1. 我国古代的热处理

材料热处理在我国具有悠久的历史。与世界其他国家相比，我国古代热处理技术的发展具有明显的区域特色，在某些方面虽然落后于其他国家，但也有许多发明和技术在世界热处理史上处于遥遥领先的地位，其中不少成果还传播到了世界各地，对世界热处理技术的进步起到了促进作用。

在我国，传统的热处理技术经历了从萌芽、建立、发展、鼎盛到衰弱，最后是现代技术的引入、消化和发展的过程。在远古时期，我国的热处理技术已经开始出现萌芽。在上古时期，传统热处理技术开始初步建立；到了中古时期，传统热处理技术进一步发展；在近古时期，传统热处理技术达到鼎盛；在近现代时期，传统热处理技术逐渐衰弱，同时现代热处理技术开始建立和发展。

我国古代先民将火用于材料热处理是从新石器时代开始的。古代先民发现泥土与适量的水混合后，就会有粘性和可塑性。由于火，由于热处理，使粘土转变为经久、耐火、耐水的陶器，这是人类自觉进行热处理的最早事例。

在夏朝和商朝时期，我国古代先民也开始认识金属、加工金属并冶铸金属。人类应用铜的历史可追溯到公元前7250年以前。退火工艺的发明是人类金属热处理的开端，退火在商代被用于自然金的加工，自然金主要来源于天然金块和砂金的熔块。

在周朝，特别是春秋战国时期，我国出现了固体渗碳制钢术，它是最古老的热处理技术之一。固体渗碳处理大约开始于春秋时期，其年代在公元前7～6世纪，这是金属化学热处理的开端。

战国时期，我国古代热处理的一项举世瞩目的成就是发明了铸铁柔化术。铸铁的发明大约在春秋中期。我国工匠为了克服白口铸铁的脆性，大约于公元前5世纪发明了适用于铸铁柔化处理的退火技术。

我国古代淬火技术可能最早应用于块炼铁中。对战国时期的钢铁制品的金相分析还发现，在钢铁内部有类似回火和正火的组织，我国工匠可能在无意之间应用了类似于回火和正火的工艺，从而拓展了钢铁制品的用途。

春秋战国之交，我国出现了金属表面处理。这一方法主要有“鎏金”、“鎏银”和镀锡，最常用的是汞齐法，即将被镀金属溶于水银中，然后采用擦涂的方法将其覆于基材之上。

秦汉两朝是我国冶铁规模蓬勃发展的时期。这一时期的工匠在掌握和应用钢铁退火加工方面取得了很大进步。除了对锻钢件实施中间退火以外，以退火作为最终热处理的手段也被古代工匠所采用。工匠们将中、高碳钢在723℃附近长时间退火，获得了球化退火组织。

脱碳处理是一种化学热处理，这一技术在秦汉两朝被大量应用于加工白口铸铁。

随着热处理工艺的不断成熟，在魏晋和南北朝时期，我国在淬火冷却介质的掌握和应用方面取得了很大突破。三国时期的蒲元明确指出水质对淬火的影响。对淬火技术具有重大贡献的另一人是南北朝的綦毋怀文。公元6世纪的淬火技术有了一个重要突破，这时出现了双液淬火。

宋元时期，古代工匠除了采用百炼钢技术以外，还采用了熟铁和生铁合炼的技术。"团钢"和"灌钢"技术实际上都属于液体渗碳制钢法。

明清时期，我国古代工匠采用了许多热处理技术，如预冷淬火等。明代宋应星在《天工开物》中有关于采用预冷淬火技术制蹉的记载。在化学热处理方面，应用液体渗碳方法制钢又有了很大进展，这时采用所谓的"生铁淋口"技术，生产的钢材称为"苏钢"。

到了宋代，中国传统的金属箔的制造业已很成熟。

从近代起，我国传统冶铁技术已无法满足市场需要，尽管仍有地方生产灌钢或苏钢，但在全国范围内，这一传统的液体渗碳制钢法已不再是制钢的主要手段。我国的钢铁一方面依靠进口，另一方面开始建立现代化的钢铁厂。从1868年开始，相继建成许多钢铁生产厂，这些工厂不仅生产生铁和熟铁，还可提供大量的钢材。这时由长期经验所形成的传统热处理技术仍在金属加工中发挥着重要作用。采用熔融生铁作为渗碳剂的液体渗碳法的表面处理技术还有所发展，这些方法通常称为"擦生"或"擦镝"，其具体处理方法在不同地区还有许多种。在淬火及回火的工艺控制方面已很成熟，民间在淬火冷却介质的选择上和进行钢铁控冷自回火方面发展了很多技巧。焖熬法固体渗碳已成为渗碳的重要技术，在近代被华中和华北地区的工匠所采用，他们所用的"釜"是铁锅，制备的钢称为"焖钢"。

2. 我国现代的热处理进展

热处理是机械工业中一项十分重要的基础工艺，对提高机电产品的内在质量和使用寿命、加强产品在国内外市场的竞争能力具有举足轻重的作用。由于热处理影响的是产品的内在质量，它一般不会改变制品的形状，不会使人直观地感觉到它的必要性，所以在我国的制造业中长期存在着"重冷（冷加工）轻热（热加工）"现象，以致这个行业一直处于落后状态。

我国现代热处理产业起源于20世纪50年代初前苏联援建的156项企业，其中的机械工厂都设有热处理车间和工段。一些高等院校设置了热处理专业，陆续建立了一些科研机构，使人才培养、研究与开发，生产技术的革新和设备制造等方面初步形成了一个较完整的专业体系，热处理成果不断出现。

由于科研和生产应用的脱节，20世纪60~70年代的机械和冶金工厂的热处理生产技术没有出现明显的进步。直到20世纪80年代实现了和国际社会的沟通，引进了先进的技术和设备，一些大型骨干企业的生产技术才有了明显的改观。热处理企业总数、员工总数、设备总数、生产能力、营业额等不断增长，科研、开发和新技术应用成果层出不穷。热处理质量管理从传统的"死后验尸"发展到"全面质量管理"阶段；热处理专业化生产蓬勃发展，生产技术改造和设备更新如日中天，设备制造出现很大转机，标准化进程突飞猛进。

1980年以前，在国标（GB）和冶标（YB）中只有12项钢材的冶金质量标准，机标

(JB) 中只有8项热处理标准。经过近20年的努力，已制订、修订出76项国标和行标，其中绝大部分内容是热处理通用技术标准和工艺标准，使金属材料经热处理后的组织和性能在国内和国际贸易谈判中有了一个公认的品质优劣的判据，产品质量检验的方法也有了一个共同的准绳。新制订的热处理工艺标准可用来严格控制生产条件（设备仪表精度，可靠性与维护，温度、炉气、加热和冷却介质等），是实现热处理生产全面质量管理的有效措施。

——热处理质量和检验概论

1. 质量

狭义的质量含义就是指产品质量，即产品满足用户要求的程度、产品的使用价值。

广义的质量含义除了包括产品质量外，还包括工作质量、服务质量和成本质量。

2. 传统的质量控制观念

1）把“技术检验”看做“质量控制”。技术检验是通过检验及早发现并剔除不合格品，同时把有缺陷的产品出现的地点、次数、原因及有关部门的工作质量通告给管理部门、管理专家和生产者。检验是在出了质量问题之后再来控制质量，只能起到控制不合格品的作用，不能把质量问题消灭在萌芽状态。

2）把质量控制看做只是管理和工程技术人员的职责，忽视工人的能动作用。

3）把热处理质量控制局限化，只重视工件在热处理过程中的质量。

3. 现代质量控制的特点

1）全过程的质量控制。好的产品是设计生产出来的，也是检验出来的。把质量控制工作的重点从管理后面的产品质量转到控制生产过程中的质量上来，做到防检结合、以防为主，把不合格品消灭在质量形成过程中。

2）全员参加质量控制。领导、管理人员、技术人员和工人全员参加，还包括从原材料到制成产品的全过程，乃至售后服务和使用的全面质量控制。

3）将数理统计方法作为基础的科学管理方法，建立质量计划－质量控制－质量改进的质量管理新模式。

4. 热处理的特殊性

热处理是采用适当方式对工件进行加热、保温、冷却，以获得预期的显微组织，使机械零件或产品获得所需性能并保证使用安全可靠的工艺过程，是机械制造工程的重要组成部分。其中性能包括力学性能、物理性能、化学性能、工艺性能和使用性能等。

热处理具有以下两大特点：

(1) 热处理属于“内科”

1）从定义来看，热处理工艺只改变零件性能，不改变零件形状。

2）热处理质量一般需通过使用专门仪器对零件或随炉试样进行检测，所以受到检测仪器的限制。

3）由于对每一炉批热处理零件，甚至对每一个零件来说，检测都只是个别的、局部的，不能达到对热处理质量100%的检测，因此不能完全反映整批零件或整个零件的热处理质量，即受抽检率和检测部位的限制。

(2) 热处理质量影响大

1）热处理生产一般都是成炉批量投入，连续生产，一旦出现热处理质量问题，对生产和产品的影响面很大。

2）热处理对象大部分是经过加工的半成品件或成品件，如果出现热处理质量问题，其损失很大。

3）热处理缺陷一旦漏检，很容易发生严重的机械事故，造成的损失更大。

因此，从质量控制观点来看，热处理属于特种工艺，要采取特殊措施，实施全面质量控制，制订专门的工艺规程和检验规程。

在ISO9000系列标准认证中，对热处理给予特别关注，并列为必检内容。

第2单元　技能强化训练

本单元主要强化训练金相试样制备及钢材相似显微组织的分析与鉴别、钢的普通热处理工艺、显微组织缺陷与案例分析。其目的在于提高学生理论联系实际，综合分析问题、解决问题，以及对各种信息资料的查询、收集、筛选、归纳整理和综合运用的能力。

第5章　金相试样制备技术与钢材相似显微组织的鉴别

金相试样制备是指通过切割、磨光、抛光、侵蚀等步骤，使材料达到金相观察要求的过程。制备的试样必须具有清晰的视场和真实的组织形貌，为正确鉴别显微组织做好充分的准备。

【学习目的】

掌握常用材料的金相试样制备过程，熟悉钢材相似显微组织的分析与鉴别，了解特殊金相试样的制备技巧。

【重点】

金相试样的制备过程。

【难点】

钢材相似显微组织特征的识别。

自从利用显微镜观察材料的内部显微组织以来，金相试样的制备过程就越来越多地被金相工作者所重视。试样制备也从传统的手工制样过程逐渐发展到现代的半自动（或全自动）制样过程。但是，在全自动制样过程还没有完全普及的情况下，传统手工制样过程不可忽视。金相试样的制备过程一般为取样→（镶嵌）→磨光→抛光→显示→吹干等。这个过程不是一成不变的，可以根据检验目的及检验对象有增有减。对于丝、带、线、薄板等切割后手握不方便的试样及需要检验表面组织的试样，就要进行镶嵌；用于检验非金属夹杂物的颜色、分布、大小，石墨形态及分布，缺陷组织的分布，裂纹的走向、长度、深度、密度等的试样，就不需要侵蚀。但是，磨光和抛光这两个过程是任何试样都不可缺少的。本章主要介绍手工制样方法，重点介绍磨光、抛光和侵蚀。

5.1　金相试样制备技术

为了能够准确地进行金相观察，金相试样应具有清晰的视场和真实的组织形貌，为此必须采取一系列措施以避免出现假象。例如，淬火试样在制备过程中表面产生局部过热而回火，或非淬火试样表面因局部过热而淬火，都会使组织失真；抛光不当会造成夹杂物脱落，在试样表面留下点坑或拖尾；抛光不当还可能使试样表面产生变形而干扰组织的真实形貌。因此，试样制备是非常重要的，试样的选取也必须具有代表性。一般按研究内容或检验标准 GB/T 13298—1991《金属显微组织检验方法》的规定选取并制备样品。

5.1.1　金相试样的取样

取样部位必须与检验目的和要求相一致，使所切取的试样具有代表性，必要时应在检验报告中绘图说明取样部位、数量和磨面方向。例如，检验裂纹产生的原因时，应在裂纹部位取样，而且还应在远离裂纹处再取样，以进行比较；检验铸件时，应在垂直于模壁的横断面上取样，对于厚壁铸件，还应从表面至中心的横断面上取 3 ~ 5 个试样，磨制横断面，由表面到中心逐个进行观察比较。

1. 取样部位、数量、大小和磨面方向的选择

（1）纵向取样　纵向取样是指沿着钢材的锻轧方向进行取样，其主要检验内容包括非金属夹杂物的变形程度、晶粒畸变程度、塑性变形程度、变形后的各种组织形貌、热处理的全面情况等。

（2）横向取样　横向取样是指垂直于钢材锻轧方向取样，其主要检验内容包括金属材料从表层到中心的组织、显微组织状态、晶粒度级别、碳化物网、表层缺陷深度、氧化层深度、脱碳层深度、腐蚀层深度、表面化学热处理及镀层厚度等。

（3）缺陷或失效分析取样　截取用于缺陷分析的试样时，应将零件的缺陷部分包括在内。例如，包括零件断裂时的断口，或者是取裂纹的横截面，以观察裂纹的深度及周围组织变化情况。取样时还应注意不能使缺陷在磨制时被损伤，甚至消失。

2. 取样方法

金相试样一般不宜过大、过高。对于手工制备的试样，尺寸以磨面面积小于 $400mm^2$、高度 15 ~ 20mm 为宜。试样太小则操作不便；太大则磨制平面过大，增加磨制时间，且不易磨平。由于被检验材料或零件的形状各异，也可以选用外形不规则的试样。不是用于检验表面缺陷、渗层、镀层的试样，应将棱边倒圆，防止在制样时划破砂纸和抛光织物，避免在抛光时因试样飞出造成事故。凡是用于检验表层组织的试样，严禁倒角以保持棱角完整，并保证磨面平整。

金相试样的取样方法多种多样，可根据取样零件的大小、材料性能及现场实际条件灵活选择。最常用的取样方法是砂轮片切割。一般硬度较低的材料（<230HBW），如低碳钢、中碳钢、灰铸铁、有色金属等，均可用锯、车、刨等机械加工方法取样。硬度较高的材料（$\geqslant 450$HBW），如白口铸铁、硬质合金以及淬火后的零件等脆性材料，可采用锤击法，从击断的碎片中选出大小合适者作为试样。对于大断面零件或高锰钢零件等，可用氧乙炔焰气割，但应预留大于 20mm 的余量，以便在试样磨制时将气割的热影响区除掉。

不论采用何种方式取样，都需防止因温度升高而引起组织变化，或因受力而产生塑性变形。

5.1.2　金相试样的磨光

磨光过程是试样制备最重要的阶段，除了应使试样表面平整外，主要是使组织损伤层减少到最低程度，甚至为零。试样的磨光分为粗磨和细磨。

1. 粗磨

粗磨即磨平，是将取样所形成的粗糙表面和不规则外形的试样修整成形，再根据检验目的及磨面方向（纵、横面）将其修整平坦。粗磨可采用手工操作或机械操作。手工操作适用于较软的有色金属及其合金，一般用锉刀或粗砂纸修整外形和磨面，而不能用砂轮机，因为软金属容易填塞砂轮空隙，使砂轮变钝，并且使试样表面变形层加厚。机械操作适用于较硬的钢铁材料，即可在砂轮机、砂带或磨床上进行修整。砂轮机应采用专用砂轮，不能用于其他工具的磨削，否则砂轮侧面不平，粗磨后试样磨面也不平整。一般在砂轮圆周上修整外形，在砂轮侧面修整磨面。

使用砂轮机粗磨时，必须注意接触压力不可过大，且试样需冷却，防止因受热而引起组织变化。若压力过大，可能会使砂轮碎裂造成人身和设备事故，且极易使磨面温度升高而影响组织，并使磨痕加深，金属扰乱层增厚，给细磨抛光造成困难。粗磨后应将试样和双手清洗干净，以防将粗砂粒带到细磨用的砂纸上，造成难以消除的深磨痕。

2. 细磨

细磨即磨光，主要用于消除试样表面的金属损伤层。

手工细磨时，在由粗到细的各号金相砂纸上进行。将砂纸平铺在玻璃板、金属板、塑料板或木板上，一手紧压砂纸，另一手平稳地拿住试样，将磨面轻压在砂纸上向前平推，然后提起、拉回，如图5-1所示。在拉回时试样不要与砂纸接触，不可来回磨削，否则磨面易成弧形，得不到平整的磨面。

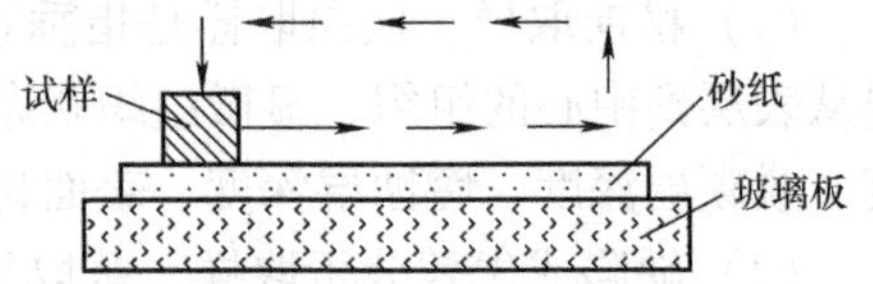

图 5-1　手工试样磨制示意图

手工细磨时应注意：每更换一号砂纸，需要将试样和双手洗净，并将试样转动 90°与旧磨痕垂直磨制，转动的目的是为了能看清上一道磨痕是否完全去除，而且有利于去掉上一道砂纸磨制时产生的变形层，使磨面保持平整。磨光时，施加的压力大小要合适，用力不宜过大，时间也不宜过长，以免试样表面氧化产生新的损伤层，给抛光带来困难。经过磨光的试样在显微镜下观察，即呈现出一个方向的细磨痕。

> **特别提示**　手工细磨时，不管砂纸粗细，试样磨过后在砂纸上留下的整个痕迹的颜色深浅要一致、宽度和试样磨面大小相同，不要有弧线的痕迹出现。只有这样才有可能保证整个磨面的平整，减少试样倒棱现象，为组织评定打下良好基础。

除了手工细磨外，还可用金相试样预磨机进行机械细磨。磨光时需注意用水冷却，避免磨面过热。

5.1.3　金相试样的抛光

抛光也是试样制备最重要的阶段，目的是去除磨光时留下的磨痕，提高试样表面的光反射性，改善组织分辨率。金相试样的抛光方法有机械抛光、电解抛光、化学抛光和复合抛光等。本章重点介绍机械抛光。

1. 机械抛光

机械抛光是手工制样最常用的抛光方法，在专用金相试样抛光机上进行。良好的抛光机不允许有能感觉到的径向和轴向跳动；使用时，抛光盘应平稳，噪声小。

抛光盘上安有抛光织物，抛光织物对金相试样的抛光具有重要的作用，依靠织物与磨面间的摩擦可消除表面的划痕并使之光亮。抛光织物有帆布、海军呢、丝绒等。

抛光时，常用的磨料有氧化铬、氧化铁、氧化铝、氧化镁和金刚石研磨膏等，现在常用的是金刚石抛光喷雾剂。使用时，将抛光微粉（如氧化铬等）制成水悬浮液后喷洒在抛光织物上；将金刚石研磨膏从针管中挤出涂在抛光织物上；将金刚石抛光喷雾剂喷在抛光织物上，然后再不断地喷水即可。在抛光过程中，织物的纤维间隙能储存和支承抛光微粒，从而产生磨削作用。

抛光操作时，对试样所施加的压力要均衡，且先重后轻。在抛光初期，试样上的磨痕方向应与抛光盘转动方向垂直，试样放在离外圈1/3处，这样有利于较快地消除磨痕。在抛光后期，将试样放在离抛光盘中心较近的地方，手感刚好和织物纤维接触，要不断地转动试样，这样能够有效防止非金属夹杂物等产生拖尾，并使试样表面干净无污物。

试样抛光时，抛光液的滴入量遵循“量少次数多，由中心向外扩”的原则，即每次滴入量要少，但要经常滴，抛光液应滴到抛光盘的中心，通过离心力的作用使抛光液向周围散射。织物的湿度以提起试样时，试样表面既不粘有干的抛光微粉和出现黑膜，也不是水汪汪的为宜，即试样与抛光织物接触的时间应当控制在10～20s内，在不断提起试样观察抛光效果的同时，检查抛光织物的湿度状态，以便及时补充抛光液。

特别提示　抛光织物和抛光微粉的选择应根据各实验室的实际条件以及操作者的习惯而定。Cr_2O_3水悬浮液和呢料配合抛光铸铁试样有较好的效果；用帆布抛光表面处理的试样，倒棱较小，效果较好；用金刚石高效喷雾剂抛光所有试样的效果都比较好，如果用不同的抛光盘分别进行粗抛（使用W3.5高效喷雾剂）、精抛（用W1高效喷雾剂），效果更好。

2. 抛光试样的自检

试样的抛光时间一般以3～5min为宜，若时间太短，磨光时留下的划痕不能完全消除；若时间太长，试样表面会由于硬粒子的脱落而产生凹坑，就需要重新磨制。

特别提示　将抛光的试样在自然光源下闪动并目测试样表面的划痕方向，如果划痕是互相平行的，说明抛光不彻底，需要继续抛光；如果划痕是互相垂直的，说明磨光时后一道砂纸没有将前一道砂纸留下的划痕完全消除；如果划痕比较深并且很粗，试样就需要重新磨光；如果划痕杂乱无章，说明是抛光时新产生了划痕，需要把抛光布取下清洗干净再使用。

5.1.4　金相试样的侵蚀

把抛光好的金相试样置于金相显微镜下观察时，除了能看到非金属夹杂物、孔洞、裂纹、石墨和铅青铜中的铅质点以及极硬相的浮凸外，仅能看到光亮一片，看不到显微组织。必须采用适当的显示（侵蚀）方法，才能显示出组织。

显微组织的显示方法有很多，主要的也是最常用的有化学显示法、电解显示法。化学显示法具有显示全面，操作简单迅速，经济、重现性好等优点，在生产及科研中广泛应用。

1. 化学侵蚀法

化学侵蚀法是将抛光好的金相试样浸入化学试剂中，或用化学试剂揩擦试样磨面，从而显示出显微组织的方法。

化学侵蚀是化学和电化学腐蚀的过程。由于金属材料中的晶粒之间、晶粒与晶界之间以及各相之间的物理化学性质不同，具有不同的自由能，在电解质溶液中具有不同的电极电位，因而可组成许多微电池。电位较低的部位是微电池的阳极，溶解较快，溶解的地方则呈现凹陷或沉积反应产物而着色。在显微镜下观察时，光线在晶界处被散射，不能进入物镜，因而晶界呈现黑色；在晶粒平面上，光线散射较少，大部分反射进入物镜，因而晶粒呈现明亮。

化学侵蚀剂种类繁多，是酸、碱、盐类的混合溶液，可查阅相关手册进行选取。使用时，应根据试样材料、检验目的及操作者的经验和习惯选用，其原则为：显示组织清晰、无毒无害、挥发性小、容易保存、价廉。

2. 化学侵蚀步骤

抛光好的金相试样一般需要通过以下步骤完成侵蚀：冲洗抛光试样→擦酒精→侵蚀→冲洗→擦酒精→吹干。

化学侵蚀方法有浸入法和揩擦法两种类型。浸入法是将试样抛光面向上，完全浸入侵蚀剂中，再轻微移动试样，使侵蚀剂在磨面上缓慢流动，促使气泡逸出，观察磨面变成灰色，然后取出试样，再经冲洗、吹干即可。揩擦法是用脱脂棉球蘸上侵蚀剂揩擦抛光面，直到抛光面变成灰色后再冲洗、吹干。一般实验室常用的方法是揩擦法。

3. 试样的侵蚀技巧

侵蚀时间取决于材料及组织，侵蚀程度取决于观察时的放大倍数和操作者的经验，一般需几秒至几分钟，当抛光面失去光泽变成灰色时即可。高倍观察宜浅侵蚀，低倍观察可深侵蚀，以在显微镜下能清晰呈现组织为准。侵蚀过度时，需重新抛光再侵蚀；侵蚀严重过度则需细磨、抛光后再侵蚀。若侵蚀不足，可直接进行第二次侵蚀，如果能重新抛光再侵蚀其效果更好。侵蚀不足或侵蚀过度，显微组织都不会清晰呈现。

对于金属变形层较厚的试样，一次侵蚀效果不明显，可采用抛光、侵蚀交替进行法，直至真实组织清晰为止。

> **特别提示**　对于铁碳合金平衡组织来说，若含碳量依次由低到高，则侵蚀时间由长到短（对于工业纯铁，20s 左右为宜，而共析钢以上的碳钢，侵蚀时间在 10s 左右即可），试样表面的颜色变化由银灰色到花色（对于其他热处理的碳钢试样，侵蚀时间为 10s 左右，颜色为深灰色）。

具体操作方法是：用水冲洗试样、擦酒精，然后把抛光好的试样表面倾斜约 45°，用蘸有侵蚀剂的棉球擦拭试样表面，不断观察其颜色的变化并在心里默计时间长短；确认侵蚀时间已到，立即用流动水冲洗试样，再擦酒精（这道工序是试样表面干净与否的关键），即用蘸有酒精的棉球自上而下慢慢擦拭侵蚀过的试样表面，稍微用力（主要是挤出棉球中的酒精），一边擦拭，酒精一边挥发，当试样表面擦拭完毕，酒精应在极短时间内完全挥发；然后先用电吹风的凉风吹干试样表面，再用热风把试样周围吹干；最后置于显微镜下观察组织。严禁把表面潮湿的试样放在显微镜上！

如果用压缩空气喷枪代替第二次擦酒精及电吹风吹干试样这两个步骤，不但可以节约无水乙醇，还可使试样在瞬间内干燥，并可有效防止试样表面产生花斑。

5.1.5 几种常见材料金相试样的制备

1. 铸铁金相试样的制备

（1）试样的磨光与抛光 铸铁中存在着各种形态的石墨，其金相试样在制备时常常产生石墨曳尾、污染和脱落等问题，对正确评定组织形成一定障碍。在长期的实践中发现，试样磨光时若采用干磨，可使石墨不脱落。而试样抛光时既要使基体表面无划痕，又要保证石墨不污染、不脱落、不曳尾，还要正确显露其形状、大小及颜色，可采用海军呢作抛光织物，在大约 500mLCr_2O_3 水悬浮液中加入 3～4 滴 1% 的铬酸水溶液作抛光液，进行机械-化学抛光，易使石墨呈现原色、原形，效果较好。图 5-2 所示为抛光后的球墨铸铁。

石墨曳尾是抛光过程中由于试样自转不够造成的，其特征是大多数石墨沿同一方向“拖尾巴”。因此，抛光时，试样不但要沿抛光盘的半径方向来回移动，还要不断地自转，即试样和握持的手指间要有相对运动，这种方法可有效防止石墨及非金属夹杂物的曳尾。

无论是铸铁还是其他试样，在抛光时，其表面往往粘有污物，这种污物是抛光盘高速旋转时粘在试样表面上的，清洗时用水及酒精很难擦掉，在显微镜下观察是有规律的黑色小点或亮色小圈，目测时是土灰色且具有一定方向性的脏物。要消除这种缺陷，在抛光后期，应在抛光盘中心倒少许清水，手感使试样和抛光织物轻轻接触，抛到试样表面干净为止，此时，试样还要不断自转。

（2）试样的侵蚀 对于不同基体的铸铁而言，侵蚀时间可参照钢的平衡组织的侵蚀时间，即铁素体基体的铸铁试样一般需要 20s 左右，其他基体的铸铁试样 10～15s 即可。值得注意的是，在试样表面第二次擦酒精时，酒精一定不能滞留在试样表面，否则在随后的吹干过程中，铸铁试样表面极易产生花斑、锈斑等。

也可采用另外一种方法，即将试样侵蚀面朝上，用干棉球擦净抛光后试样周围遗留的脏物，再用滴管将少许酒精滴到试样表面，然后将侵蚀剂滴到试样表面，这时观察试样表面颜色的变化情况并默计时间，经过 10～15s，确认组织侵蚀程度合适后，立即将酒精滴到试样表面，然后使试样侵蚀面朝下，用滤纸把试样表面的酒精吸干，最后用电吹风吹干试样，这种方法可有效防止铸铁试样表面产生花斑。图 5-3 所示为用 4% 硝酸酒精侵蚀后的灰铸铁，其组织为片层状珠光体、灰色条状石墨及多角状磷共晶。

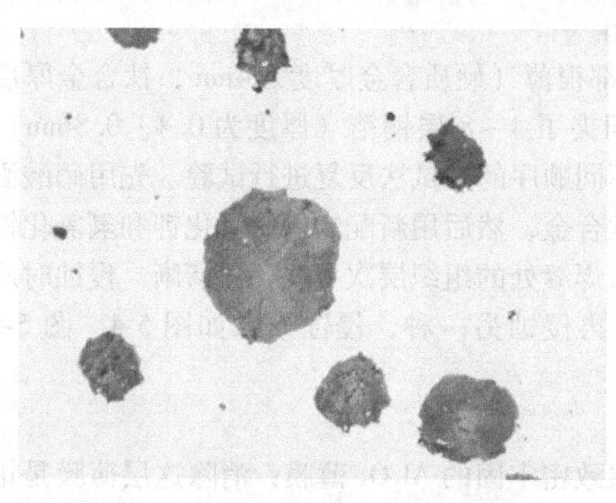

图 5-2 抛光后的球墨铸铁（×200）

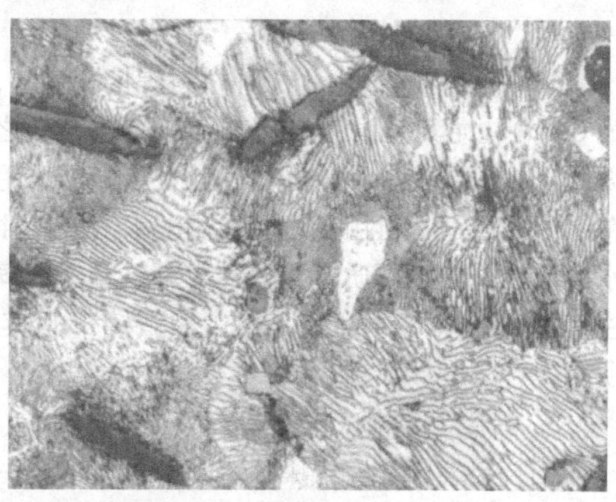

图 5-3 侵蚀后的灰铸铁（×400）

2. 异种材料焊接金相试样的制备

焊接接头的化学成分与金相组织很不均匀，特别是异种材料焊接接头的不均匀性更为突出。因此，清晰显示异种材料焊接接头的显微组织，为分析焊接接头显微组织与性能之间的关系提供良好条件，就必须严格控制焊接接头金相试样制备的各个环节。下面以钛合金、铜箔和硬质合金扩散焊的焊接试样为例，说明手工制备异种材料焊接金相试样时的一些小技巧。

（1）试样的磨光与抛光　异种材料焊接试样是将软硬不同的材料焊接在一起，因此切割、磨光及抛光都很难掌握。要达到较好的观察效果，试样软硬结合处的凸凹度就不能超过光学显微镜的景深。所以，无论哪道制样工序都要尽可能减小软硬结合处的凸凹现象。

1）试样的磨光。尽管用线切割机切开的试样表面比较平整，但在硬质合金层留下的刀痕比较深。由于钛合金、铜箔与硬质合金之间的硬度相差悬殊，磨光时，首先在80号水砂纸上手工将试样硬质合金层留下的刀痕磨去，然后在金相试样预磨机上使用150号、240号、320号、360号、400号、500号、600号和800号水砂纸对试样表面磨光。在磨光过程中应有意识地对硬质合金一侧用力，将试样放在磨盘接近外圈的1/3处，尽量不要转动，以减小试样软硬结合处的凸凹现象。

2）试样的抛光。试样抛光时，从硬材料到软材料依次进行，即先抛光硬质合金，再抛光钛合金，最后抛光纯铜。这样抛光软材料时就不会对硬材料的抛光面产生破坏。

抛光硬质合金选用帆布作抛光织物，喷洒W5金刚石抛光剂，抛光3～5min就能消除硬质合金上的划痕；再用帆布作抛光织物，喷洒粒度为W3的Al_2O_3悬浮液+几滴1%的铬酸酐水溶液，抛光5min左右可以消除钛合金上的划痕；然后用海军呢作抛光织物，喷洒Cr_2O_3水悬浮液+几滴氯化高铁盐酸水溶液（氯化高铁1g、盐酸5mL、水100mL）进行机械-化学抛光，铜箔上的划痕也基本消除；最后在海军呢上倒清水，进行短暂的表面污物清理即可。

（2）试样的侵蚀　侵蚀试样时应尽量选择相互影响较小或最好不影响的侵蚀剂。

1）侵蚀剂。钛合金采用氢氟酸+硝酸+水（体积比1∶4∶45）侵蚀；铜采用50%硝酸酒精溶液侵蚀；硬质合金采用新配制的20%铁氰化钾+20%氢氧化钾水溶液（体积比1∶1）侵蚀。

2）侵蚀步骤。把抛光好的试样用流动的水冲洗→擦酒精→涂侵蚀剂→水冲洗→擦酒精→吹干。

3）侵蚀方法。由于三种材料焊接在一起，都很薄（硬质合金厚度为4mm，钛合金厚度为6mm），尤其是铜，在钛合金及硬质合金之间夹了4～8层铜箔（厚度为0.4～0.8mm），因此，为了寻找一种较好的侵蚀方法，需采用不同顺序的擦拭法反复进行试验。先用硝酸酒精溶液侵蚀铜，再用氢氟酸和硝酸水溶液侵蚀钛合金，然后用新配制的铁氰化钾和氢氧化钾水溶液混合侵蚀硬质合金，最后可以看出，铜钛焊缝处的组织层次更好、更清晰。侵蚀时应注意：每侵蚀一种材料，先在显微镜下观察后再侵蚀另一种，侵蚀效果如图5-4、图5-5所示。

3. 铝合金金相试样的制备

铝合金表面在空气中很容易与氧气形成一层致密牢固的Al_2O_3薄膜，消除这层薄膜是铝及铝合金试样在制备过程中的难点和重点。

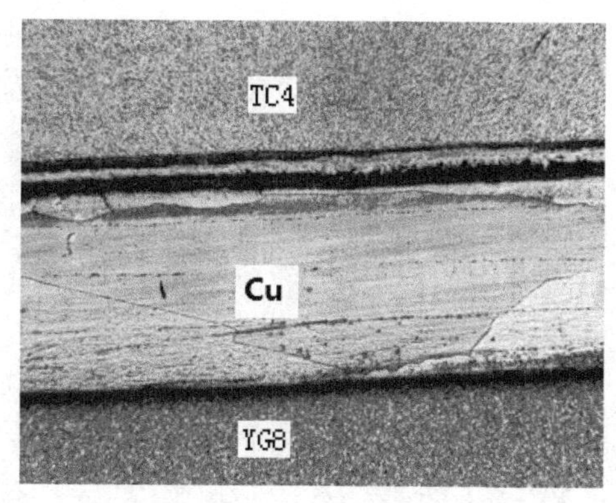

图5-4　焊接接头全貌（×100）

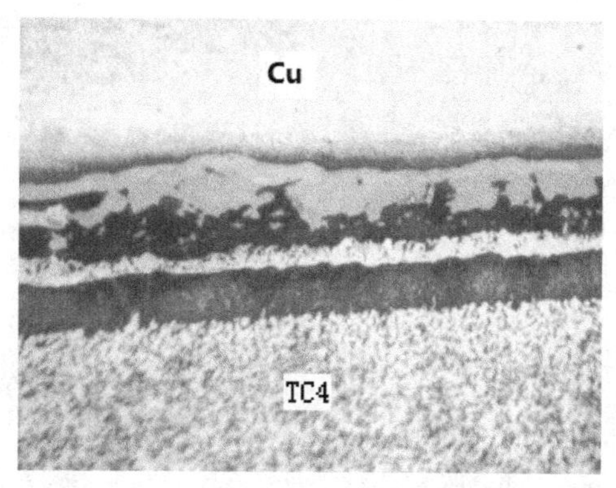

图5-5　用硝酸溶液侵蚀后的铜钛焊缝处显微组织（×200）

（1）试样的磨光与抛光

1）试样的磨光。铝合金质地较软，取样方法多种多样。用手锯取样后，可用细锉刀锉平，或用水砂纸在较小的力下磨平试样表面，以免试样表面产生新的损伤层及氧化膜；用线切割机取样后，可用稍粗（240~400号）的水砂纸磨平；用金相试样切割机取样后，可直接在金相砂纸上细磨。

在粗磨的基础上，用6级金相砂纸由粗到细（280号、320号、400号、500号、600号、800号）逐级进行磨光，注意不能越级，否则就会使下道砂纸的磨制时间延长，也有可能掩盖前道砂纸留下的粗划痕，给试样的抛光增加困难。铝合金试样磨光时的压力要适中且一定要平稳，磨光时的速度尽量缓慢，不可操之过急，以免试样表面因过热而产生氧化物。

2）试样的抛光。试样抛光时，先用细帆布作抛光织物，喷洒W3氧化铝抛光悬浮液，在金相试样抛光机上进行粗抛，时间为3~5min；再用丝绒作抛光织物，喷洒W1氧化铝抛光悬浮液进行精抛，直到划痕彻底消除且表面光亮，无脏物为止。也可用W3.5和W1的金刚石研磨膏，在上述抛光织物上分别进行粗抛和精抛，效果更好。

（2）试样的侵蚀　铝及铝合金试样一般选择0.5%氢氟酸水溶液（HF0.5mL，蒸馏水100mL）或混合酸水溶液（HF4mL，HCl6mL，$HNO_3$10mL，蒸馏水190mL）侵蚀，效果都比较好。图5-6a所示为ZL102变质前的显微组织，由白色含Al的α基体和灰色块状初晶硅及灰色针状（α+Si）的共晶体组织组成；图5-6b所示为ZL102变质后的显微组织，为白色含Al的枝晶状α基体和灰色细粒状硅以及细粒状的硅与铝基体组成的（α+Si）共晶体。该试样的侵蚀步骤和其他材料金相试样的侵蚀步骤相同。

由于铝合金在大气中氧化的速度很快，因此，试样的磨平、磨光、机械抛光及侵蚀过程应一气呵成，以减少试样表面氧化物的形成，使显微组织清晰呈现，为正确评定组织提供良好的条件。

4. 高锰钢金相试样的制备

高锰钢最重要的特征是在外载荷作用下产生形变强化现象，通常称为加工硬化，其最大特点是钢的表面通过形变强化具有很高的耐磨性。靠近表层，硬度分布急剧升高，变形程度越高，硬度越高，硬化层下面仍是软韧的奥氏体组织。

从高锰钢加工硬化后的显微组织来看，硬化层最外层的显微组织发生了很大变化，晶粒

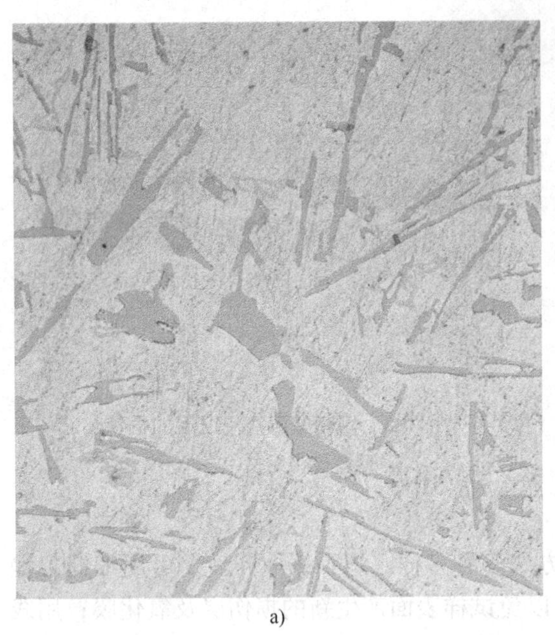
a)

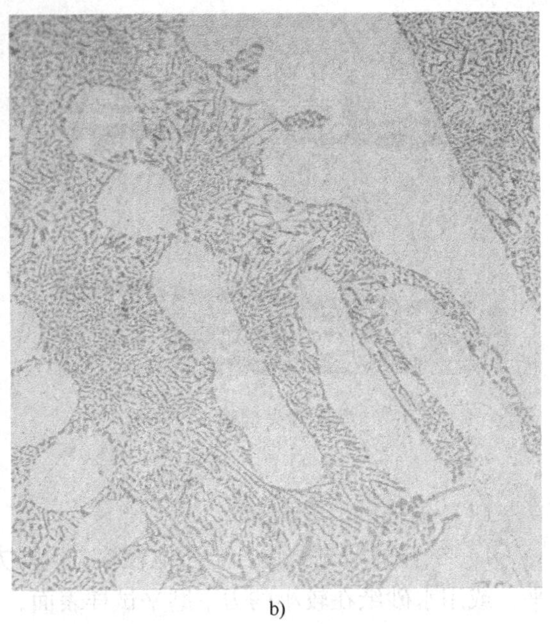
b)

图 5-6　ZL102 变质前和变质后的显微组织（×200）

a）ZL102 变质前组织　b）ZL102 变质后组织

成为扁平状，滑移线数量很多，且不同的晶粒其滑移线具有不同的方向。从表层向内部发展，随着变形程度的降低，晶粒的变形程度减小，滑移线也减少。

试样表面的损伤层是在切割过程中产生的，磨光过程可以把损伤层减小到最低程度，甚至为零；抛光会使试样表面产生挤抹（一种塑性流变）或擦亮，这对获得没有损伤层的试样表面是有害的。高锰钢试样在切割和抛光过程中，其表面都有可能产生塑性变形，因此要特别注意切割和抛光这两个操作过程。

（1）取样　高锰钢最好采用线切割机取样。线切割是通过工件与电极丝之间的脉冲放电，使放电通道的中心温度瞬时高达 10000℃以上，而热源作用区局部电极丝及工件表面同时被加热到熔点甚至沸点以上的温度，使局部的金属材料熔化和汽化来完成切割的过程。由于切割过程中的试样表面不发生塑性变形，所以不产生加工硬化现象，这样就为后续制样过程奠定了良好的基础。

首先将取下的试样在砂轮机上倒棱和倒角，然后在金相试样预磨机上用由粗到细的水砂纸进行磨平和磨光，用力不要太大。

（2）抛光　抛光时，选用呢子作抛光布，呢子的纤维长短应适中。使用前在清水中把呢子上的浮毛揉洗掉，

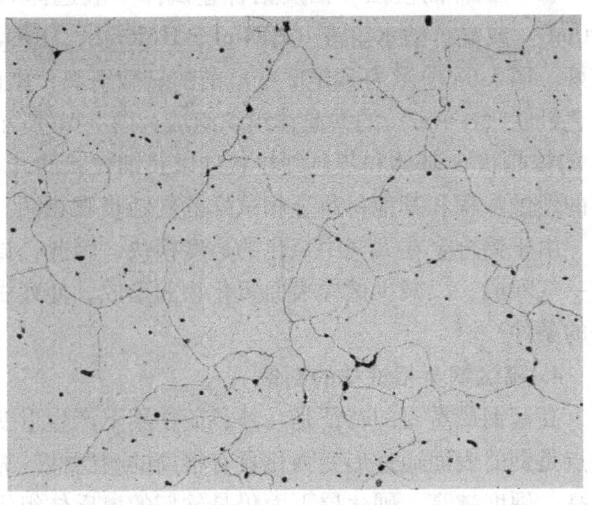
图 5-7　ZGMn13 水韧处理组织，无滑移线（×100）

紧贴抛光盘安装好抛光布（分开拇指和食指并紧贴抛光布，再向一起并拢提抛光布，以不能提起为好）。抛光盘转动要平稳，手持试样施力要均匀。为了缩短抛光时间，应尽量减少滑移线的产生，可用 W3.5 和 W1 两种高效抛光喷雾剂或金刚石研磨膏分别进行粗抛和精抛，不要逆抛光盘转动方向移动试样。

（3）试样的侵蚀　将抛光好的试样用4%硝酸酒精溶液侵蚀、用4%盐酸酒精溶液擦洗后，能较好地呈现显微组织。图5-7所示为ZGMn13水韧处理的单相奥氏体组织，无滑移线。如果抛光织物纤维过长，抛光时阻力过大，则在奥氏体晶粒内易产生滑移线，如图5-8所示。抛光好的试样表面应无划痕，如果有也是极个别的，其特征是黑色、笔直，一般是单条、细长，可穿越几个晶粒，如图5-8中箭头1所示。滑移线的特征是黑色、多条、相互平行，不同晶粒内的滑移线方向不同，只在晶粒内延伸，不能穿越晶界，如图5-8中箭头2所示。

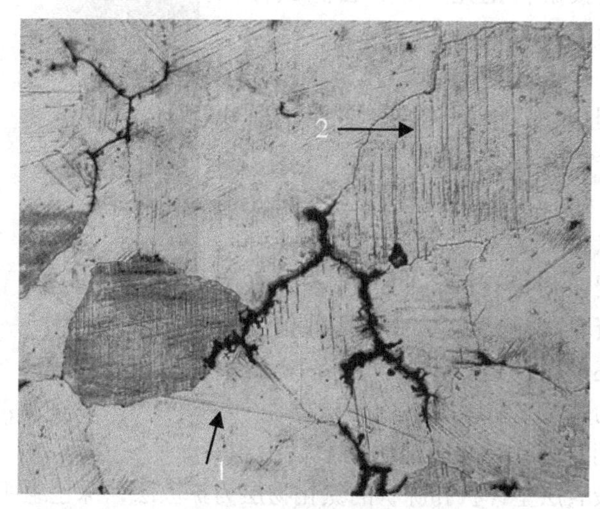

图5-8　ZGMn13水韧处理组织，有滑移线（×100）

5. 表面处理金相试样的制备

表面处理试样的检验包括表面淬硬层、化学热处理渗层、涂层、渡层、防氧化层和热加工时工件表面氧化脱碳层深度的测定，以及自表层至心部显微组织的检验等。要使这些层深测定准确，组织完整呈现，试样表面应严格地保持平整，尽量减少边缘倒棱现象发生。所以，试样的制备过程尤为重要。

（1）试样的磨光与抛光　若要保护表面处理试样，经常的、有效的做法是对试样进行镶嵌。但是，镶嵌材料往往和试样的材料不同，其硬度也有差异，试样磨光和抛光时倒棱现象的发生在所难免。为了尽量避免试样倒棱，在磨光与抛光时应注意以下几点：

1）磨光。无论是手工磨光还是在预磨机上机械磨光，都应顺一个方向进行，砂纸应由粗到细，淬硬层或渗层深度等方向最好和磨痕方向保持垂直，如图5-9所示。图中“侧1、侧2”表示层深和磨痕方向垂直；“背”表示层深和磨痕方向相反；“迎”表示层深和磨痕方向相同。手握试样时，拇指和食指握住迎或背向；中指弯曲靠在侧1或侧2面，按照图5-1所示方法进行磨制。更换砂纸时，试样方向不变，即一直沿一个方向磨至最细。

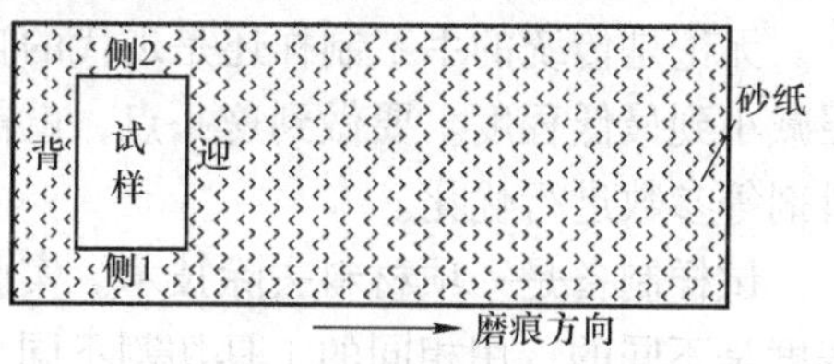

图5-9　表层深度和磨痕方向的相对位置

2）抛光。抛光时，把试样放在抛光盘的外1/3处，层深和抛光盘转动方向保持垂直或背向，硬度较高的表层组织最好朝外。用帆布和W3.5的金刚石高效喷雾剂进行粗抛，再用呢子和W1.0的金刚石高效喷雾剂进行精抛。

3）清洁。精抛后期，在抛光盘上洒少许水，把试样放在抛光盘近中心处，手感轻轻和抛光织物接触再抛光几秒，去除试样表面污物即可。

4）注意事项。在整个抛光过程中，试样不能自转，即试样和手指间不能有相对运动。

（2）试样的侵蚀　不同处理状态的试样，其显微组织不同，侵蚀剂也有所不同，可查询有关资料中选用。侵蚀时间可参考前述的时间进行试验。图 5-10 所示为 38CrMoAlA 气体氮化试样经 4% 硝酸酒精溶液侵蚀后的显微组织，最表层呈针状和脉状的氮化物层为扩散层，深色组织为氮化索氏体。

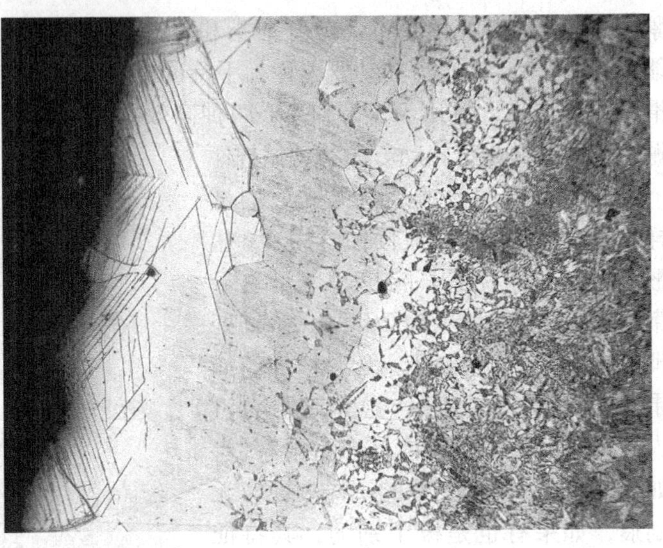

图 5-10　38CrMoAlA 气体氮化（×100）

5.2　现代金相试样制备方法简介

自全自动（或半自动）金相试样制备设备问世后，随之而改变的是试样制备的理念。过去的手工制样方法称为传统制样方法，全自动制样方法称为现代制样方法。

全自动试样制备设备的特点是集粗磨、细磨、抛光制样工序为一体，可进行批量制作，工作效率高，人力成本低。因为这种设备对制样时的各种参数（如研磨时间、压力、转盘转速、磨料等）进行了优化，所以试样更能真实地显示显微组织。

传统的金相技术人员把试样制备的目标定为使试样获得一个光亮、无痕的抛光表面，从而把抛光看做是试样制备的一个重要环节。现代试样制备方法认为具有真实组织的表面才是理想表面，而理想试样表面是无损伤层的表面。

无论是传统的手工制样还是现代的自动化制样过程，都需使试样切割时表面产生的损伤层减小到最低程度。要做到这一点，就需对转速、切割片类型、切割片厚度、切割动作及润滑剂等参数进行优化。

试样制备是一项材料去除技术。实验表明，用不同的工具切割相同材料，对材料的损伤程度是不同的；用相同的工具切割不同材料，其损伤程度也是不同的。磨光和抛光时使用不同类型的磨料将会使所制备的试样留下不同程度的残余损伤；磨料相同，但织物不同，也会得到不同的结果。

为了减小试样表面的变形损伤层，切割时应采用较小的接触面积，并选用较软、较薄、有较细磨粒且磨料最锋利的砂轮片。

磨光是为了把试样表面的损伤层减小到最低程度，甚至为零。有效的磨光与正确选择磨料类型及大小、磨料倾角、操作速度、润滑剂等因素有关，也与织物的类型和构造有关。磨料的形状是磨光时最重要的影响因素，对于软材料，磨料应当具有尖锐的棱角；对于较硬材料，磨料的形状应当是块状，但仍旧尖锐。这些磨料在磨光时能产生可见的磨痕。磨光用磨料包括α-氧化铝、碳化硅、立方氮化硼（CBN）、单晶金刚石及多晶金刚石等。

抛光是为了去除磨痕并改善试样表面的光反射性，通常还会改善组织的分辨率。因此，抛光磨料的形状应更接近圆形。在无损伤阶段完成以前，不应该使用抛光磨料。抛光用磨料包括γ-氧化铝、α-氧化铝、氧化硅、氧化铬、氧化铈、多晶金刚石等。

现代金相试样制备思想还认为，衡量试样制备好坏的程度不是无划痕且光亮，而是无变形层及损伤层。要去掉变形层及损伤层，磨料及支撑物起主导作用，而施加力及抛光盘的旋转速度是次要的。全自动（或半自动）制样设备都不同程度地对所提供的制样参数进行了优化，金相技术人员也可根据各自实验室的具体情况重新进行优化，以获得较为理想的试样表面。

5.3　钢材相似显微组织鉴别

钢铁材料组织形态与材质、工艺、性能之间关系的研究是人们百年来为之不懈努力的一大课题。而组织形貌的识别、分析（即金相分析）是一门实践性很强的学科，需要实践经验及借鉴、参考相关资料。由于很多材料在不同处理状态下的显微组织非常相似，如网状铁素体和网状二次渗碳体、针状铁素体和针状渗碳体、马氏体及其回火产物（回火马氏体、回火托氏体、回火索氏体）、未溶铁素体和先共析铁素体、淬火托氏体和回火托氏体、铁素体和残留奥氏体、低碳板条马氏体和羽毛状上贝氏体、高碳片状马氏体和针状下贝氏体等，尽管通过电子显微镜能够准确判断并区分这些组织，但生产实际要求的快速检验往往做不到，这就给显微组织的检验工作带来一定困难。如何利用光学显微镜、硬度计等常规仪器，准确快速地判断显微组织就显得尤为重要。其实，很多显微组织只要通过认真仔细地观察比对，就会在显微镜下发现其独立的特征。长期的观察表明，充分利用光学显微镜、硬度计等普通装备，在理论分析和相互比较的基础上，快速准确地鉴别不同材料或同种材料不同处理状态下的显微组织是可行的，而且有很强的现实性和可操作性。以下将介绍钢材中常见的几种相似显微组织及其鉴别方法。

5.3.1　铁素体与渗碳体的鉴别

钢材在热加工过程中，往往会出现网状铁素体和网状二次渗碳体，以及针状铁素体和针状渗碳体。如果奥氏体晶粒较大、含碳量较高、冷却速度较慢时，先共析铁素体沿奥氏体晶界呈网状析出；如果奥氏体晶粒粗大、冷却速度适中、碳的质量分数在0.15%～0.50%范围内时，先共析铁素体沿某些晶面析出，呈片状或针状，这种组织称为魏氏组织。在过共析钢中，先共析渗碳体的形态一般是网状或片状（针状），无块状渗碳体。网状渗碳体同样是在冷却速度较慢时形成的，而针状渗碳体（即魏氏组织）是碳的质量分数为1.1%并在适当的冷速下产生的。先共析铁素体和先共析渗碳体用4%的硝酸酒精溶液侵蚀后都呈白色。可用以下方法鉴别两种形态比较相似的白色网状（或针状）铁素体和渗碳体组织。

1. 显微观察法

如果白色网状组织比较粗大，粗细不均匀，且能清楚看到网状组织中黑色的细而均匀的线条（即晶界），可以判断该组织为铁素体，材料为亚共析钢。图5-11a所示为45钢ϕ13.2mm棒料横截面中的组织，由白色网状铁素体和索氏体组成。如果白色网状组织很细、很均匀，则可判断为网状二次渗碳体，材料为过共析钢。图 5-11b 所示为 T12 钢完全退火后的组织，由沿晶界析出的白色网状二次渗碳体和片层状珠光体组成。

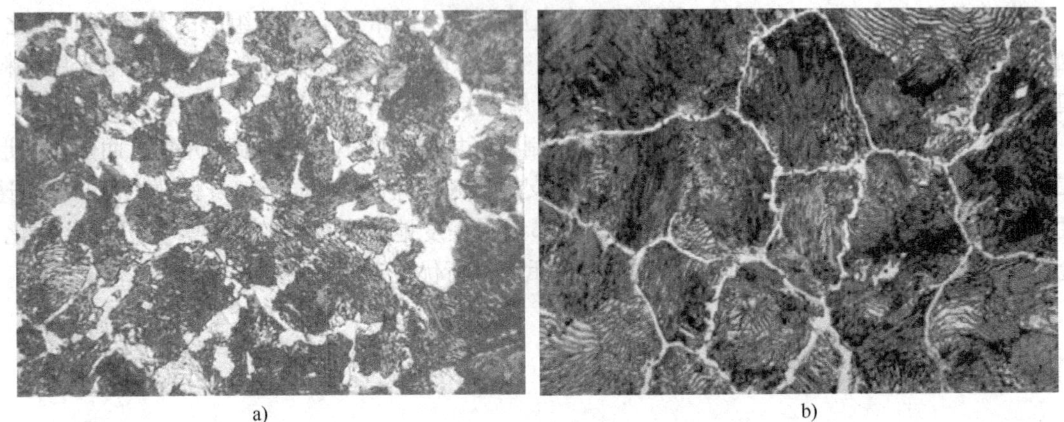

图 5-11　网状铁素体和网状渗碳体形貌的区分（×400）

a）亚共析钢中的白色网状铁素体　b）过共析钢中的白色网状二次渗碳体

2. 显微硬度法

显微硬度法适用于较粗大的白色网状情况，一般选用较小载荷的显微硬度计测量。所测硬度值在 600HV 以上者可确定为渗碳体；所测硬度值在 200HV 以下者则确定为铁素体，并可判定是亚共析钢。

3. 化学试剂侵蚀法

对于细网状组织，采用碱性苦味酸钠水溶液作侵蚀剂，将被测试样浸入其中煮沸 5min 左右；取出试样后以流水冲洗干净，然后吹干，放在显微镜下观察。若白色网变为黑棕色或更深的黑色，则确定为渗碳体；若其颜色不变，仍呈白色（不受侵蚀），则认为是铁素体。

4. 硬针刻划法

硬针刻划法是最简单易行的一种方法，只要有一台光学金相显微镜即可。首先，将样品制成金相试样，并进行普通的侵蚀，然后在其上刻划一条痕迹，放到显微镜下观察。若刻划的痕迹变粗，则认为白色为铁素体；反之若刻痕较细或方向发生变化，则认为是渗碳体。图 5-12a

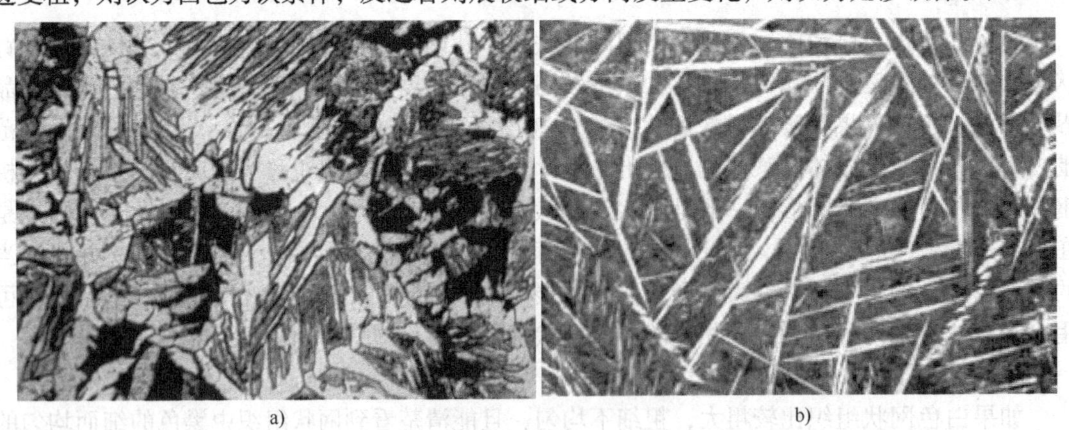

图 5-12　针状铁素体和针状渗碳形貌的区分（×250）

a）针状铁素体　b）针状渗碳体

所示为 T8 钢在 1200℃加热保温 5min20s，先于 700℃等温 2.5min 再于 600℃等温 2min 后水淬的组织。由于淬火加热温度特别高，使 T8 钢产生了严重的脱碳，在随后的冷却过程中得到了白色网状和针状铁素体、深色托氏体及针状铁素体间的灰色板条状马氏体。图5-12b 所示为 T12 钢于 1150℃渗碳后正火的组织，为粗大白色针状和网状渗碳体及深色索氏体。

5.3.2 马氏体及其回火产物的鉴别

回火马氏体、回火托氏体、回火索氏体一般不易区别。对中碳钢而言，淬火时先形成的马氏体受自回火的影响呈深色，后形成的马氏体未受自回火的影响呈浅色背景。

图 5-13a 所示为 45 钢 840℃水淬后的组织，可见在白色淬火马氏体的基体上分布着深色中碳马氏体；如果背景变深，但板条形态还清晰可见，则为回火马氏体，如图 5-13b 所示；如果有明显的灰白铁素体板条，则为回火索氏体，如图 5-13d 所示，马氏体板条形态基本消失；如果没有明显的黑白差别时，则为回火托氏体，如图 5-13c 所示，图中马氏体板条形态隐约可见。

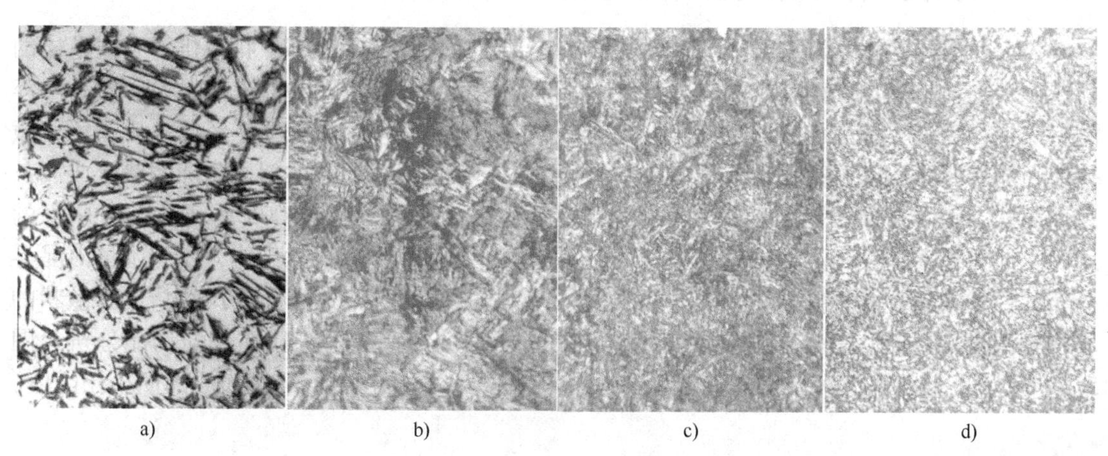

a) b) c) d)

图 5-13 45 钢马氏体及其回火产物形貌的区分（×400）
a）840℃水淬 b）200℃回火 c）400℃回火 d）600℃回火

5.3.3 未溶铁素体与先共析铁素体的鉴别

未溶铁素体是亚共析钢加热到 $Ac_1 \sim Ac_3$ 之间淬火后（即欠热淬火）的组织，为白色多角状，并具有明显的晶界，马氏体和残留奥氏体基体稍暗，微调聚焦会发现白色未溶铁素体与马氏体在一个平面上。图 5-14a 所示为 45 钢在 760℃加热保温 30min 水淬后的显微组织，图中白色多角状组织为铁素体，灰白色为淬火马氏体和残留奥氏体，深色是板条马氏体。先共析铁素体是亚共析钢加热到 Ac_3 以上淬火时，由于冷却速度较慢，在晶界处析出的白色细网状组织，在显微组织中往往还有黑色球团状的淬火托氏体。图 5-14b 所示为 45 钢在 880℃加热保温 30min 油淬后的显微组织，由于其冷却速度低于临界冷却速度，淬火时沿晶界析出白色细网状先共析铁素体、深色淬火托氏体及灰白色马氏体，还有少量沿晶界分布的羽毛状上贝氏体。

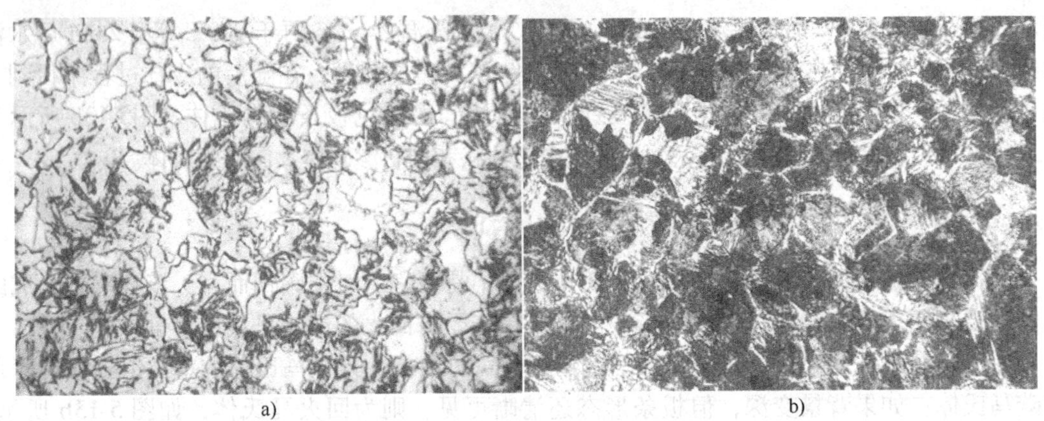

a)　　b)

图 5-14　未溶铁素体和先共析铁素体形貌的区分（×400）

a）白色多角状未溶铁素体　b）白色细网状先共析铁素体

5.3.4　淬火托氏体与回火托氏体的鉴别

淬火托氏体是由于淬火时冷却速度不够快，导致奥氏体分解成细片状碳化物和铁素体的机械混合物，呈黑色球团状沿晶界分布。图 5-15a 所示为 45 钢在 900℃加热保温 25min 水淬的组织，为沿晶界呈黑色团球状的淬火托氏体及中碳马氏体。淬火托氏体经回火后颜色稍微变淡，随着回火温度升高，碳化物略有聚集长大，其颜色也由原来的深黑色球团状变成浅灰色球团状。图 5-15b 所示为 45 钢在 900℃加热保温 25min 油淬后经 600℃保温 60min 回火的组织，淬火托氏体经高温回火后变成浅灰色团球状，深色的是回火索氏体，还有少量沿晶界分布的白色网状先共析铁素体。白亮的淬火马氏体经中温回火后，由于马氏体析出弥散状的小颗粒碳化物，而使基体容易侵蚀变深，经中温回火的托氏体的马氏体位向仍能分辨。图 5-15c 所示为 45 钢在 900℃加热保温 25min 水淬后经 400℃保温 60min 回火后的回火托氏体。

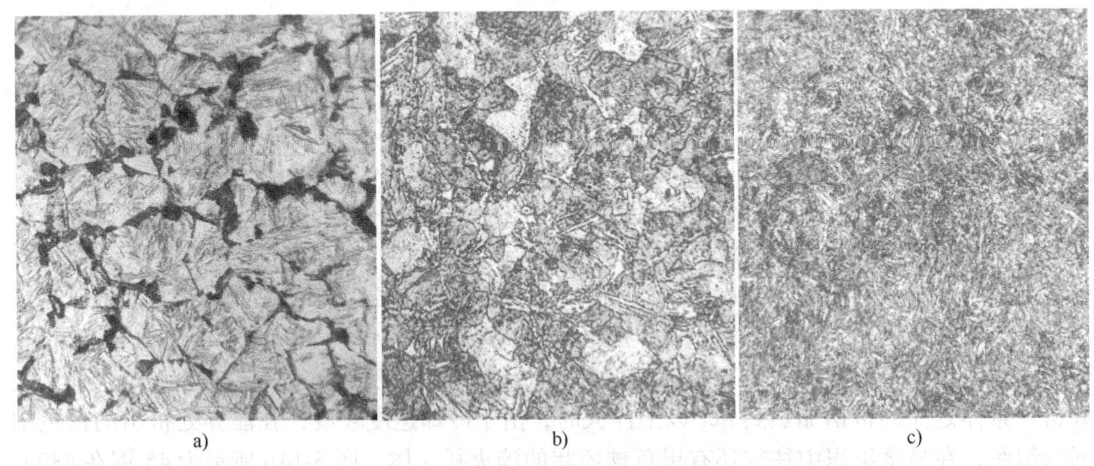

a)　　b)　　c)

图 5-15　淬火托氏体与回火托氏体形貌的区分（×400）

a）沿晶界分布的黑色淬火托氏体　b）淬火托氏体经 600℃回火

c）淬火马氏体经 400℃回火

5.3.5　铁素体与残留奥氏体的鉴别

1. 从形态上区分

铁素体和残留奥氏体共同存在于显微组织中，一般存在于亚共析钢淬火件中。亚共析钢淬火件中存在的铁素体大致有三种形态，即多角状未溶铁素体、块状和网状或半网状先共析铁素体，颜色较白亮。多角状和块状铁素体具有明显的边界，往往存在于马氏体针叶夹角的空白区域内，微调聚焦会发现白色相与马氏体相在一个水平面上。网状或半网状铁素体沿原奥氏体晶界析出，较细。残留奥氏体没有明显的边界线，其形状随马氏体针叶分布的形状而变化。亚共析钢淬火组织中的残留奥氏体一般不是单独存在的，而是和淬火针状马氏体有机结合，所以颜色比铁素体稍暗，常能隐约看到针状马氏体的浮凸现象。

2. 从热处理工艺上推断

若亚共析钢淬火加热不足或温度偏低，则淬火组织中的未溶铁素体为白色多角状。图 5-16a 所示为 45 钢在 760℃加热保温 25min 水淬后的显微组织，为白色多角状未溶铁素体、黑色中碳淬火马氏体、浅灰色马氏体和残留奥氏体基体。如果炉内工件较多，淬火出炉时间

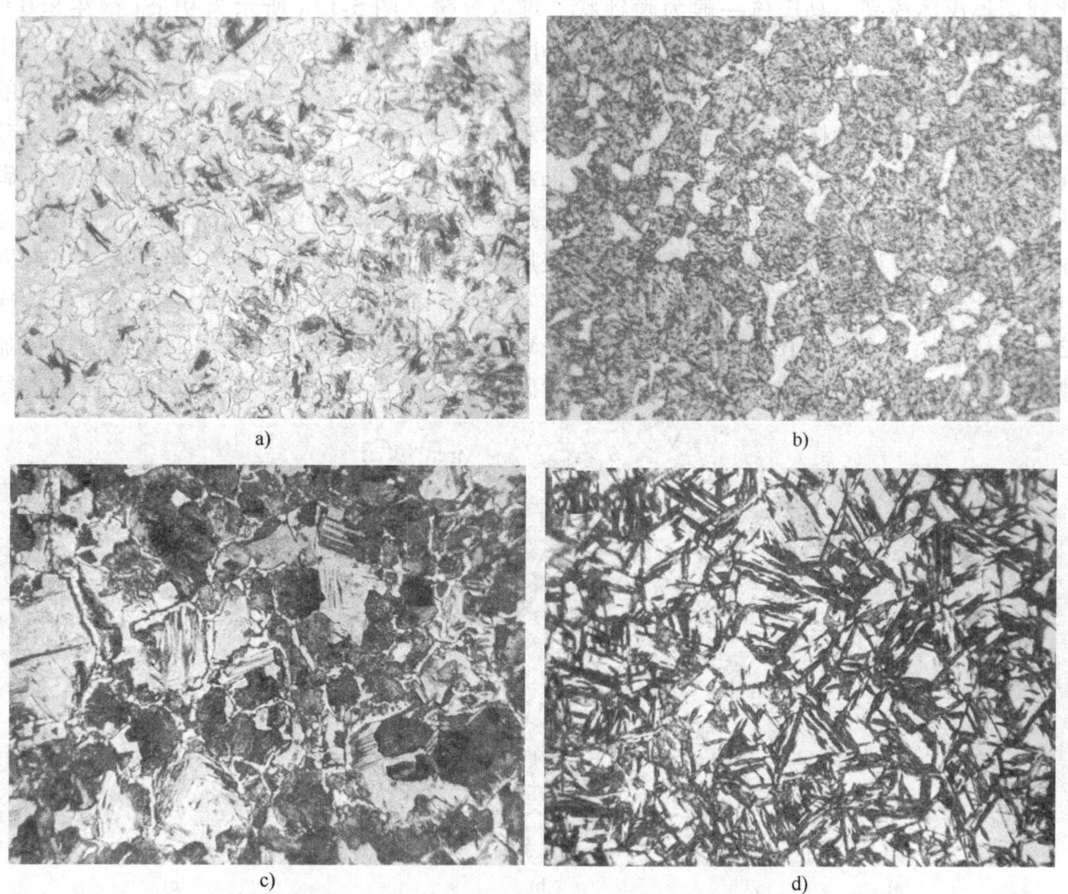

图 5-16　铁素体与残留奥氏体形貌的区分（×400）

a）白色多角状未溶铁素体　b）白色块状先共析铁素体　c）白色网状先共析铁素体　d）白色残留奥氏体

过长，相当于工件在炉内预冷，其入水前的冷却速度大于退火的炉冷速度又小于正火的空冷速度，则淬火组织中的先共析铁素体多为块状。图 5-16b 所示为 45 钢在 840℃加热保温 25min 水淬后 600℃保温 60min 回火后的显微组织，白色块状是先共析铁素体，其余是回火索氏体。若淬火冷却速度不够，则先共析铁素体一般呈网状或半网状沿晶界分布。图 5-16c 所示为 45 钢在 900℃加热保温 25min 油淬后的显微组织，为白色细网状先共析铁素体、黑色淬火托氏体、羽毛状上贝氏体、浅灰色马氏体和残留奥氏体基体；只有当淬火加热严重过热时，在淬火组织中可以观察到和马氏体不在一个平面上的残留奥氏体，在正常淬火组织中它并不明显。图 5-16d 所示为 45 钢在 900℃加热保温 25min 水淬后的显微组织，为黑色淬火中碳马氏体和白色残留奥氏体，其形态随马氏体交角的不同而不同。

5.3.6 碳化物与残留奥氏体的鉴别

在高碳钢、高碳高合金钢以及低碳钢渗碳淬火后的显微组织中，都能观察到白色颗粒状碳化物及白色残留奥氏体，碳化物一般分布在残留奥氏体的基体上。

高碳钢、高碳高合金钢正常淬火组织中的碳化物多为白色颗粒状，均匀分布，其颜色比残留奥氏体浅亮，马氏体一般为隐针状，难以分辨。图 5-17a 所示为 9CrSi 钢在 860℃加热保温 10min 油淬的显微组织，为白色细小颗粒状均匀分布的碳化物、黑色隐针状马氏体、灰白色沿晶界分布的细小针状马氏体和残留奥氏体；图 5-17b 所示为 W18Cr4V 钢的淬火组织，灰白色基体为淬火隐针状马氏体和残留奥氏体，还有少量白色多角状共晶碳化物及颗粒状和黑色点状二次碳化物。如果淬火温度过高，马氏体形态比较清晰，但碳化物颗粒就比较少，这是任何零件正常热处理不允许出现的组织。低碳钢或低碳低合金钢渗碳淬火后，碳化物一般出现在工件的表层，其形态有颗粒状、多角状，甚至还有网状。碳化物、马氏体和残留奥氏体三者不在一个水平面上，碳化物层次最高，马氏体次之，残留奥氏体最低。图 5-17c 所示为 18CrMnNiMoA 钢渗碳淬火 + 低温回火后的表层显微组织，沿晶界分布有白色多角状及小条状碳化物、黑色针状回火马氏体及灰白色残留

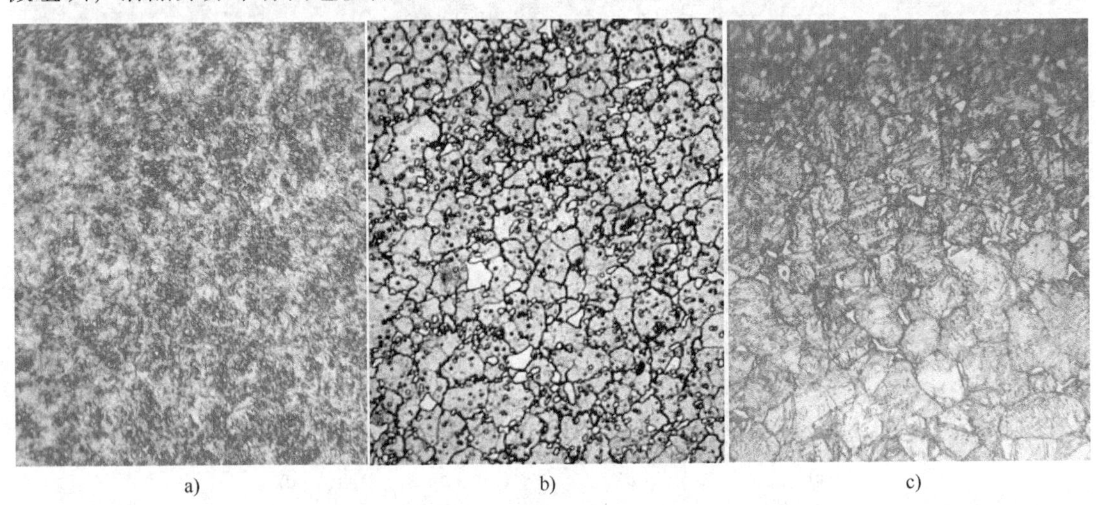

a)　　b)　　c)

图 5-17　碳化物与残留奥氏体形貌的区分（×400）

a）白色细小颗粒状碳化物　b）白色颗粒状及黑色点状碳化物

c）沿晶界分布的白色多角状碳化物

奥氏体。

5.3.7　低碳板条马氏体与羽毛状上贝氏体的鉴别

1. 从形态上区分

低碳板条马氏体的光镜特征是由大致平行、条宽不等、位向差较小的马氏体条组成的一个马氏体板条束（或领域）。在一个原始奥氏体晶粒内可以形成 3 ~ 5 个马氏体板条束，每个板条束之间的位向差较大，经常可以看到几乎成等腰三角形的马氏体板条束。残留奥氏体薄膜存在于马氏体条间，所以不能清楚地观察到。单个马氏体板条比较细小（多为 0.15 ~ 0.20μm），排列较紧密，整体形貌比较平整。因为形成温度较高，受自回火的影响，经 4% 的硝酸酒精溶液侵蚀后，颜色较深，如图 5-18a 所示。采用选择性侵蚀时，有时在一个板条束内可观察到若干个黑白相间的板条块（每个板条块由若干个板条组成）。

羽毛状贝氏体的光镜特征是铁素体沿晶界一侧或两侧平行排列并向晶内延伸，等温转变的羽毛状贝氏体除了平行排列外，还有单个贝氏体存在，整体形貌不太平整。纵观整个显微组织，有一定的层次感，贝氏体层次高，残留奥氏体层次低，如图 5-18c 所示。羽毛状贝氏体随着温度降低和碳的质量分数的增高，铁素体片条变薄，碳化物颗粒变小，弥散度增高，

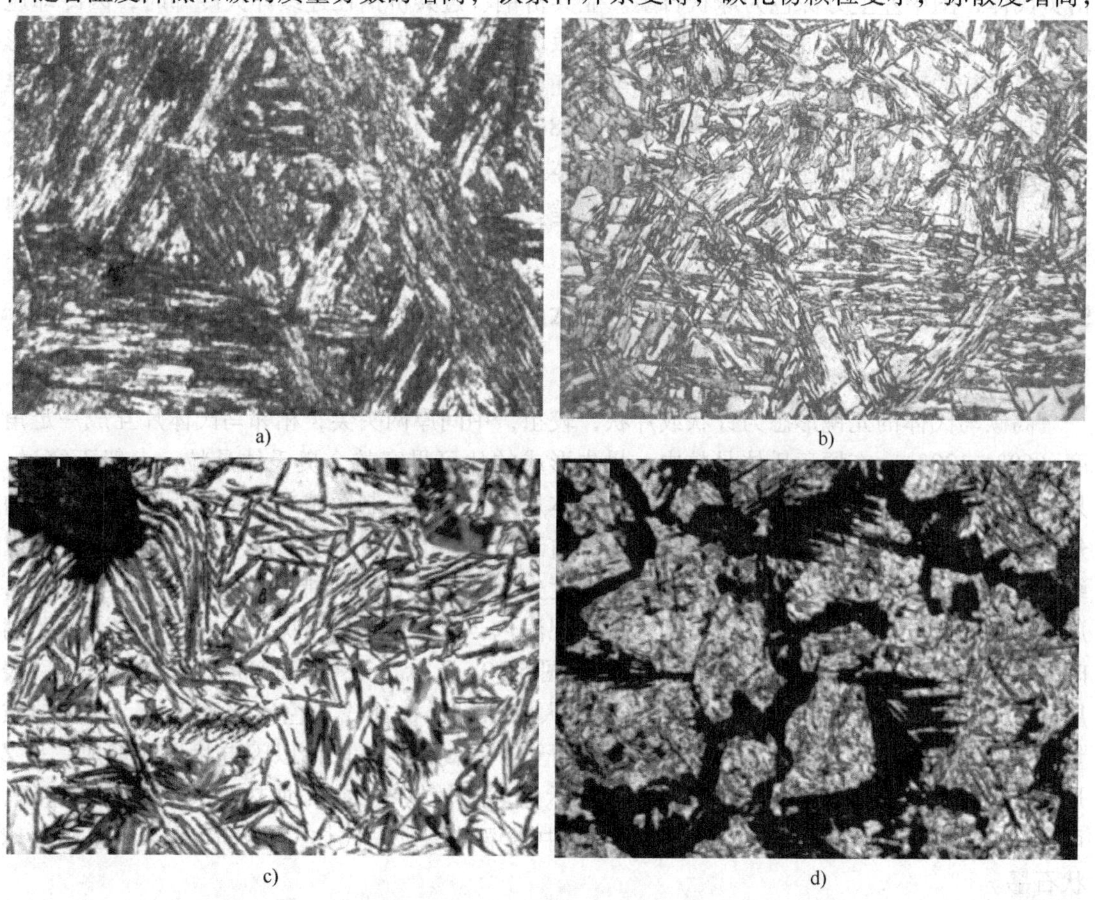

图 5-18　低碳板条马氏体和羽毛状上贝氏体形貌的区分（×400）

a）低碳板条马氏体　b）淬火中碳马氏体　c）等温淬火上贝氏体

d）连续冷却上贝氏体

侵蚀后颜色较深，如图 5-18d 所示。

2. 从热处理工艺上推断

板条马氏体是在中、低碳钢及马氏体时效钢、不锈钢等铁基合金中形成的一种典型的马氏体形态。碳的质量分数小于 0.2% 的低碳钢或低碳低合金钢在冷却速度大于临界淬火冷却速度时，淬火可获得全部板条马氏体。图 5-18a 所示为 20 钢在 930℃ 加热保温 20min 后盐水淬火的显微组织，为典型的板条马氏体。大量工业用钢碳的质量分数在 0.2% ~0.6% 之间，其马氏体的形态均为板条状和片状有机结合构成的整合组织。实践证明，板条马氏体的长度与淬火加热时的奥氏体化温度有关，温度越高，奥氏体晶粒越粗大，成分也趋于均匀，马氏体板条越长。图 5-18b 所示为 45 钢在 920℃ 加热保温 20min 后水淬的显微组织，为深色粗大的板条马氏体、片状马氏体及白色残留奥氏体。

羽毛状贝氏体一般是钢在 550 ~350℃ 之间等温转变的产物，呈羽毛状。由于贝氏体转变的不完全性，其组织中往往存在马氏体以及未转变的残留奥氏体，因此在实际生产的钢中经常出现贝氏体、马氏体及残留奥氏体有机结合的组织。图 5-18c 所示为球墨铸铁在 920℃ 加热后 400℃ 等温 25min 的显微组织，为深灰色上贝氏体、"Z" 形深色高碳马氏体及白色残留奥氏体，图中左上方深色为球状石墨。亚共析钢、过共析钢在连续淬火冷却时，因冷却速度不够，可形成羽毛状贝氏体，其特征是从原奥氏体晶界向晶内长大，在晶界两边或一边形成几乎平行的羽毛束，由于量少，其羽毛特征更加明显，还存在大量的残留奥氏体，在晶界上常伴有淬火托氏体，侵蚀后呈黑色。图 5-18d 所示为 T12 钢在 1200℃ 加热保温 30min 后水淬的显微组织，在马氏体和残留奥氏体的基体上沿晶界分布着黑色淬火托氏体和羽毛状上贝氏体。由于羽毛状贝氏体的强度和韧性都较差，所以实际生产中的等温淬火主要是为了获得强度和韧性优良的下贝氏体组织。

5.3.8 高碳片状马氏体与针状下贝氏体的鉴别

1. 从形态上区分

高碳马氏体的光镜形态为针状或片状，较粗，中间厚两头尖，相邻马氏体片互成一定角度（60° ~120°），在原奥氏体晶粒内，最先形成的片可贯穿整个奥氏体晶粒，一般不穿过，只将奥氏体晶粒分割，以后陆续形成的马氏体片由于受到限制而越来越小，所以最终得到的是大小不等、分布不规则的针片状马氏体。由于马氏体的形成温度高低不同，侵蚀后淬火组织中的马氏体颜色往往深浅不一，在较高温度先形成的马氏体可能发生自回火而呈现黑色，后形成的由于温度较低不易发生自回火而呈现浅色，所以常和残留奥氏体有机结合，颜色稍暗，但能隐约看到马氏体针片的浮凸现象。图 5-19a 所示为 18CrMnNiMoA 钢渗碳淬火后表层的显微组织，为黑色（自回火）及灰色粗大针状马氏体加浅灰色残留奥氏体。在碳的质量分数较高的片状马氏体中常能看到一条中脊梁，超高碳的马氏体以闪电状形式形成，呈 Z 形分布，中脊梁更加清晰可见。图 5-19b 所示为球墨铸铁在 940℃ 加热淬火后的显微组织，可见在白色残留奥氏体基体上分布着 Z 形带中脊梁的高碳马氏体，深灰色椭球状组织是球状石墨。

下贝氏体的光镜形态较细，呈单个条片状，条片间互呈交角，多密集分布于晶界，晶内相对较少。由于下贝氏体由贝氏体铁素体和碳化物构成，侵蚀后颜色一般呈黑色。图 5-19c 所示为 GCr15 钢在 1000℃ 加热保温 70min 后于 260℃ 等温 13min 的显微组织，可见在深灰色片状马氏体和残留奥氏体的基体上分布有黑色细针状下贝氏体。下贝氏体和回火高碳马氏体虽然比较相似，但回火高碳马氏体仍保留着原马氏体长短不一等形态特点，所以仔细观察是能分辨清楚的，如图 5-19a 和图 5-19c 所示。

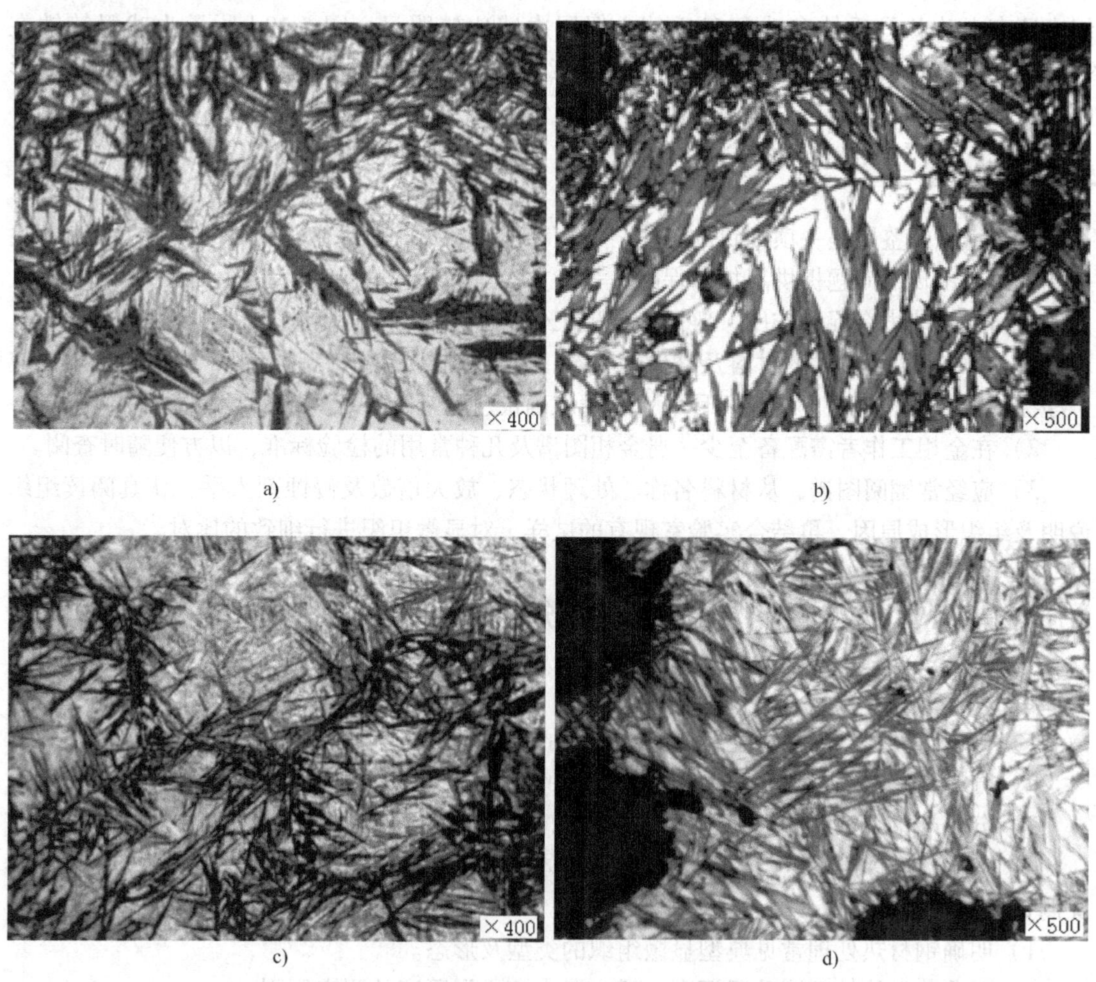

图 5-19　片状马氏体和下贝氏体形貌的区分
a)、b) 高碳片状马氏体　c)、d) 针状下贝氏体

由于马氏体和下贝氏体中固溶的碳的质量分数不同，受侵蚀的程度也有所差异，一般的马氏体较下贝氏体难以侵蚀，在同样的侵蚀时间下，马氏体颜色较浅。所以，常用轻（浅）侵蚀法区分两者，即试样经轻侵蚀后出现的黑色细针状即为下贝氏体。

2. 从热处理工艺上推断

高碳片状马氏体是中、高碳钢或高碳合金钢以及镍的质量分数大于 29% 的 Fe-Ni 合金淬火后的组织，淬火冷却速度一定要大于其临界冷却速度。淬火加热时，随着加热温度升高，奥氏体晶粒粗化，得到粗大的马氏体，这在实际生产中是不允许的。正常热处理工艺获得的高碳马氏体一般是“隐针”状，在光学显微镜下很难分辨（图 5-17a）。钢在淬火时，奥氏体难以百分之百转变为马氏体，尚残留一部分，分布在马氏体片周围，随着碳的质量分数增加，淬火后组织中残留的奥氏体增多，高速钢淬火后尚残留有 25% ~ 30% 的奥氏体（图

5-17b）。

下贝氏体是钢在350℃～*Ms*之间等温转变的产物，在实际生产中，钢的等温淬火一般是想获得强度高和韧性好的下贝氏体组织。由于贝氏体转变的不完全性，在等温淬火后的组织中还存在片状马氏体和残留奥氏体，但层次感比较明显。图5-19d所示为球墨铸铁在960℃加热后在260～280℃等温80min的显微组织，为灰色细而长的针状下贝氏体、呈Z形的浅灰色片状马氏体及白色残留奥氏体，深灰色组织为球状石墨。

5.3.9　总结

显微组织的鉴别是一项细致的工作，研究和准确判断相似显微组织，一方面为及时解决生产实践中出现的问题提供了技术保障，另一方面对提升教师的理论教学水平或工程技术人员的科研攻关能力有促进作用。要做好这项工作，应该做到以下几点：

1）首先要了解工件的材料及其处理状态，以便分析可能出现的组织；试样制备表面应干净无污物，侵蚀适中，组织一目了然，为准确快速地判断组织奠定良好的基础。

2）在金相工作者需配备至少一册金相图谱及几种常用的检验标准，以方便随时查阅。

3）应经常翻阅图谱，从材料名称、处理状态、放大倍数及侵蚀剂入手，认真阅读组织说明及组织形成原因，再结合实验室现有的试样，对显微组织进行细致的比对。

【强化训练】钢铁材料显微组织的分析与鉴别

★任务下达

1）分析与鉴别不同材料经普通热处理后的显微组织（热处理试样已提前做好）。

2）分析与鉴别化学热处理渗碳表层组织的变化，以及渗碳层深度的测定。

3）分析与鉴别感应淬火表层组织的变化，以及淬硬层厚度的测定。

4）根据标准评定铸铁中石墨的形态及基体组织。

★制订计划

1）明确钢材热处理常见典型显微组织的类型及形态。

2）明确化学热处理渗碳层深度、感应淬火淬硬层厚度的测定原则。

3）明确铸铁显微组织中石墨形态和基体组织鉴别的原则。

★做出决定

1）根据以上分析，计划对钢的平衡组织、非平衡组织进行分析与鉴别。

2）测定化学热处理渗碳层深度、感应淬火淬硬层厚度，并进行表层组织鉴别，分析表层组织的变化规律。

3）根据标准评定铸铁中的石墨和基体组织。

★实施计划

1）制备金相试样，用于渗碳层、淬硬层厚度测定的试样不允许有倒角；铸铁中的石墨应无污染，要呈现原形、原色。

2）鉴别钢的平衡组织、非平衡组织，组织应清晰、一目了然。

3）分析化学热处理渗碳、感应淬火表层组织的变化规律。

4）铸铁中关于石墨形态、大小等项目的评定需要在抛光后未侵蚀的试样上进行；基体组织的评定需要在抛光后侵蚀的试样上进行。

5）观察组织并采集金相照片。

★数据整理

1）整理检测结果、评定结果，并填入表 5-1 中。

2）用 Word 文档形式整理、编辑采集的金相照片，为完成实训报告做好准备。

★总结分析

1）不同材料平衡组织形态的区别，不同热处理工艺显微组织形态的区别。

2）渗碳层深度及淬硬层厚度的测定结果，渗碳层及淬硬层的组织特征。

3）铸铁石墨形态的识别，基体组织和钢的平衡组织的比较。

4）对组织检验中发现的各种缺陷组织进行分析与鉴别。

★实训报告

1）写出实训目的。

2）用 Word 文档形式整理、编辑金相照片，并根据要求加以说明，可参见图 1-10。

3）应详细说明以下内容：组织形态、组成物的量、组织分布、颜色以及晶粒大小等。

4）提交打印的实训报告和电子稿各 1 份。

★说明

1）此项目可以作为实训时间为 3 ~4 周的“金相检验实训”内容。

2）实训成绩可以由指导老师按“金相试样检测结果考核登记表”（见表 5-2）逐项评定，最后给出总成绩。

表 5-1　金相检验报告

试样编号	试样 1	试样 2	试样 3	试样 4	试样 5
材料名称					
处理状态					
侵蚀剂					
检验项目					
检验结果及组织说明					
报告人		日期		班级	
审核人		日期		单位	

表 5-2　金相试样检测结果考核登记表

姓名__________学号__________班级__________　　得分__________

项目	配分	评分标准	试样 1	试样 2	试样 3	试样 4	试样 5	得分
设备操作	5 分	抛光机使用正确 2 分； 显微镜使用正确 2 分；溶液配制 1 分						
试样磨光、抛光	15 分	磨光操作正确 3 分； 抛光无划痕 3 分（轻度划痕扣 1 分、重度划痕扣 2 分、严重划痕扣 3 分）；无麻点 2 分；石墨无曳尾 3 分；石墨无污染 4 分						

（续）

项目	配分	评分标准	试样 1	试样 2	试样 3	试样 4	试样 5	得分
试样侵蚀	10 分	侵蚀适度（不能过深或过浅）3 分；组织清晰 3 分；表面干净无锈斑 2 分；无花斑 2 分						
显微组织评定	30 分	组织说明正确无遗漏 5 分； 组成物的形态 5 分； 数量 5 分；分布 5 分； 牌号判断正确 10 分						
组织鉴别与评定	30 分	铸铁基体，渗层深度、淬硬层厚度测定： 1）配分根据标准及具体评定项目取平均值 2）若实验报告中无标准号，在总分中扣 2 分						
文明生产	10 分	自觉开关电源、水龙头，随时清理水池中的棉纱等						
实验人		日　期		审核人		日　期		

【思考题】

1. 在金相试样的制备过程中，常遇到哪些不易制备的材料和棘手的问题？是如何解决的？

2. 在显微组织的检验中，除了以上所说的相似组织以外，还有一些组织比较相似，试根据所学的知识对它们进行比较。

第6章 钢的热处理工艺

热处理是通过加热、保温和冷却以改变金属内部的组织结构（有时也包括改变表面化学成分），使金属获得所需性能的一种热加工技术。热处理原理揭示了金属在加热和冷却过程中的组织结构转变规律，为热处理提供了理论依据，而热处理工艺则是热处理的具体操作过程。

【学习目的】

掌握钢的普通热处理工艺与组织、性能之间的关系，了解热处理缺陷组织的形成。

【重点】

普通热处理工艺参数的选择、洛氏硬度测定。

【难点】

钢件经不同热处理后的显微组织识别。

钢的热处理工艺种类有很多，根据加热、冷却方式及获得的组织、性能的不同，可分为普通热处理（不改变化学成分，如退火、正火、淬火、回火）、化学热处理（改变化学成分，如渗碳、渗氮）及复合热处理（如渗碳淬火、形变热处理）等。按照热处理在金属材料或机器零件整个生产工艺过程中所处位置和作用的不同，又可将热处理工艺分为预备热处理和最终热处理。无论是普通热处理还是化学热处理，都由三个基本过程组成，即加热、保温和冷却。热处理工艺曲线如图6-1所示。

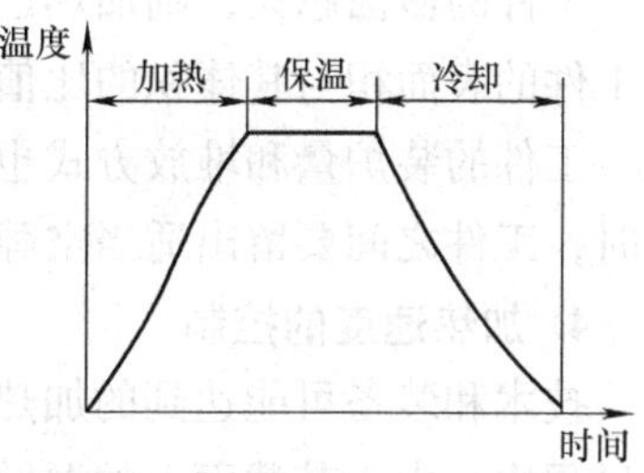

图6-1 热处理工艺曲线示意图

6.1 加热工艺参数选择

加热和冷却是热处理过程中最为重要的两个环节。加热工艺包括加热速度、加热温度、加热时间、加热数量，以及加热设备等一系列问题。

6.1.1 加热速度

为了提高生产率，总是希望工件的加热速度尽可能快，总的加热时间尽可能短。但在生产实践中，加热速度受到技术上可能达到的加热速度和具体工件所允许的加热速度两个因素的限制。加热速度主要取决于以下几个方面：

1. 加热设备的类型和功率

浴炉的加热速度大于箱式炉的加热速度（大致快一倍），而火焰炉的加热速度又大于电炉（大致快1/3）。对于同一种类型的设备来说，功率越大，即单位时间可以供给的热量越多，其加热速度也将越大。此外，感应加热及穿透加热要比一般热处理炉的加热速度大得多。

2. 炉温的影响

炉温影响加热速度，炉温越高，工件的加热速度越快。随着工件在炉中加热方式的不同，其加热速度也将不同。可采取以下五种不同的加热方式：

1）工件随炉升温。这种方法所需加热时间最长、速度最慢，但加热过程中工件表面与心部的温差最小。

2）将工件放入预先已经加热到要求温度的炉中进行加热，其速度快于第一种，但加热过程中工件表面与心部的温差也大于第一种。

3）工件装炉时，炉温高于所要求的温度，装炉后，炉温逐渐降低到所要求的加热温度，其加热速度更快一些，而工件表面与心部的温差也更大一些。

4）在炉温始终高于工件要求加热温度颇多的情况下加热，此方法加热最快，但工件表面和心部的温差也最大。

5）先将工件在某一个中间温度进行预热，然后再放入已加热到要求温度的炉中加热。加热过程中工件表面和心部的温差不大，其总的加热时间比第一种方式短。

3. 工件的影响

工件的截面越大，则加热过程中使其表面和心部温度趋于一致所需要的时间越长。特别是工件的表面积与其体积的比值对加热速度影响较大，即该比值越大，加热速度越快。

工件的装炉量和堆放方式也影响加热速度，一般来说，装炉量越大，加热速度越慢。装炉时，工件之间要留出适当空隙，以改善加热条件，缩短升温时间。

4. 加热速度的控制

技术和装备可能达到的加热速度，并不等于工件实际允许的加热速度。工件在加热和冷却过程中，由于其截面上的温差而形成温差应力，加热速度越快，产生的内应力越大，这种应力可能导致工件变形和开裂。在以下几种热处理过程中通常要控制加热速度：

1）铸锻件在其铸造后及锻后的热处理过程中，由于工件内部不可避免地存在着铸造及锻造应力，因此必须控制其加热速度。例如，铸铁件退火时采用低温入炉，以一定的加热速度随炉升温的方式加热。

2）工件的截面越大，则工件内部存在偏析、夹杂、组织不均匀等各种缺陷以及残余应力的可能性也越大，所以大件热处理多数采用阶梯式加热或缓慢加热，以限制加热速度。

3）钢中碳及合金元素的含量越高，其导热性越差。例如，T10 钢的导热能力相当于 20 钢导热能力的 2/3；W18Cr4V 高速钢的导热能力为 20 钢的 1/3；而高锰钢的导热能力仅为 20 钢的 1/6。导热能力越差，工件表面与心部的温差越大，其热应力也就相应增大。所以，合金钢（特别是高合金钢）的加热速度不宜过快，在生产中常采用预热的方式进行加热。

4）截面厚薄相差悬殊及形状复杂的工件易产生应力集中，难以做到均匀加热，也要控制加热速度。

5）低于 500℃加热时，钢的塑性较差，热应力及残余应力最易导致工件开裂。而在温度较高的情况下，由于钢的塑性较好，可以通过塑性变形改变内应力的大小及分布而不致开裂。所以，控制低温区的加热速度是很重要的，以 50 ~ 100℃/h 速度加热时，实际温差较小；预热也是一项有效的措施。

6.1.2　加热温度

由于工件的加热温度基本上决定了其加热时所得到的组织，而工件冷却后的组织和性能又在很大程度上取决于工件加热时所得到的组织，因此，加热温度是非常重要的热处理工艺参数。

确定加热温度最根本的依据是热处理的目的和钢的成分。对于退火、正火及淬火来说，其加热温度必须确保工件加热时获得奥氏体组织，否则就难以确保要求的组织和性能，这是一个根本原则。所以，必须以其临界点 Ac_1、Ac_3、Ac_{cm} 作为确定其加热温度的依据。

根据生产实践经验，对于碳钢及某些低合金钢来说，基本上可按下列原则来选择加热温度：

（1）退火温度　亚共析钢的完全退火选择 Ac_3 +（30～50℃）；共析钢和过共析钢的不完全退火选择 Ac_1 +（20～30℃）。

（2）正火温度　亚共析钢选择 Ac_3 +（30～50℃）；共析钢和过共析钢选择 Ac_{cm} +（30～50℃）以上。

（3）淬火温度　亚共析钢选择 Ac_3 +（30～50℃）；共析钢和过共析钢选择 Ac_1 +（30～50℃）。

不同成分的钢，其临界点不同，所以热处理时所采用的加热温度也不同。多数合金钢的加热温度也是依其临界点而定的，但是由于其奥氏体形成的特点，往往采用更高的加热温度，这种情况在合金工具钢中比较常见。例如，9CrSi 的 Ac_1 为770℃，但其常用的淬火温度为850～870℃；再如，W18Cr4V 的 Ac_1 为820℃，而其淬火加热温度为1270～1290℃，高于其 Ac_1 达400℃之多。此外，即使同一成分的钢进行同一种热处理，由于其工件的大小、形状、原始组织及热处理要求不同，其加热温度的选择也将不同。

6.1.3　升温、保温时间

工件热处理的加热时间一般包括升温时间和保温时间两部分。原则上，升温时间应指整个工件都达到加热温度所需要的时间，由于难以确定工件心部究竟何时到温，所以一般都以加热开始到工件表面到温所需要的时间作为升温时间，并以此作为保温时间的开始。

工件进行保温的目的，一方面是使工件内外温度一致，更重要的是保证奥氏体形成过程中碳化物的溶解和奥氏体成分的适当均匀化。保温时间必须确保奥氏体化有足够的时间，这是最根本的。对于保证完成奥氏体化的保温时间，应依据钢的成分（钢种）而定，这与钢的相变动力学有关。同时，加热时间不能过长，否则会使奥氏体晶粒长大，加剧高温下的氧化、脱碳，浪费能源，降低生产率。从经济效益出发，总是应力求做到最大的装炉量及最短的加热时间。影响加热时间的因素较多，如加热介质、加热温度、钢的成分、原始组织、工件的大小和形状、装炉量和装炉方式等，这些都是确定加热时间时所必须考虑的。

生产实践中经常按经验公式来估算工件的加热保温时间。例如，在加热温度下入炉时

$$\tau = \alpha D \tag{6-1}$$

式中　τ——工件加热保温时间；

α——加热系数；

D——工件有效厚度。

加热系数 α 表示工件单位厚度所需的加热时间，α 值与加热温度、炉型、钢种等因素有关。在箱式电阻炉中加热时，碳钢取 1.5 ~ 1.8min/mm；合金钢取 1.8 ~ 2.0min/mm。此计算方法可用于小件、薄件。对于大锻件、钢坯、钢锭等厚件，经验公式是不适用的。

6.2　钢的退火与应用实例

退火与正火是生产上应用广泛的一种热处理工艺，一般作为毛坯件的预备热处理。其目的在于改善组织（由铸造、焊接、锻造引起的某些缺陷：组织不均匀、晶粒粗大、魏氏组织、带状组织、残留内应力等）、调整硬度（退火降低硬度、正火升高硬度）、改善加工性能，为后续热处理做好组织准备。对于一些受力不大、性能要求不高的机器零件，退火和正火也可作为最终热处理。而对于铸件，退火和正火通常就是最终热处理。

6.2.1　退火的定义

退火是将钢加热到临界点以上（某些退火也可在临界点以下）保温一定时间，然后缓慢冷却（一般为随炉冷却），以获得接近平衡状态组织的热处理工艺。

6.2.2　退火的目的

1）细化晶粒，使热加工造成的粗大不均匀组织均匀化、细化。

2）使中碳以上的碳钢和合金钢得到接近平衡状态的组织，降低硬度，以利于切削加工。

3）由于冷却速度缓慢，可消除内应力，稳定尺寸。

4）为最终热处理（淬火、回火）做好组织准备。

含碳量不同的碳钢在室温下有不同的组织结构，在临界温度以上加热时，其内部组织都会发生珠光体向奥氏体的转变，见表 6-1。

表 6-1　热处理加热时不同含碳量的碳钢加热温度与组织的关系

钢材分类	原始组织	加热过程与内部组织的变化情况	
		加热到 Ac_1 以上、Ac_3（或 Ac_{cm}）以下	加热到 Ac_3（或 Ac_{cm}）以上
亚共析钢	铁素体 + 珠光体	铁素体 + 奥氏体	奥氏体
共析钢	珠光体	奥氏体	奥氏体
过共析钢	珠光体 + 二次渗碳体	奥氏体 + 二次渗碳体	奥氏体

加热到一定温度并保温一定时间后，通过碳和合金元素的原子扩散，使零件的化学成分均匀，在退火后具有均匀的性能。钢件退火的冷却速度比较缓慢（如炉冷、坑冷、灰冷、砂冷），在冷却过程中，内部组织会发生奥氏体向珠光体的转变，见表 6-2。

表 6-2　热处理缓冷时不同含碳量的碳钢冷却温度与组织的关系

钢材分类	原始组织	冷却过程与内部组织的变化情况	
		冷却到 Ar_3（或 Ar_{cm}）以下，Ar_1 以上	冷却到 Ar_1 至室温
亚共析钢	奥氏体	奥氏体 + 铁素体	铁素体 + 珠光体
共析钢	奥氏体	奥氏体	珠光体
过共析钢	奥氏体	奥氏体 + 二次渗碳体	珠光体 + 二次渗碳体

6.2.3　退火的分类

根据加热温度的不同，退火可分为在临界温度（Ac_1 或 Ac_3）以上或以下的退火。前者是将工件加热至相变温度以上，使其发生结构和组织变化，从而改变性能的一种热处理工艺，包括完全退火、不完全退火、球化退火、均匀化退火等；后者是将工件加热到相变温度以下，以消除内应力、防止变形、降低硬度、回复塑性、消除加工硬化、改善切削与冲压加工性能的热处理工艺，包括去应力退火和再结晶退火等。碳钢退火与正火工艺的加热温度范围如图 6-2 所示。

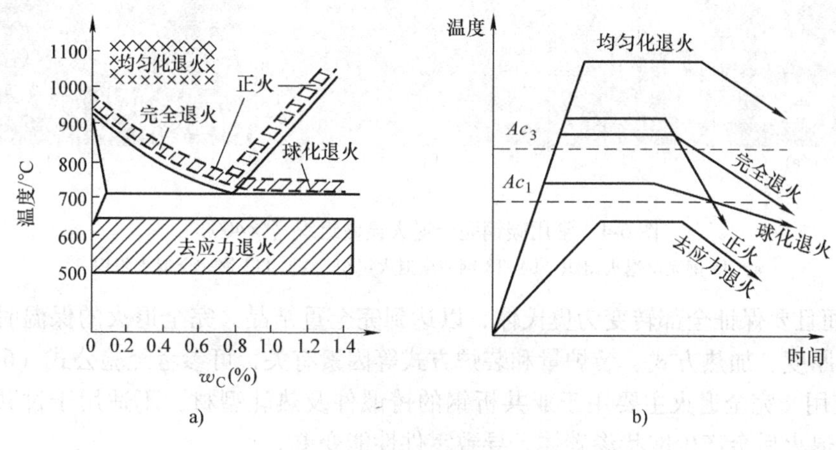

图 6-2　退火与正火的工艺规范

a）加热温度范围　b）工艺曲线

6.2.4　完全退火

（1）定义　完全退火又称为重结晶退火，一般简称退火。它是把钢加热至 Ac_3 +（30 ~ 50℃）保温一定时间后缓慢冷却，以获得接近平衡组织的热处理工艺。所谓完全，是指加热时钢的内部组织全部发生了相变重结晶，即转变为奥氏体，如图 6-3 所示。

（2）目的　细化组织、降低硬度、消除内应力、改善切削加工性能。

（3）组织　退火后的组织为片状珠光体 + 等轴铁素体。图 6-4a 所示为 45 钢完全退火的显微组织，由白色不规则多边形的铁素体和深色片状珠光体组成；图 6-4b 所示为 T8 钢的完全退火组织，全部是片层状珠光体；图 6-4c所示为 T12 钢的完全退火组织，由深色片层状珠光体和分布在珠光体周围的白色网状二次渗碳体组成。

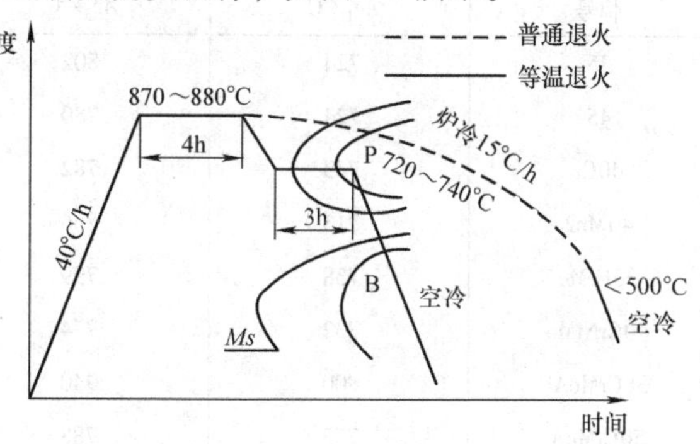

图 6-3　高速钢的退火工艺

（4）加热温度　$T = Ac_3$ +（30 ~ 50℃）。

（5）保温时间　工件在退火温度下的保温不仅要使工件透烧（使心部达到所要求的加

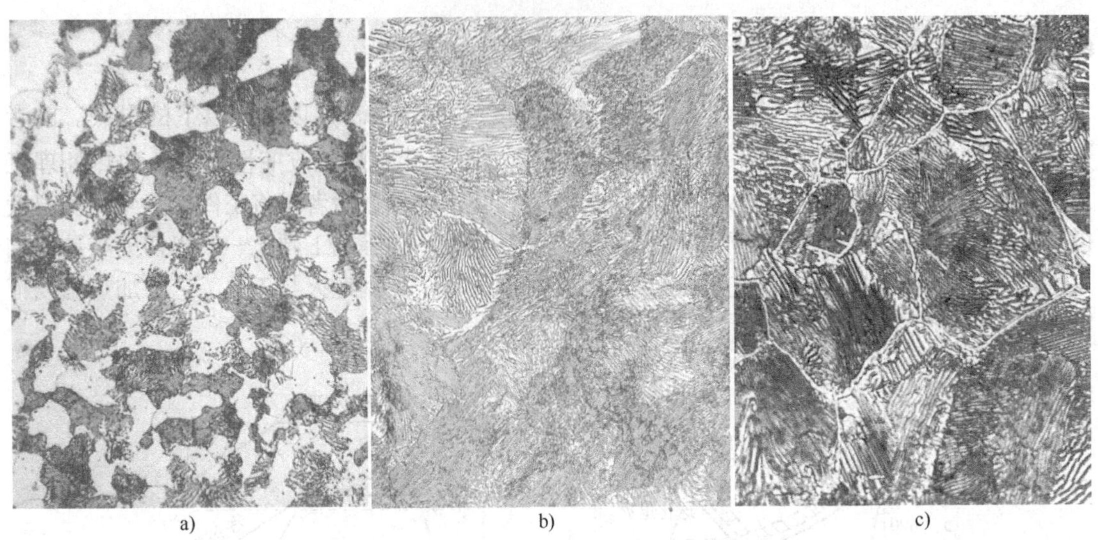

图 6-4　常用碳钢完全退火显微组织（×400）
a）45 钢完全退火组织　b）T8 钢完全退火组织　c）T12 钢完全退火组织

热温度），而且要保证全部转变为奥氏体，以达到完全重结晶。完全退火的保温时间与钢材成分、工件厚度、加热方式、装炉量和装炉方式等因素有关，可参考经验公式（6-1）计算。

（6）应用　完全退火主要用于亚共析钢的铸锻件及热轧型材，不适用于过共析钢。过共析钢完全退火后会产生网状渗碳体，导致零件性能变差。

（7）优、缺点　工艺简单，但生产周期较长，生产效率低。

（8）应用举例　冷轧后的 15 钢钢板为了降低硬度，采用完全退火工艺；ZG35 铸造齿轮为了消除组织应力采用完全退火工艺；锻造过热的 60 钢坯为了细化晶粒、消除锻造应力也可采用完全退火工艺，但一般采用正火。

常用结构钢的完全退火温度及退火后硬度见表 6-3。

表 6-3　常用结构钢的完全退火温度及退火后硬度

牌号	Ac_1/℃	Ac_3/℃	退火温度/℃	退火后硬度 HBW
35	724	802	850～880	≤187
45	724	780	820～840	≤197
40Cr	743	782	830～850	≤207
40Mn2	713	766	820～850	≤217
35CrMo	738	799	830～850	≤229
40CrNiMo	732	774	840～860	≤229
38CrMoAl	800	940	840～870	≤229
50CrMoA	752	788	840～900	≤201
60Si2Mn	755	810	815～870	≤229

6.2.5　不完全退火

（1）定义　亚共析钢在 Ac_1～Ac_3 之间或过共析钢在 Ac_1～Ac_{cm} 之间的两相区加热，保温足够时间后缓慢冷却的热处理工艺称为不完全退火。“不完全”是指在两相区加热时只有部分组织进行了相变重结晶，即发生了奥氏体转变。

（2）目的　消除因热加工所产生的内应力，使钢件软化或改善工具钢的可加工性。在两相区加热时，仅发生部分相变重结晶，故先共析铁素体或先共析碳化物的形态和分布基本保留。

如果亚共析钢的终锻（轧）温度适当，未发生晶粒粗化，铁素体和珠光体的分布也无异常，则可采用不完全退火，以细化晶粒、改善组织、降低硬度和消除内应力。亚共析钢不完全退火的加热温度一般为740～780℃。由于加热温度低、操作条件好、节省燃料和时间，故在钢厂应用较广。过共析钢不完全退火是为了细化和均匀组织，降低硬度和消除内应力。

（3）组织　亚共析钢的不完全退火组织为铁素体和珠光体。过共析钢的不完全退火组织为粒状珠光体，如片状珠光体能满足性能要求，则可在Ac_1～Ac_{cm}之间较高温度奥氏体化，冷却后使之得到片状珠光体。图6-5所示为9CrSi钢在810℃加热保温90min后随炉冷却的显微组织，为粒状珠光体和少量片层状珠光体，平均硬度为25HRC。

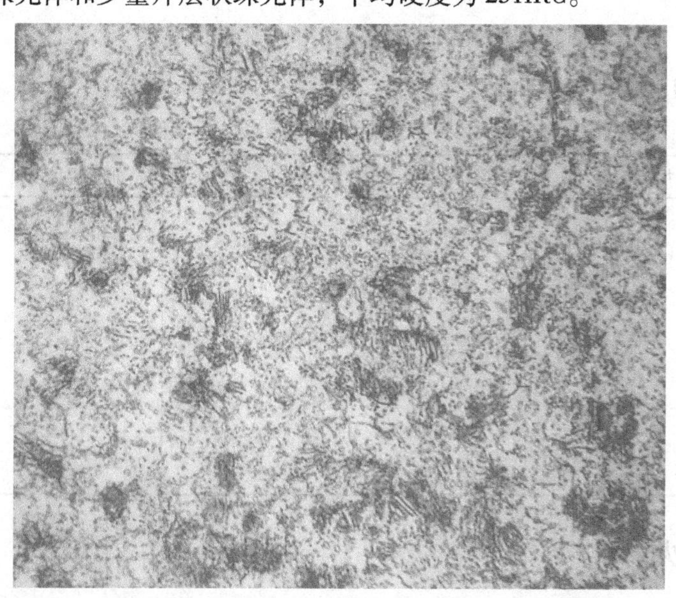

图6-5　9CrSi钢不完全退火组织（×400）

6.2.6　等温退火

（1）定义　一般是指将钢件加热到Ac_3+（30～50℃）（亚共析钢）或Ac_1+（30～50℃）（过共析钢）保温后，在Ar_1以下某一温度等温，使奥氏体转变为珠光体型组织，然后在空气中冷却的退火工艺。

（2）目的　等温退火的目的与完全退火相同。

（3）优点　与普通退火相比，由于珠光体转变在恒温下完成，易于控制，并能获得均匀的预期组织；对于某些奥氏体比较稳定的合金钢，由于等温处理前后可较快冷却，常可大大缩短退火周期（图6-3）。

（4）组织　等温退火后的组织为珠光体型组织。图6-6所示为T8钢奥氏体化后于

600℃等温的显微组织，为细片状的珠光体，即索氏体组织，平均硬度为27HRC。

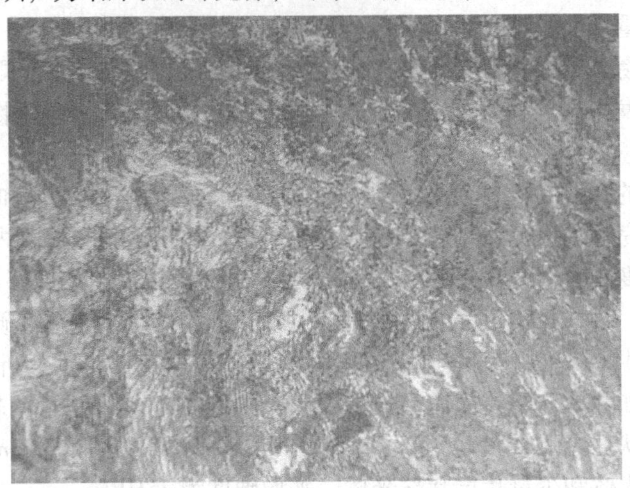

图6-6 T8等温退火组织（×400）

几种常用钢材的等温退火工艺参数见表6-4。

表6-4 几种常用钢材的等温退火工艺参数

牌号	加热温度/℃	等温温度/℃	牌号	加热温度/℃	等温温度/℃
20Cr	885	690	20CrNi	885	650
30Cr	845	675	40CrMo	845	675
40Cr	830	675	40CrNiMo	830	650
50Cr	830	675	50CrMo	830	675
50CrV	830	675	50CrNiMo	830	650
40Mn2	830	620	60Si2Mn	860	660
40CrNi	830	660	20CrNiMo	885	660

6.2.7 球化退火

（1）定义 球化退火是不完全退火的一种特例，其目的是将共析钢及过共析钢中的片状碳化物转变为粒状碳化物，使之均匀分布于铁素体基体上。

（2）目的 使碳化物（Fe_3C_{II}、P中的Fe_3C）颗粒化，细化晶粒，降低硬度，以利于切削加工。

（3）加热温度 $T = Ac_1 +$（20～30℃）。

（4）适用钢种 适用于共析钢、过共析钢及合金钢。

（5）组织 退火前的组织为细片状珠光体，退火后的组织为细小均匀的粒状渗碳体分布在铁素体基体上。图6-7a所示为T12钢球化退火后获得的粒状珠光体组织；图6-7b所示为T12钢800℃淬火及600℃回火后获得的回火索氏体组织。

（6）球化退火工艺过程 将钢加热到略高于Ac_1的某一温度并保温较长时间，使钢中未溶碳化物（共析Fe_3C与Fe_3C_{II}）由片状变成粒状，然后随炉缓冷或在略低于Ar_1的一定温度等温，使奥氏体进行共析转变时，以未溶渗碳体粒子为核心形成粒状Fe_3C。

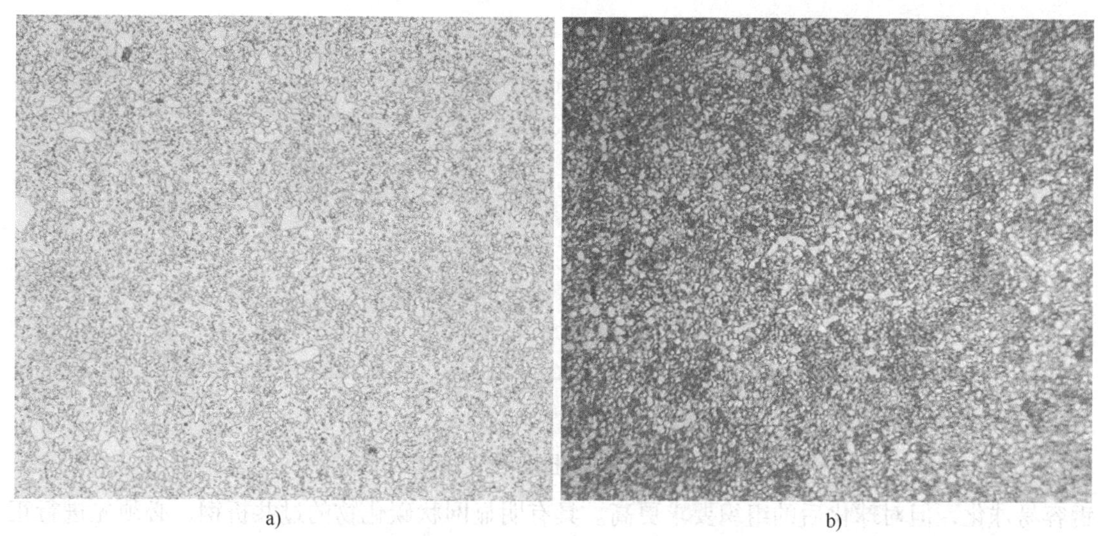

a)　b)

图 6-7　粒状珠光体组织（×400）

a）T12 钢球化退火组织　b）T12 钢 800℃淬火及 600℃回火组织

碳化物由片状转变为粒状后具有以下优点：①硬度降低，使钢的可加工性得到改善；②加热时粒状碳化物溶入奥氏体较慢，奥氏体晶粒不易长大，故有较宽的淬火加热温度范围；③淬火后得到隐晶马氏体，残留奥氏体量较少，并保留一定量细小均匀分布的粒状碳化物，淬火开裂倾向小；④塑性、韧性较好，冷成形加工性能得到改善。

（7）应用　球化退火主要用于碳的质量分数大于 0.6% 的高碳工模具钢及轴承钢等，目的是改善可加工性，并为最终热处理做好组织准备。有时为了改善低中碳钢的冷成形性，也可采用球化退火。

获得粒状碳化物的途径主要有三种：①片状珠光体的球化；②马氏体在低于 A_1 温度的分解，即调质处理；③由奥氏体转变为球状组织。通常所说的球化退火主要是指由奥氏体转变为球状组织的退火。

由奥氏体转变为球状组织的退火工艺有以下三种（图 6-8）：①加热到 Ac_1 以上 20℃左右，然后随炉冷却到 Ar_1 以下一定温度，即一般的球化退火；②加热到 Ac_1 以上 20℃左右，然后在略低于 Ar_1 的温度等温，又称为等温退火；③在 Ac_1 以上 20℃和 Ar_1 以下 20℃左右交替保温，又称为周期球化退火。

球化退火后，碳化物形态大小及分布对钢材的工艺性能和使用性能影响很大。例如，滚动轴承钢球化退火后的组织对成品的接触疲劳寿命有显著影响。生产上要求对球化退火组织按标准进行检查和评级。

加热温度是球化退火成功与否的关键。加热温度较低，奥氏体中残留有未溶碳化物，且奥氏体的碳浓度很不均匀，缓冷时在高碳区可非自发形成碳化物核并长大成球状碳化物，或未溶碳化物直接长大，从而形成球状珠光体。相反，如果奥氏体化温度较高，碳化物溶解完全，奥氏体成分均匀，则冷却时将在奥氏体晶界形成碳化物核，向晶内长成片状珠光体。所以，球化退火的加热温度一般为 Ac_1 以上 20～30℃，不能超过 Ac_1 太多。在含有强碳化物形成元素的合金工具钢或轴承钢中，碳化物较稳定，溶入奥氏体的速度缓慢，因此比碳素工具

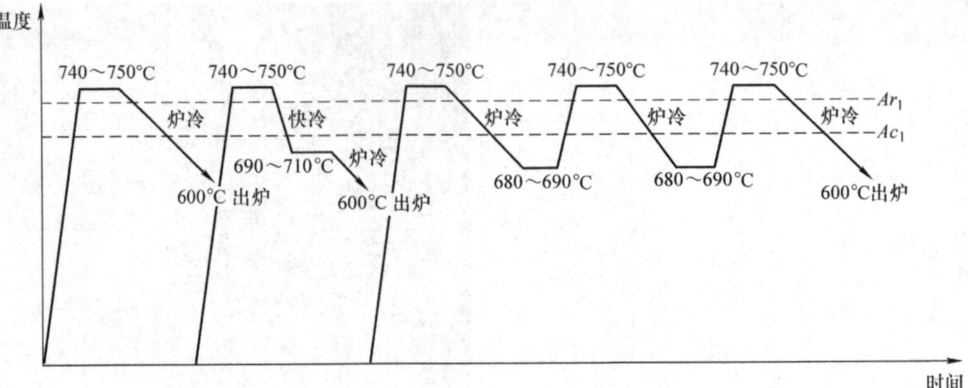

图 6-8　常用球化退火工艺示意图

钢容易球化，但对球化后的组织要求更高。具有明显网状碳化物的过共析钢，必须先进行正火以消除碳化物网，再进行球化退火。

除了选用合适的加热温度外，冷却快慢也影响球化效果。冷却过快，碳化物颗粒太细，并有形成片状碳化物的可能，致使硬度偏高；冷却过慢，碳化物颗粒过于粗大。

工具钢、轴承钢的球化退火温度及硬度值见表 6-5。

表 6-5　工具钢、轴承钢的球化退火温度及硬度值

牌号	加热温度/℃	等温温度/℃	等温时间/h	退火后硬度 HBW
T7	750～770	640～670	2～3	187
T8A	740～760	650～680	2～3	187
T10A	750～770	680～700	2～3	163～197
T12A	750～770	680～700	2～3	163～197
9CrSi	790～810	700～720	3～4	197～241
CrWMn	780～800	690～700	3～4	207～255
GCr15	790～810	680～710	3～4	207～229
5CrNiMo	760～780	≈610	3～4	197～241
5CrMnMo	850～870	≈680	3～4	197～241
Cr12MoV	850～870	720～750	3～4	207～255
3Cr2W8	850～880	730～750	3～4	207～255
W18Cr4V	850～880	730～750	4～5	207～255
W6Mo5Cr4V2	870～890	740～750	4～5	255
12Cr13、40Cr13	860～880	730～750	3～4	149～207

T8 钢一般退火与球化退火后的力学性能比较见表 6-6。

表 6-6　T8 钢一般退火与球化退火后的力学性能比较

退火工艺	金相组织	σ_b/kgf·m^{-2}	δ（%）	Ψ（%）	硬度 HBW
普通退火	片状珠光体	82	15	30	228
球化退火	粒状珠光体	63	20	40	163

6.2.8 均匀化退火

（1）定义 是指将钢加热到略低于固相线温度，长时间保温（10～20h），以消除成分偏析的热处理工艺（图6-2）。

（2）加热温度 略低于固相线温度，亚共析钢 $T = Ac_3 +$ （150～300℃）；过共析钢 $T = Ac_{cm} +$ （150～300℃）。

（3）目的 消除晶内偏析，使成分均匀化，其实质是使合金元素的原子充分扩散。

（4）应用 合金钢铸铁和铸锭。

（5）后续处理 常用的均匀化退火温度为1100～1200℃，保温时间为10～15h。钢中合金元素含量越高，均匀化退火温度也越高。高温长时间均匀化退火后，奥氏体晶粒十分粗大，如不进行锻、轧等热加工，则必须再进行一次完全退火或正火以细化晶粒。

6.2.9 去应力退火

（1）定义 去应力退火又称为低温退火，是将钢加热至低于 Ac_1 的某一温度（一般为500～650℃），保温后随炉缓冷至低于200～300℃，出炉空冷的热处理工艺。

（2）目的 不发生相变，常用于消除铸、锻、焊及机加工后工件的残余应力，以稳定尺寸，减少变形。不同工件去应力退火的工艺参数见表6-7。

表6-7 不同工件去应力退火的工艺参数

零件类别	加热速度	加热温度/℃	保温时间/h	冷却速度
焊接件	≤300℃装炉，≤100～150℃/h	500～550	2～4	炉冷至300℃，出炉空冷
消除加工应力	到温装炉	400～550	2～4	炉冷或空冷
镗杆、精密轴套（38CrMoAlA）	≤200℃装炉，≤80℃/h	600～650	10～12	炉冷至200℃出炉（在350℃以上冷速≤50℃/h）
精密丝杠（1级、2级）	≤200℃装炉，≤80℃/h	550～600	10～12	炉冷至200℃出炉（在350℃以上冷速≤50℃/h）
一般丝杠、主轴（45、40Cr）	随炉升温	550～600	6～8	炉冷至200℃出炉
精密丝杠、量检具（T8、T10、CrMn、GCr15）	随炉升温	130～180	12～16	空冷（时效多在油浴中进行）

6.2.10 再结晶退火

再结晶退火用于消除因冷变形加工产生的加工硬化现象。其工艺过程是将冷变形加工的工件加热到再结晶温度以上150～250℃，保温后缓慢冷却，以消除残余应力、改善组织、降低硬度和提高塑性。

6.2.11 退火工艺应用实例

1. T8钢淬火+高温回火球化处理工艺

原工艺采用（730～740℃）×3h，再以40～60℃/h冷却到550℃出炉空冷。

改进工艺采用（800±10）℃×0.5h，水淬；（700±10）℃×2h，再以40～60℃/h冷却到550℃出炉空冷。

新球化工艺比普通球化工艺节省20%时间，退火质量较好，效率高、耗能低，但操作有些麻烦，适用于单件或小批量生产的简单模具、冲头、剪刃等工具的球化退火零件。

2. 45钢、65Mn钢最佳球化工艺

45钢采用760℃×30min后以20℃/h冷至700℃×3h，再炉冷，得到完全球化组织。

65Mn钢采用760℃×30min后以20℃/h冷至700℃×6h，再炉冷，全部球化（4级），尺寸均匀。

3. 20Cr钢球化退火工艺

为了适应冷拔、冷镦和冷挤压等冷变形的需要，亚共析钢球化工艺亦开始在生产中应用。

（1）Ac_1稍上奥氏体化等温球化退火工艺　760℃×8h，炉冷至690℃×3h，再炉冷至620℃，出炉入缓冷筒。

（2）Ac_1以下的球化退火工艺　740℃×13h，其球化效果良好，碳化物颗粒均匀。

（3）Ac_1以上奥氏体化缓冷球化退火工艺　790℃×40min，再以10℃/h炉冷至550℃，出炉后缓冷，硬度为125～128HBW。

在球化效果相同的情况下，等温退火的时间最短，在Ac_1以下退火次之，缓冷球化退火时间较长。

4. 65Mn冷轧钢带退火新工艺

原工艺采用（730±10）℃×13h，炉冷至650℃以下，出炉空冷。现工艺采用（860±10）℃×（45～60）min，炉冷至（750±5）℃×（3～3.5）h，再炉冷至650～660℃，出炉堆放冷却或入保温坑缓冷。处理后的组织符合退火技术要求（珠光体2.5～6级，以4级左右为佳），经冷轧后轧制情况良好，工艺效率提高了80%～100%。

6.3 钢的正火与应用实例

6.3.1 正火的定义

正火是将钢加热到Ac_3（亚共析钢）或Ac_{cm}（过共析钢）以上30～50℃，保温一定时间，使钢完全奥氏体化后在自由流动的空气中冷却，从而获得细珠光体类组织的热处理工艺。由于正火后珠光体组织细密，所以正火组织的强度和硬度比退火组织的高。

对于某些合金钢，经空冷后出现马氏体或下贝氏体组织，这种处理已不属于正火，而应称为淬火。

亚共析钢的正火组织除了细珠光体外，还使游离铁素体晶粒细化，数量减少。这是由于空冷时冷却较快，以致铁素体不能充分析出的缘故。因此，金相分析时，不能像退火组织那样，以珠光体的含量来近似计算钢的含碳量。同时，随着钢种及工件尺寸不同，正火有可能完全抑制先共析相的析出，而得到伪共析组织。例如，共析钢附近的亚共析钢和过共析钢，在正火处理后都有可能得到全部细片状珠光体。图6-9a所示为45钢在830℃加热保温20min后空冷的显微组织，由铁素体和细片状珠光体（索氏体）组成，铁素体的晶粒明显比完全退火的细，量也较少，珠光体片层也较细，平均硬度为 18HRC；图 6-9b 所示为 9CrSi 钢在 910℃加热保温 1.5h 后空冷的显微组织，由极细片状珠光体和极少量的白色颗粒状碳化物组成，平均硬度为 39HRC。由于合金元素使 9CrSi 钢的冷却曲线右移，奥氏体在同样的空冷条件下转变为极细片状的珠光体（托氏体），在光学显微镜下几乎完全分辨不出珠光体的片层。

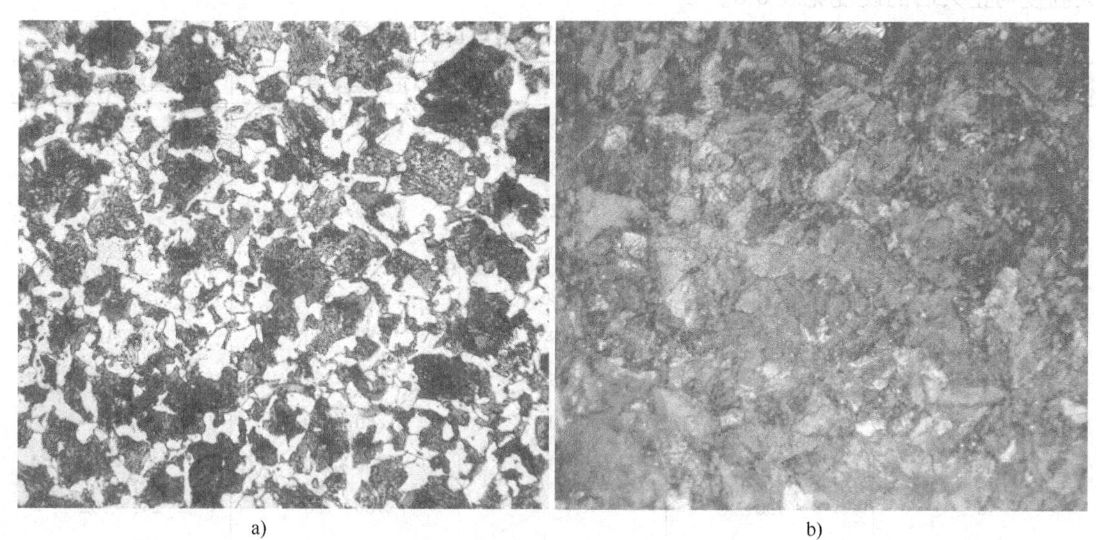

a)　　b)

图 6-9　常用钢的正火组织（×400）

a）45 钢正火组织　b）9CrSi 正火组织

6.3.2　正火的目的

（1）作为预备热处理　可消除中碳结构钢铸、锻、焊等热加工产生的组织缺陷（如晶粒粗大、魏氏组织、带状组织等），细化晶粒，均匀组织，消除内应力，为后序热处理做好组织准备。

对于过共析钢，正火可消除或抑制网状二次渗碳体的析出，为球化退火做好组织准备。例如，T12 钢在球化退火前必须先进行正火以消除 Fe_3C_{II}（连续网），得到片层状 P，然后再进行球化退火。

（2）改善切削加工性　一般来说，钢的硬度为 170～230HBW，组织中无大块铁素体时，切削加工性较好。对于低、中碳结构钢，正火可得到合适的硬度，改善可加工性。

（3）作为最终热处理　正火可以细化晶粒，均匀组织，减少亚共析钢中的铁素体含量，从而增加珠光体含量。由于冷却较快，正火组织中的珠光体片层较细，提高了钢的强度和硬度，因此，对于力学性能要求不高的普通结构钢零件，可以用正火作为最终热处理。

6.3.3　加热温度的选择

正火的加热温度应选择在单相奥氏体区，即：亚共析钢 $T = Ac_3 +（30～50℃）$；过共析钢 $T = Ac_{cm} +（30～50℃）$。

6.3.4 保温时间和冷却方式的选择

正火的保温时间也可根据经验公式（6-1）进行计算，保温后采用空冷。正火的效率高于完全退火，但因冷却稍快，与退火组织相比，正火组织中含有较多的珠光体型组织，其硬度高于退火组织。正火可提高低碳钢的硬度，可消除高碳钢中的网状 Fe_3C_{II}。常用钢材的正火温度与正火后的硬度见表 6-8。

表 6-8　常用钢材的正火温度与正火后的硬度

牌号	Ac_1/℃	Ac_3/℃	正火温度/℃ ①	正火后的硬度 HBW
20	735	855	890～920	≤156
20Cr	766	838	870～900	≤215
35	724	802	800～900	≤191
45	724	780	840～870	≤226
40Cr	743	782	850～870	≤250
35CrMo	738	799	850～870	≤241
65Mn	726	765	820～860	≤269②
60Si2Mn	755	810	830～860	≤254③
GCr15	745	900	900～950	229～285
T8	730	—	760～780	241～302
T10	730	800	820～840	255～310
T12	730	820	850～870	269～341
9CrSi	770	870	900～920	321～415
CrWMn	750	940	970～990	288～514
50CrV	752	788	850～880	288③

① 对于锻件，正火在渗碳或淬火回火以前，宜取上限温度，使组织均匀；如果正火作为最终热处理，则取下限温度，可得到比较细小的奥氏体晶粒。

② 直径为 25mm 的试棒。

③ 直径为 6mm 的试棒。

6.3.5 退火与正火后的组织性能比较

退火与正火得到的都是珠光体型组织，但两者有一定差异。

1）正火组织比退火组织细。例如，T8 钢退火后为粗片状珠光体，片间距为 0.5μm，而正火后为细片状珠光体，片间距为 0.2μm。图 6-10a 所示为 T8 钢在 800℃加热保温 30min 退火后的粗片状珠光体，平均硬度为 18HRC；图 6-10b 所示为 T8 钢 800℃加热保温 30min 正火后的细片状珠光体，平均硬度为 27HRC。

2）正火冷却比退火快，因此先共析产物（铁素体、渗碳体）不能充分析出。例如，45 钢退火后的组织为 45% 铁素体 +55% 珠光体，而正火后的组织为 30% 铁素体 +70% 珠光体。图 6-11a 所示为 45 钢在 830℃加热保温 20min 退火后的显微组织，由深色片状珠光体和白色不规则多边形铁素体组成，平均硬度为 10HRC；图 6-11b 所示为 45 钢在 830℃加热保温 20min 正火后的显微组织，由深色细片状的珠光体和白色网状及不规则的多边形铁素体组成，平均硬度为 18HRC。

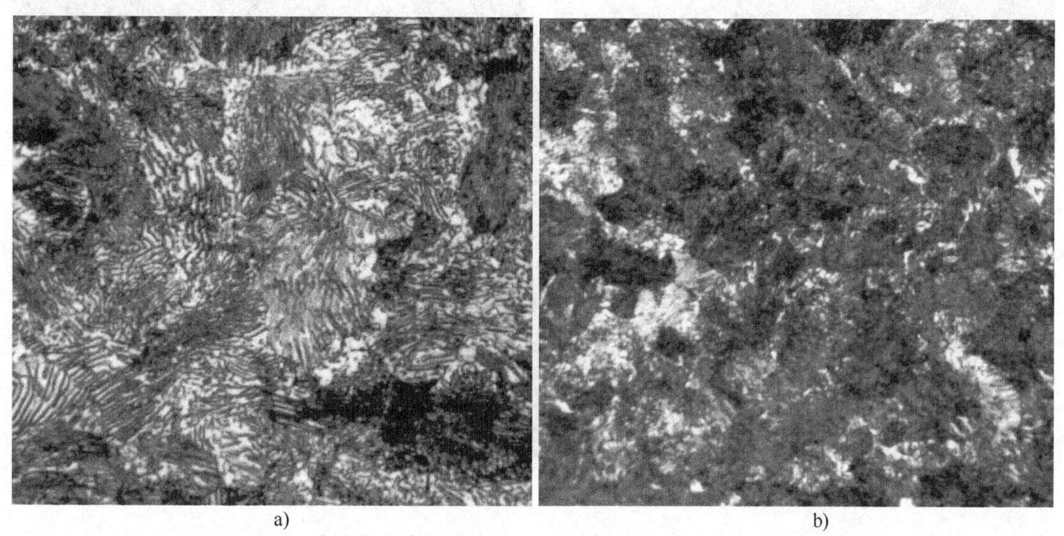

图 6-10　T8 钢在 800℃加热保温 30min 退火和正火后的显微组织（×400）
a）退火后的显微组织　b）正火后的显微组织

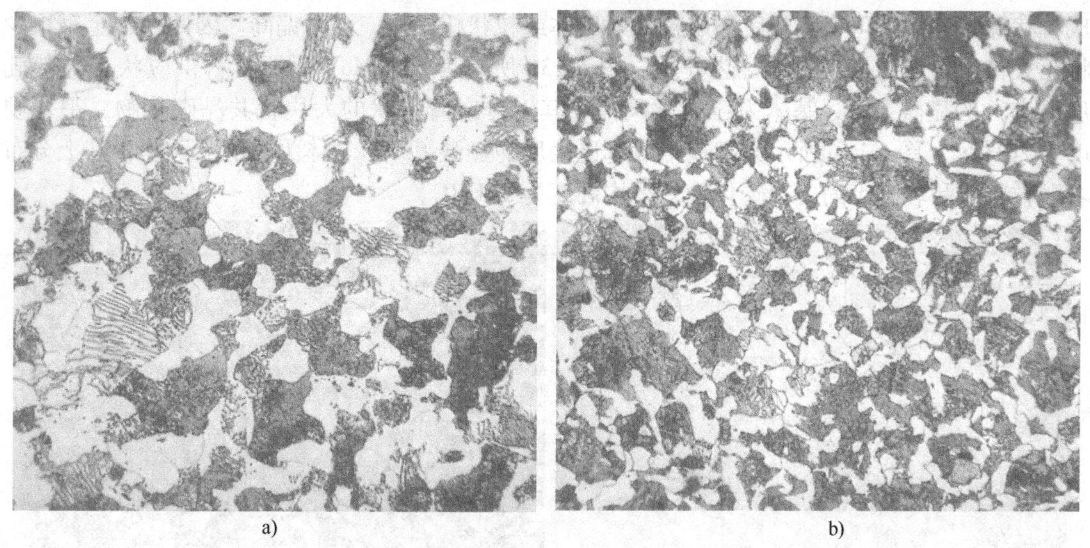

图 6-11　45 钢在 830℃加热保温 20min 退火和正火后的组织（×400）
a）退火　b）正火

对于过共析钢而言，退火后的组织为珠光体 + 网状碳化物；而正火时网状碳化物的析出受到抑制，从而得到全部细珠光体组织，或沿晶界仅析出一部分条状碳化物（不连续网状）。图 6-12a 所示为 T12 钢在 850℃加热保温 90min 后退火的显微组织，由于加热温度高，保温时间长，碳化物溶入充分，随炉冷却得到白色连续网状的二次渗碳体和深色片状珠光体，平均硬度为 18HRC；图 6-12b 所示为 T12 钢在 850℃加热保温 30min 后正火的显微组织，由深色细片状珠光体和少量白色粒状碳化物组成，粒状碳化物有呈网状的趋势，平均硬度为 27HRC。

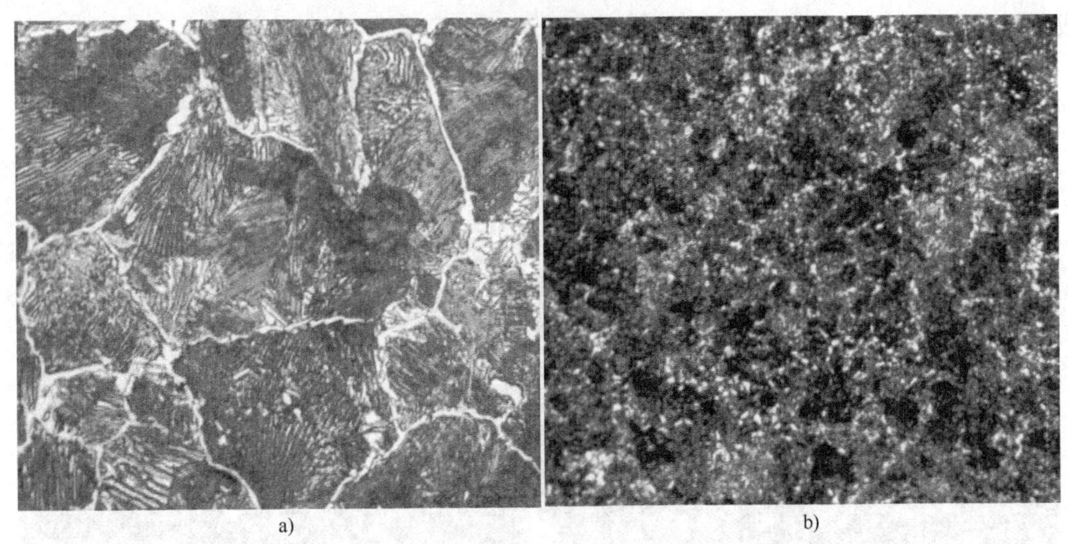

图 6-12　T12 钢在 850℃加热保温后退火和正火的显微组织（×400）
a）退火的显微组织　b）正火的显微组织

合金钢中的碳化物稳定，加热时不易溶入奥氏体，退火冷却后不易形成片状珠光体而形成粒状珠光体；在正火冷却后形成粒状索氏体或粒状托氏体，硬度偏高。因此，合金钢很少将正火作为切削加工前的预备热处理。图 6-13a 所示为 Cr12MoV 钢原材料供应状态（热轧后退火）的显微组织，基体为粒状索氏体，其上分布着带状的大块状共晶碳化物，平均硬度为 26HRC；图 6-13b 所示为高速钢锻造退火后的显微组织，基体为粒状索氏体，其上分布着颗粒状共晶和细小的二次碳化物，平均硬度为 34HRC。

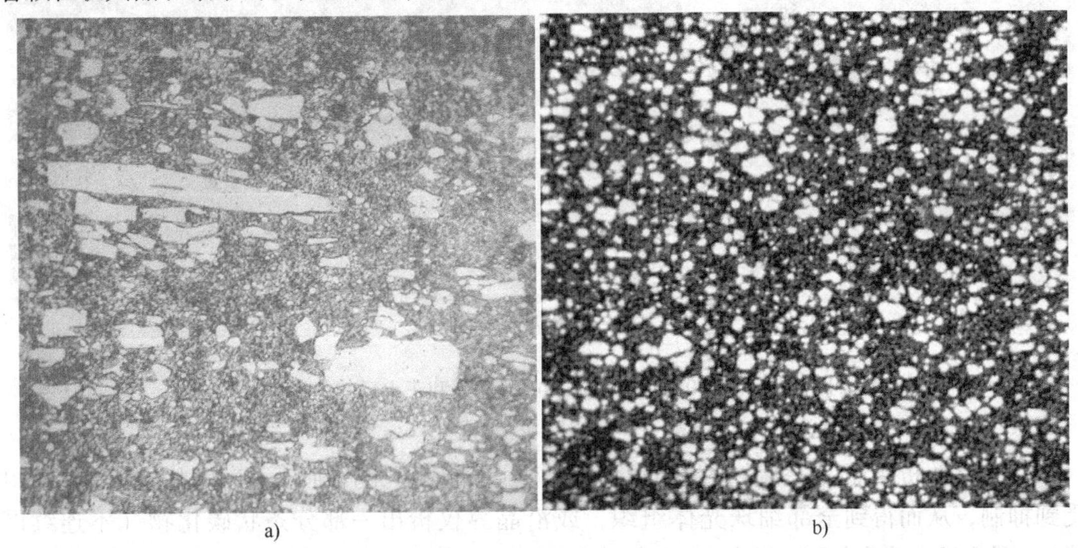

图 6-13　高合金钢的显微组织（×400）
a）Cr12MoV 钢供应状态的显微组织　b）高速钢锻造退火后的显微组织

3）正常加热时，退火或正火均使钢的晶粒细化，但如果加热温度过高，奥氏体晶粒粗大，则正火后易形成魏氏组织，而退火后形成粗晶粒组织。图 6-14a 所示为 45 钢在 920℃加热保温 20min 随炉冷却后得到的深色片状珠光体和白色不规则多边形的铁素体，其晶粒比较粗大；图 6-14b 所示为 45 钢在 920℃加热保温 20min 空冷后得到的细片状珠光体和白色网状及块状铁素体，个别铁素体呈针状向晶内延伸。

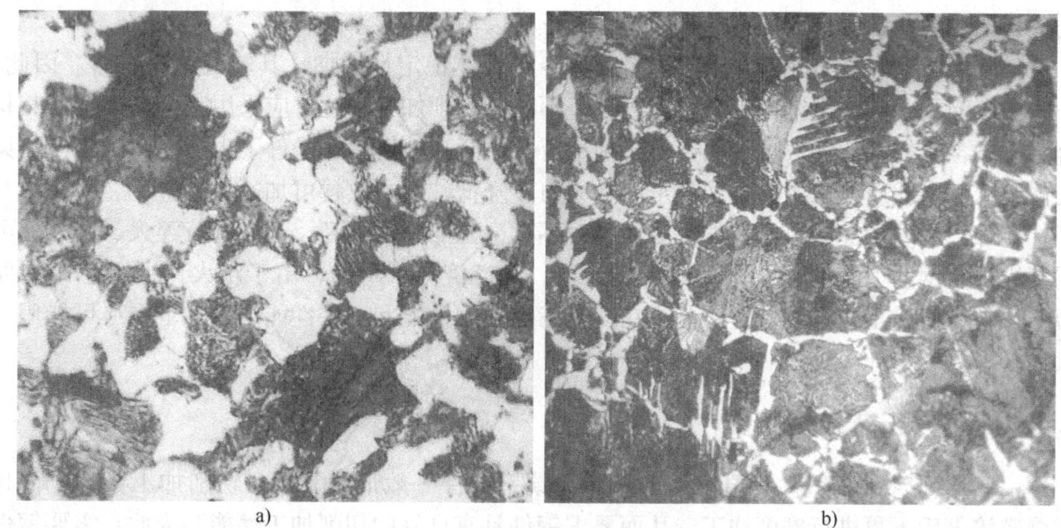

图 6-14　45 钢在 920℃加热保温 20min 退火和正火后的显微组织（×400）

a）退火后的显微组织　b）正火后的显微组织

4）钢中合金元素含量不高时，经退火与正火后组织均为铁素体与渗碳体的混合物，但正火后组织的弥散度大，故硬度、强度较高。

如果钢中合金元素含量很高，加热后空冷得到马氏体或贝氏体组织，此时不应称为正火，而应称为淬火。

45 钢退火与正火后的力学性能比较见表 6-9。

表 6-9　45 钢退火与正火后的力学性能比较

热处理工艺	σ_b/kgf·mm^{-2}	σ_s/kgf·mm^{-2}	δ_5（%）	Ψ（%）	a_K/J·cm^{-2}	硬度 HBW
退火	≥55	≥32	≥13	≥40	—	≤207
正火	≥62	≥36	≥17	≥40	≥8	≤229

6.3.6　退火和正火工艺的选用

生产上退火与正火工艺的选择应根据钢种，冷、热加工工艺，零件的使用性能及经济性进行综合考虑。

对于碳的质量分数低于 0.25% 的低碳钢，通常采用正火而不用退火。因为正火冷却较快，可以防止沿晶界析出三次渗碳体，从而提高冲压件的冷变形性能；正火还可以提高钢的硬度，改善低碳钢的可加工性；同时，在不进行其他热处理的情况下，正火可以细化组织，提高低碳钢的强度。

对于碳的质量分数为 0.25% ~0.50% 的中碳钢，也可用正火代替退火。虽然接近碳的质量分数上限的中碳钢正火后硬度偏高，但尚能进行切削加工，而且正火成本低、生产率高。

对于碳的质量分数为 0.50%～0.75% 的中高碳钢，正火后硬度高，难以进行切削加工，故一般采用完全退火，以降低硬度，改善可加工性。

对于碳的质量分数为 0.75% 以上的高碳钢或工具钢，一般均采用球化退火作为预备热处理，如有网状二次渗碳体存在，应先进行正火以消除网状渗碳体。

随着钢中碳和合金元素含量的增多，过冷奥氏体稳定性增加，其转变曲线右移。因此，一些中碳钢及中碳合金钢正火后硬度偏高，不利于切削加工，此时应采用完全退火。尤其是合金元素含量较多的钢，过冷奥氏体特别稳定，甚至在缓慢冷却条件下也能得到马氏体和贝氏体组织，因此应当采用高温回火来消除应力，降低硬度，改善可加工性。

此外，从使用性能考虑，如果零件受力不大，性能要求不高，不必进行淬火、回火，可用正火提高钢的力学性能，作为最终热处理。从经济原则考虑，由于正火比退火生产周期短，操作简便，工艺成本低，因此，在能够满足使用性能和工艺性能的条件下应尽可能用正火代替退火。

6.3.7　正火工艺应用实例

（1）合金渗碳钢锻件等温正火工艺　渗碳钢锻件一般形状复杂、切削加工量大，而且在渗碳淬火后不再进行磨削加工，从而要求钢件具有良好的切削加工性能。为此，需要钢件具有显微组织与硬度的良好配合。低碳合金渗碳钢应具有晶粒较大的先共析铁素体和均匀分布的细片状珠光体，硬度为 160～180HBW。

20CrMnTi 钢获得铁素体＋珠光体的最大平均冷却速度约为 38℃/min。欲获得 160～180HBW 的硬度，其冷却速度应在 33～38℃/min 之间，范围过窄，生产上难以控制。大批量生产应采用等温正火生产工艺。

20CrMnTi 钢锻件等温正火生产工艺的路线为：装料厚度 150mm，加热温度为 920～960℃，保温时间为 150min，在冷却室强制风冷 15min 以下，冷至 620～630℃ 再入炉保温 25min，出炉风冷 60min，温度降至 300℃ 左右空冷和卸料。

（2）20CrMnTi 等低合金钢零件锻坯正火＋高温回火工艺　930℃×2h 正火＋700℃×(2～3h) 高温回火，硬度为 150～200HBW，能彻底消除粒状贝氏体，有利于切削加工，没有必要采用退火工艺。

20CrMnMo 钢齿坯经 910～940℃ 正火，硬度为 225～229HBW，这样高的硬度在插齿齿面上会呈现鱼鳞斑，表面粗糙度 *Ra* 值为 12.5～6.3μm。为此，将正火后的齿坯再经 650～700℃ 高温回火 2～3h，硬度为 173～201HBW，符合技术要求，齿面表面粗糙度 *Ra* 值为 6.3μm。

6.4　钢的淬火与应用实例

钢的淬火与回火是热处理工艺中最重要、也是用途最广的工序。淬火可以大幅度提高钢的强度与硬度。淬火后为了消除残余内应力，得到不同强度、硬度与韧性的配合，需要配以不同温度的回火。所以，淬火与回火是不可分割的、紧密联系在一起的两种热处理工艺。淬火与回火作为各种机器零件及工模具的最终热处理，是赋予钢件最终性能的关键性工序，也是钢件热处理强化的重要手段之一。

6.4.1　淬火的定义

将钢加热到临界点 Ac_3（亚共析钢）或 Ac_1（共析钢、过共析钢）以上的某一温度，保温一定时间，然后以大于临界淬火速度的速度冷却，得到以马氏体或贝氏体为主的组织的热处理工艺称为淬火。淬火后，钢的强度、硬度及耐磨性都得到显著提高。

6.4.2　淬火工艺参数选择

淬火工艺参数主要包括加热温度、保温时间和冷却方式。由于奥氏体化程度（成分、组织状态）对淬火钢的组织与性能有着决定性的影响，因此，正确选择与控制淬火工艺参数十分重要。淬火时，马氏体和贝氏体均为奥氏体的转变产物，为了获得这些组织，首先要将钢加热以获得奥氏体。

加热温度（淬火温度）和保温时间的选择都是以上述目的作为依据的，同时考虑能源及设备消耗、零件氧化脱碳、变形开裂、晶粒长大等倾向。

（1）加热温度的选择　淬火加热的目的是获得适当成分、晶粒细小的奥氏体。确定淬火加热温度最基本的依据是钢的成分，即临界点的位置（Ac_3、Ac_1）。在保证组织转变的前提下，加热温度的选择应尽量低一些，以防止高温下的氧化与脱碳。因此，亚共析钢的淬火加热温度为 Ac_3 +（30 ~ 50℃），共析钢和过共析钢的淬火加热温度为 Ac_1 +（30 ~ 50℃）。

亚共析钢淬火后能获得均匀细小的马氏体组织。如果加热温度过高，会使奥氏体晶粒粗大，冷却后得到粗大马氏体，使钢的韧性降低。若加热到 Ac_1 ~ Ac_3 之间，则由于淬火组织中保留有未溶铁素体而使硬度不均匀，即产生“软点”。

过共析钢淬火后的组织中除了有细小的马氏体外，还存在未溶于奥氏体的粒状二次渗碳体，渗碳体的硬度比马氏体高，能增加钢的耐磨性。如果加热温度超过 Ac_{cm}，则二次渗碳体完全溶入奥氏体中，会增加其含碳量，而且还会引起奥氏体晶粒粗化，其结果是使钢的马氏体形成点降低，淬火后得到粗大的马氏体和较大的淬火应力，并增加残留奥氏体量，从而降低了淬火硬度，增加了脆性，易产生变形和开裂。其次，高温加热还会使钢件产生较为严重的氧化和脱碳。

选择零件的淬火加热温度还与加热设备、工件尺寸大小、工件的技术要求、工件本身的原始组织、淬火冷却介质及淬火方法等因素有关。在空气炉中加热比在盐浴炉中加热略高 10 ~ 30℃；形状复杂、截面变化突然、易变形开裂的工件，一般选择淬火加热温度的下限，有时采取出炉后预冷再淬火的方法。为了提高较大尺寸零件的表面硬度和淬透深度，淬火加热温度可适当提高，尺寸较小的零件则应选择稍低的加热温度。采用冷速较慢的油、硝盐等淬火冷却介质时，加热温度比水淬提高约 20℃。当原始组织是极细珠光体时，加热温度应适当降低。

低合金钢的淬火加热温度也应根据临界点 Ac_3、Ac_1 来确定，但考虑到合金元素的影响，为了加速奥氏体化又不致引起奥氏体晶粒粗化，加热温度一般应为 Ac_3（或 Ac_1）+（50 ~ 100℃）。

确定中、高合金钢的淬火加热温度时，应考虑合金元素的溶解与再分配。强碳化物形成元素与碳可形成稳定碳化物，延缓其溶入奥氏体，同时由于合金元素在奥氏体中扩散较慢、不易均匀化，所以淬火加热温度应适当提高。引起淬火加热温度升高的合金元素有铬、钴、钒、铝、钛等。钢中加入钨、钼、钛、钒、镍、硅等元素可降低钢的过热敏感性，允许提高加热温度。例如，W18Cr4V 钢的 Ac_1 为 820℃，T_A = 1280℃，晶粒度为 9 级。锰在高碳钢中可降低临界点，增加过热敏感性，淬火温度应取下限。钼钢由于有较高的脱碳敏感性，也不宜在高温加热。常用钢材的淬火加热温度及冷却介质见表 6-10。

表 6-10　常用钢材的淬火加热温度

牌号	Ac_1/℃	Ac_3 或 Ac_{cm}/℃	淬火加热温度/℃	淬火冷却介质	淬火后硬度 HRC
35	724	802	850 ~ 870	盐水	>50
45	724	780	820 ~ 840	盐水	>55
35CrMo	738	799	820 ~ 840 830 ~ 850	盐水 油	>50
40Cr	743	782	830 ~ 860	油	>55
65Mn	726	765	810 ~ 830	油	>60
60Si2Mn	755	810	850 ~ 870	油	>62
50CrV	752	788	840 ~ 860	油	>60
GCr15	745	900	820 ~ 860	油	>62
T8A	730	—	760 ~ 780 800 ~ 820	盐水-油 碱浴	>62
T10A	730	800	770 ~ 790 800 ~ 820	盐水-油 碱浴	>62
T12A	730	820	770 ~ 790 800 ~ 820	盐水-油 碱浴	>62
9CrSi	770	870	850 ~ 870 860 ~ 880	油 硝盐	>62
W18Cr4V	820	1330	1270 ~ 1290	油或硝盐	>64

运用马氏体、贝氏体形态的形成规律来指导淬火加热规范的优选，具有十分重要的现实意义。低碳马氏体钢由于受到低淬透性的限制，往往采用高温淬火，以利于实现沿截面的整体强韧化；中碳钢及中碳合金钢适当提高其淬火温度，将抑制片状孪晶马氏体的形成，能获得较多的韧性较高的板条马氏体；高碳钢采用低温淬火或快速加热来限制奥氏体中固溶的含碳量，可以增加淬火组织中板条马氏体的量，减少片状马氏体中的显微裂纹，从而减少钢的脆性。此外，提高淬火温度及延长保温时间可使奥氏体中含碳量提高，将降低马氏体临界点，从而增加残留奥氏体量。

(2) 保温时间的选择　在保证工件烧透、组织转变完全、化学成分均匀的前提下，加热保温时间应尽量缩短，以防止工件在高温下的氧化与脱碳。

为了缩短工件的保温时间，减少氧化与脱碳，淬火工件一般均采用热炉装料，即当炉温到达淬火温度以后再将工件放入炉内加热。加热保温时间可按下列经验公式计算

$$t = \alpha k D \tag{6-2}$$

式中　t——工件加热保温时间；

D——工件有效厚度；

α——加热系数；

k——与装炉方式有关的修正系数，一般取 1 ~ 4。

在井式炉或箱式炉中 800 ~ 900℃加热时，对于碳钢，当直径小于 50mm 时，加热系数 α 取 1. 0 ~ 1. 2min/mm；直径大于 50mm 时，α 取 1. 2 ~ 1. 5min/mm。对于合金钢，当直径小于 50mm 时，α 取 1. 2 ~ 1. 5min/mm；直径大于 50mm 时，α 取 1. 5 ~ 1. 8min/mm。

工件有效厚度的确定原则为：

1）当工件的纵向尺寸远远大于横向尺寸时，这类工件称为细长杆件，有效厚度取横向尺寸。

2）当工件的横向尺寸远远大于纵向尺寸时，这类工件称为饼类工件，有效厚度取纵向尺寸（即厚度）。

3）当工件的内孔直径远远大于其壁厚时，这类工件称为套类工件，有效厚度取其壁厚。

4）当工件的内孔直径远远小于其壁厚时，这类工件称为小内孔工件，有效厚度取其壁厚的两倍。

5）圆锥体工件以离小端 2/3 处的直径作为有效厚度。

6）对于形状复杂的工件，其有效厚度可以按以下方法计算：①取工作部分的截面厚度作为有效厚度；②取 3 ~ 4 处主要截面厚度的平均值作为有效厚度；③通过试淬选取合理的厚度。

对于形状复杂但要求变形小的工件，或高合金钢制的工件及大型合金钢锻件，必须考虑限速升温或阶梯升温，以减小变形及开裂倾向。否则，由于工件温度不均匀将在加热过程中形成很大的热应力和组织应力。

（3）淬火冷却方法　在保证获得马氏体或贝氏体的前提下，淬火冷却速度应尽量缓慢，以减小工件变形与开裂的倾向。不同淬火冷却方法的选择应依据工件的材料及其对组织、性能、尺寸精度的要求而定。理想的淬火冷却速度应为：①在 Ac_1 ~ 650℃之间慢冷，以减小热应力；②在 650 ~ 400℃之间快冷，以避开冷却曲线的鼻尖部分，防止发生奥氏体向非马氏体转变；③在 400℃以下慢冷，以减小组织应力。

1）单液淬火。单液淬火是将奥氏体化后的工件直接淬入一种淬火冷却介质中连续冷却至室温的方法（图 6-15 中曲线 1）。此时对具有一定成分和尺寸的工件来说，淬火组织的性能与所用淬火冷却介质的冷却能力具有重大关系。目前各种新型淬火冷却介质主要适用于这种单液淬火。由于该工艺过程简单、操作方便、经济，适合大批量作业，故在淬火冷却中应用最为广泛。

对于形状复杂、截面变化突然的某些工件，单液淬火时往往沿截面突变处因淬火应力集中而导致开裂，此时可以将工件自淬火温度取出后先预冷一段时间，然后再淬火，以降低工件进入淬火冷却介质前的温度，减少工件与淬火冷却介质间的温差，从而减少淬火变形和开裂倾向。

2）双液淬火。由于单液淬火不能满足某些工件对组织性能及控制变形的要求，所以采用先后在两种介质中进行冷却的方法，如水-油、油-空气等。其作用是在过冷奥氏体转变曲线的鼻尖处快速冷却以避免过冷奥氏体分解，而在 Ms 点以下缓慢冷却以减小变形和开裂（图 6-15 中曲线 2）。例如，对于某些淬透性较差的钢（如高碳钢）用盐水淬火易裂，用油淬火硬度不够，往往采用水-油双液淬火，即在高温区用盐水快速冷却来抑制过冷奥氏体的分解，至400℃左右转入油中缓慢冷却以减少淬火应力，通常通过水中停留时间来控制工件温度。经验表明，对碳素工具钢工件，一般以每3mm有效厚度停留1s计算；对形状复杂的工件按每4～5mm在水中停留1s计算。双液淬火法要求较熟练的操作技术，否则难以掌握好。

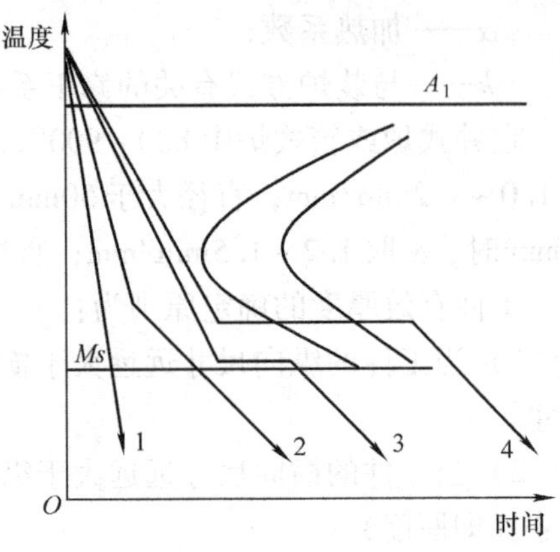

图6-15　各种淬火方法冷却曲线示意图

3）喷射淬火。它是向工件喷射急速水流的淬火方法，主要用于局部淬火的工件。这种淬火方法不会在工件表面形成蒸汽膜，故可保证比普通水淬得到更深的淬透层。采用细密水流并使工件上下运动或旋转，可保证工件均匀冷却淬火。

4）分级淬火。分级淬火是将奥氏体化后的工件首先淬入略高于钢的 *Ms* 点的盐浴炉中保温一段时间，待工件内外温度均匀后，再从浴炉中取出空冷到室温（图6-15中曲线3）。这种淬火方法可以保证工件表面和心部的马氏体转变同时进行，并在缓慢冷却条件下完成，不仅减小了淬火热应力，而且可显著降低组织应力，因而可有效地减小或防止工件淬火变形和开裂，同时克服了双液淬火时间难以控制的缺点。但这种淬火方法由于冷却介质温度较高，工件在浴炉中冷却较慢，而保温时间又有限制，大截面零件难以达到其临界淬火速度。因此，分级淬火只适用于尺寸较小的工件，如刀具、量具和要求变形很小的精密工件。

5）等温淬火。它是将奥氏体化后的工件淬入350℃～*Ms* 点之间某温度的盐浴中等温足够长的时间，使之转变为下贝氏体组织，然后在空气中冷却的淬火方法（图6-15中曲线4）。等温淬火实际上是分级淬火的进一步发展，所不同的是等温淬火获得下贝氏体而不是马氏体。等温淬火的加热温度通常比普通淬火高些，目的是提高奥氏体的稳定性，防止发生珠光体型转变。等温温度和时间视工件组织和性能要求，根据钢的过冷奥氏体转变曲线确定。由于等温温度比分级淬火高，减小了工件与淬火冷却介质间的温差，从而减小了淬火热应力；又因为贝氏体的比体积比马氏体的小，而且工件内外温度一致，故淬火组织应力也较小。因此，等温淬火可以显著减小工件的变形和开裂倾向，适于处理形状复杂、尺寸要求精密的工具和重要的机器零件，如模具、刀具、齿轮等。同分级淬火一样，等温淬火也只适用于尺寸较小的工件。

45钢加热到820℃，以不同方式冷却后的力学性能和显微组织见表6-11。

表6-11　45钢加热到820℃以不同方式冷却后的力学性能和显微组织

冷却方法	σ_b/MPa	σ_s/MPa	δ（%）	ψ（%）	硬度HRC	显微组织
炉内缓冷	530	280	32.5	49.3	7～11	P（55%）+F（45%）
空气冷却	670～720	340	15～18	45～50	17～20	P（70%）+F（30%）
水中冷却	1000	720	7～8	12～14	>55	$M_{板}+M_{片}$

6）冷处理。许多钢的马氏体转变终了点（*Mf*）低于室温，淬火冷却到室温时，马氏体或贝氏体相变不完全，故室温下的淬火组织中保留一定数量的残留奥氏体。为使残留奥氏体继续转变为马氏体，要求将淬火工件继续深冷到零下温度进行“冷处理”。因此，实际上冷

处理是淬火过程的继续。实践表明，在一般情况下，冷处理的温度达到 -60 ~ -80℃即可满足要求。

应该指出的是，并非所有工件和钢种都需进行冷处理，主要是针对一些高碳合金工具钢和经渗碳或氮碳共渗的结构钢零件，为了提高其硬度和耐磨性，或为了保持其尺寸稳定性（如精度要求高的零件）才进行这一工序。还应注意，冷处理应在淬火后及时进行，否则会降低冷处理的效果。

6.4.3　淬火操作方法

1. 淬火前的准备

1）核对工件数量、材料及尺寸，并检查工件有无裂纹、磕碰伤、锐边、尖角及锈蚀等影响淬火质量的缺陷。

2）根据图样及工艺文件，明确淬火的具体要求，如硬度、局部淬火范围等。

3）根据淬火要求，选用合适的工夹具或进行适当的绑扎，在易产生裂纹的部位采用适当的防护措施，如用铁皮或石棉绳保护以及堵孔等。

4）表面不允许氧化、脱碳的工件，应在盐浴或保护气氛炉、真空炉中加热，或采用涂料保护，也可将工件装入盛有木炭或已用过的铸铁屑的铁箱中，加盖密封。

5）大批量工件应作首件或小批量试淬，认可后方可进行批量生产，并在生产过程中经常抽检。

2. 装炉

1）允许不同材料、但具有相同加热温度的工件装入同一炉中加热。

2）入炉工件均应干燥、无油污及其他脏物。

3）截面大小不同的工件装入同一炉时，大件应先装炉并放在炉膛里面，大、小工件分别计算保温时间。

4）装炉时，必须用火钩、火钳等合适的夹具将工件放在装料板或炉底板上，不得将工件直接抛入炉内，以免碰伤工件或损坏电炉丝、耐火墙、炉底板等。

5）细长工件应尽量在井式炉或盐浴炉中垂直吊挂加热，以减小变形。

6）在箱式炉中装炉加热时，一般为单层排列，工件间隙为 10 ~ 30mm。小件允许堆放，但保温时间应酌情增加。

3. 加热

（1）加热方式　碳钢及合金钢工件一般可直接装入淬火温度或比规定的淬火温度高 20 ~ 30℃的炉中加热，高碳高合金钢及形状复杂的工件应先预热。

（2）加热温度选择　亚共析碳钢的加热温度为 Ac_3 +（30 ~ 50℃）；共析钢、过共析钢则为 Ac_1 +（30 ~ 50℃）；合金钢的淬火加热温度适当提高。空气炉比盐浴炉的加热温度适当提高 10 ~ 30℃；真空炉加热可取淬火温度的下限；亚温淬火以略低于 Ac_3 温度为最佳。形状复杂、截面变化大、易变形开裂的工件，一般可选择淬火加热温度的下限；低碳钢及中碳钢的低碳马氏体淬火可略高于淬火加热温度的上限；采用冷速较慢的淬火冷却介质（油、硝盐等）冷却时，淬火加热温度应取上限；等温淬火、分级淬火一般取淬火加热温度范围的上限或略高温度。

（3）工件加热时间的计算　炉中的工件应在规定的加热温度范围内保持适当的时间，

以保证必要的组织转变和扩散。加热时间是指从工件装炉合闸通电加热起至出炉的整个加热过程保持的时间，它与工件的有效厚度、钢种、装炉方式、装炉量、装炉温度、炉子的性能及密封程度等因素有关，可按式（6-2）计算。

4. 冷却方式及冷却剂的选择

（1）冷却方式

1）水冷。用于形状简单的碳钢工件，主要是调质件。

2）油冷。合金钢、合金工具钢工件大部分采用油冷。

3）延时淬火（预冷淬火）。工件在浸入冷却剂之前先在空气中降温以减少热应力。

4）双介质淬火。工件一般先浸入水中冷却，待冷到马氏体开始转变点附近，立即取出浸入油中缓冷，在水中冷却的时间一般按工件的有效厚度3～5mm/s计算。

5）马氏体分级淬火。先将工件加热奥氏体化，随之浸入稍高或稍低于钢的*Ms*点的液态介质（盐浴或碱浴）中，保持适当时间，待钢的内、外层都达到介质温度后取出空冷，以获得马氏体组织。这种工艺也称为分级淬火，用于合金工具钢及小截面碳素工具钢，可减少变形和开裂。

6）热浴淬火。工件只浸入150～180℃的硝盐或碱中冷却，停留时间等于总加热时间的1/3～1/2，最后取出在空气中冷却。

7）贝氏体等温淬火。将工件加热奥氏体化，随之快冷到贝氏体转变温度区域（240～400℃）等温保持，使奥氏体转变为贝氏体，有时也称为等温淬火。该工艺可用于要求变形小、韧性高的合金钢工件。

（2）几种冷却介质

1）净水或5%～15%（质量分数）的食盐水，水温≤40℃；热水爆盐-油冷淬火时，水爆时间不大于1.5s；水-油双介质淬火时，水冷时间按3～5mm/s估算；水-空气淬火时，直径小于30mm工件的水冷时间为按2mm/s估算，直径大于或等于30mm的工件按1mm/s估算，水面不许有浮油。

2）10号或20号机械油，油温为30～80℃。

3）50% KNO_3 +50% $NaNO_2$（质量分数），使用温度为150～550℃（为了安全，硝盐炉使用温度应该严格控制在550℃以下）。

4）85% KOH +15% $NaNO_2$，另加4%～6% H_2O（质量分数），使用温度为150～170℃。

5）过饱和三硝催化剂：25% $NaNO_3$ +20% $NaNO_2$ +20% KNO_3 +35% H_2O（质量分数），使用温度为10～70℃。

6）质量分数为8%～12%的PQA水溶性聚合物淬火冷却介质可供合金结构钢淬火用，中碳钢、高碳钢可采用3%～6%的PQA液，弹簧钢淬火可采用10%～12%的PQA液，使用温度不超过80℃。

7）碳钢淬火可采用质量分数为2%～3%的PQG水溶性聚合物淬火冷却介质，合金钢淬火采用8%～10%的PQG液，使用温度不超过80℃。

8）今禹（8-20）水溶性淬火冷却介质：质量分数为2%～5%时可取代盐水、碱水；质量分数为5%～8%时相当于三氯、三硝淬火液；质量分数为8%～10%时相当于15%的60级PAG淬火液；质量分数为10%～12%时相当于15%～18%的40级或15%的30级PAG淬火液；质量分数为12%～15%时相当于超速淬火油。允许水温为0～70℃。

5. 淬火操作方法的选择

1）形状复杂的易变形工件，采用预冷淬火可减小变形。

2）细长杆件应垂直淬入冷却介质中。

3）长板状工件应横向侧面淬入冷却介质中。

4）截面相差很大的工件，应将截面大的部分先淬入冷却介质中。

5）套筒和薄壁圆环状工件，应沿轴向淬入冷却介质中。

6）有凹面的工件，应将凹面向上淬入冷却介质中。

7）单面有长槽的工件，槽口向上，倾斜 45°淬入冷却介质中。

8）在保证所要求硬度的条件下，工件淬入冷却介质后可不做摆动，或只做淬入方向的直线移动，以减少变形。

6. 淬火操作注意事项

1）淬火工件冷至室温应及时清洗并回火，以防工件开裂与腐蚀。

2）硝盐浴、碱浴应经常捞渣，特别是工件用盐浴炉加热时，应每班清除带入的盐渣。

3）使用盐浴炉加热时，一切工件、工夹具等必须充分干燥。

4）带有硝盐的工件、工夹具不准进入淬火盐浴炉。

6.4.4　钢的淬火应用实例

1. 防止 45 钢工件淬裂的措施

45 钢工件淬火出现开裂的最敏感尺寸是 5 ~ 11mm，也是水淬可以完全淬透的尺寸。最易开裂的尺寸是 6 ~ 9mm，裂纹皆起源于最先入水或表面缺陷部位形成马氏体处。

（1）避免危险尺寸　改变易产生应力集中的部位，如加大倒角尺寸及圆角尺寸；采用适当方式装夹工件，实行每两件重叠一起淬火；或设计辅助夹具，增加危险尺寸处淬火时的厚度，均可避免淬火裂纹。如能另选材料或改变尺寸与结构，也可避免淬火裂纹。

（2）改进工艺　较低的淬火加热温度、较短的保温时间，既可减小热应力，又可减小组织应力。二次加热：650℃ ×10min，810℃ ×（10 ~ 15min）及水冷至 100 ~ 160℃，再入回火炉 520℃ ×（60 ~ 90min）。亚温淬火工艺为：箱式电阻炉 770 ~ 780℃ 加热，保温时间按 1.2min/mm 计算，水冷；盐浴炉 770 ~ 790℃ 加热，保温时间按 0.2 ~ 0.3min/mm 计算，在质量分数为 25% $NaNO_3$ + 20% $NaNO_2$ + 20% KNO_3 + 35% H_2O 的三硝水溶液（密度 1.40 ~ 1.45g/cm^3）中淬火至 200℃，取出空冷。

（3）改变淬火冷却介质　可采用：①0.2% 聚乙烯醇淬火冷却介质；②在 180 ~ 250℃ 的 55% KNO_3 +45% $NaNO_2$ 硝盐中分级淬火；③在 25% $NaNO_3$ +20% $NaNO_2$ +20% KNO_3 +35% H_2O 的三硝水溶液（密度 1.4 ~ 1.45g/cm^3）中淬火至 200℃，取出空冷；④3% ~ 6% 的 PQA 水溶性聚合物淬火冷却介质；⑤2% ~ 3% 的 PQG 水溶性聚合物淬火冷却介质；⑥2% ~ 5% 今禹 8 淬火冷却介质，水温不超过 70 ~ 80℃。

2. 40Cr 钢工件的亚温淬火工艺

（1）40Cr 钢 D 型轴亚温淬火控制热处理畸变工艺　40Cr 钢 D 型轴全长 120mm，有多个台阶，最大直径 10mm，最小直径 6mm，要求径向变形小于 0.2mm，硬度为 50 ~ 55HRC。采用等温淬火或分级淬火，硬度只能达到 48 ~ 52HRC，变形为 0.20 ~ 0.30mm。改进工艺为：采用空气炉预热 450℃ ×30min，直接入中温盐浴炉（795 ±5）℃ ×5min，油淬，180℃ ×2h

硝盐槽回火，径向圆跳动为0.05～0.06mm，硬度为52～53HRC。

（2）40Cr钢支架轴亚温淬火解决开裂工艺　40Cr钢支架轴有多个台阶，采用850℃×50min水淬，580℃×90min油冷回火，开裂率达24%；采用3%～5%（质量分数）的聚乙烯醇淬火仍出现大批纵向裂纹。改进工艺为：采用（790±5）℃×80min水淬，（540±10）℃×90min油冷回火，硬度为25～32HRC，彻底解决了开裂问题。

3. 20Cr钢工件的强韧化工艺

对于低碳合金钢，采用合理的热处理工艺可提高其强韧性。主要途径包括：①获得具有高密度位错的板条马氏体；②获得具有良好强韧性的准上贝氏体、粒状贝氏体和下贝氏体；③获得短纤维状板条马氏体和具有高密度位错的针状铁素体的双相组织；④细化晶粒。

（1）880℃加热、分级淬火　880℃×15min加热，淬入200℃硝盐×20min，淬油；200～550℃×1h盐浴回火。采用此工艺能获得最好的综合力学性能，强韧化效果最显著。

（2）880℃加热淬油+820℃加热、分级淬火　880℃×15min加热，淬油；820℃×15min保温后淬入200℃硝盐20min；200～550℃×1h盐浴回火。20Cr钢在接近Ac_3的两相区加热，进行马氏体（200℃）分级淬火，比普通淬火和各种类型的两相区淬火的综合力学性能优越，强韧化效果好，其显微组织为条块状铁素体+板条状马氏体。

（3）880℃加热淬油+780℃加热、400℃等温淬火　880℃×15min加热，淬油；780℃×15min保温后淬入400℃硝盐5min；200℃×1h盐浴回火。20Cr钢在接近Ac_1的两相区加热，再进行贝氏体等温淬火，能获得铁素体和准上贝氏体及粒状贝氏体组织，具有最好的强韧性配合，有良好的冷成形加工性。抗拉强度可达653.2MPa，δ_5为26.9%，强韧化指数为140.1。

（4）860℃加热淬油　860℃×15min加热，淬油，200～550℃×1h盐浴回火，获得板条马氏体，其综合力学性能优于各种类型的两相区（亚温）淬火。

20Cr钢淬火后获得全板条马氏体组织时，存在300℃低温不可逆回火脆性；获得铁素体和球状贝氏体（或准上贝氏体）组织时，在400～550℃回火出现贝氏体回火脆性，因此，应尽量避免在脆性区回火。

6.5　校直工艺与案例分析

工件热处理后，因热应力和组织应力会引起弯曲或翘曲变形，需要进行校直。校直后的工件，其变形量应符合工艺要求。

校直方法包括冷压法、热压法、热点法、加压回火法、回火余热法及反击法等，可根据工件形状、材质、硬度等不同情况和要求选用。

工件尺寸大、变形抗力大的工件，应用液压机加压校直；较小的工件可用手动螺旋压力机加压校直；硬度不高、韧性好的小工件，可用锤击法校直；成批工件应配备专用校直工夹具，以提高工效。

6.5.1　准备工作

1）待校直工件的测量部位和中心孔必须洁净。

2）按工艺规定准备好校直用的工装和仪器仪表，如偏摆检查仪、百分表、塞尺、平板、V形铁、锤子、砧具及专用工具、检具等。

3）掌握图样及工艺文件的技术要求，检测出工件的变形量，做好标记，按要求选用合适的校直方法。

4）如需热点校直，应按操作规程做好氧乙炔气装置的准备工作和安全工作。

6.5.2　校直操作

（1）冷压校直　凡形状简单、硬度低于 35HRC 的工件，其渗碳或表面淬火的淬硬层深度小于工件直径或厚度 1/5 时，均可直接加压冷校直。

1）用压力机加压或锤击校直时，应注意将工件两端放平、垫稳。要掌握好加压力度，变形大的长工件要分段逐点加压，避免形成难校的双峰或扭曲。

2）精密工件的键槽边沿、螺纹等部位，加压时应用铜皮或铝皮垫护。

（2）热压校直　要求高硬度的工件，如合金工具钢、CrWMn 丝杠、9Mn2V 钢导轨、高速钢拉刀、锯片铣刀、铰刀、摩擦片及合金钢机床主轴等，可采用热压校直。

1）利用工件淬火冷却至 *Ms* 点（200℃左右或工艺文件指定的温度范围）时尚有较多残留奥氏体的良好塑性，或过冷奥氏体向马氏体转变过程中的超塑性（相变诱发塑性）进行加压校直。操作时动作要迅速，校至符合要求后即将工件吊挂空冷。

2）还可以对上述工件以较大压力在专用夹具中压紧，进行冷却相变。冷却时间按工件有效厚度以 1～1.5min/mm 计算。

3）应注意控制终校温度，一般不低于 60℃，否则易压断工件。热压校直来不及校好的或回火后变形仍不合格的工件，应用加压回火法补救。

（3）热点校直　凡经淬火、回火后硬度要求高于 35HRC 的工件，当允许有局部软区，或变形凸面为非工作面时，可采用热点校直。

1）将工件的变形凸面朝上垫平稳，用氧乙炔焰（中性焰）在凸面的高点处迅速加热到 700℃以上，然后立即用湿棉纱覆盖冷却，利用局部回火后的体积收缩将工件校直。

2）热点应在工件的不重要部位施行，加热应迅速，范围应小而浅，一点不行可以多加热几点，但不宜在同一位置重复加热。

3）热点温度应不使工件发生相变，否则在冷却时易开裂。

4）热点校直时，可以同时对工件加压，但要考虑操作方便。

（4）加压回火校直　对于摩擦片、锯片铣刀、剪刀片等薄片状或形状简单、易于装夹平直的工件，可利用回火过程中的塑性与应力松弛进行校直，回火温度高的校直效果较好。

1）将变形工件装夹于夹具中，开始不要压得太紧，进炉短时加热后即出炉，趁热将夹具迅速压紧，再继续回火；变形大的工件宜在低于回火温度的条件下反复逐渐加热，压平直后继续回火。

2）回火温度不应超过规定值，以免工件硬度不合格。加压回火后，除了因避免回火脆性的工件应快冷外，一般宜缓冷后再松开夹具。

（5）回火余热校直　采用 300℃以上温度回火的工件，利用回火出炉时的热塑性加压校直。校直时，可将工件逐件出炉，在压力机上校直，加压方法与冷压校直相同，校直好的工件继续空冷。

（6）反击校直　高硬度的薄、细长工件，对其变形凹面用硬质合金锤子仔细敲击，使工件局部产生延展挤压应力而校正变形。

反击法所用的锤子，其硬质合金锤面应打磨光滑平整，被校工件应在正对敲击部位垫实，不得有孔隙，以免敲断工件。反击可在工件变形凹面多处进行，直至将工件校直。

6.5.3　校直质量要求

1）凡经校直的工件应100%检查变形，复查硬度。检查零件的夹角、小孔、键槽及螺纹等部位是否有损伤。必要时应用探伤方法检查工件有无裂纹，要特别注意加压及锤击部位的微细裂纹。

2）凡经校直的工件均应进行去应力回火，回火温度不应引起硬度下降，回火时间应超过2h。除了有回火脆性的工件应快冷外，一般可空冷。

6.5.4　操作中的安全注意事项

1）操作人员应穿戴好劳动防护用品，加热校直时，要戴石棉手套操作，防止烫伤。

2）校直用垫铁、V形铁严禁用铸铁或高硬度、脆性大的材料制作，以免工作时崩裂飞出伤人。

3）为了防止工件断裂飞出伤人，工件纵向两端不准站人，必要时要用挡板拦护。

4）用压力机加压时，工件应垫稳，加压要平稳，不允许冲击。

5）操作者要熟悉使用氧乙炔装置的安全知识。

6.5.5　校直案例分析——绣花机导轨热处理畸变的校正

绣花机用导轨是进行刺绣送布运动的关键件，对绣花质量起着至关重要的作用。该导轨窄、薄、长，上面布有多个孔，如图6-16所示。这种不对称的细长件在渗碳淬火过程中极易变形，热处理后要求整个长度方向上的变形不超过0.1mm（对长度为1m左右的导轨而言）。

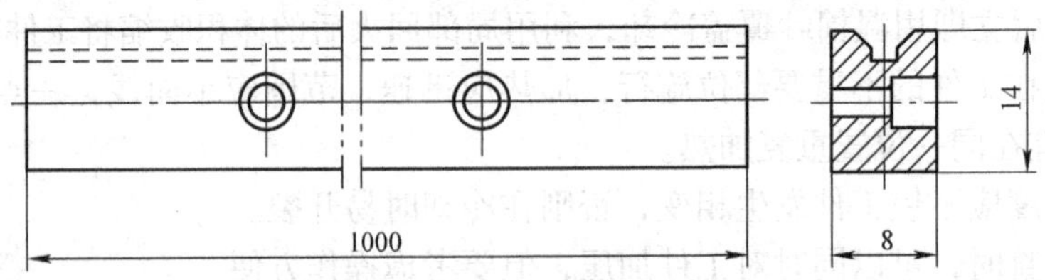

图6-16　导轨草图

1. 材料选用及工艺改进

导轨原图样工艺要求为40Cr钢渗氮，由于氮化层深度只有0.3～0.7mm，氮化后精磨时导轨容易变形，磨后尺寸稳定性差，尺寸精度和硬化层厚度达不到要求。将导轨原材料改为20Cr钢，进行渗碳处理，由于渗碳层深度可达到0.5～2mm，在淬火回火过程中采用辅助夹具进行热压校直，再附加个别零件的冷压校直，使导轨热处理畸变量满足技术要求。

2. 导轨加工路线

导轨的主要失效形式为V形面的磨损，为了更加有效地防止导轨的畸变，提高生产效率，缩短生产周期，根据导轨窄、薄、长的特点，在热处理过程中把许多导轨整齐排列，利用导轨上的孔，用螺钉固定导轨，进行渗碳，并施加冷、热压校直。其加工路线为：热轧→正火→机加工→渗碳淬火→热压校直→回火→冷压校直→时效→机加工→终检→入库。

3. 工装设计

最初采用渗碳淬火后单个零件进行热压校直，回火后进行冷压校直。根据导轨的特点，渗碳时每炉要装几百件甚至上千件，费时、费力、费工，有时还会因校直不当而导致零件报废。现设计了淬火回火工装，材料为铸铁，如图 6-17 所示。把导轨整齐摆放在凹槽内，侧面竖一衬板，上面平放一盖板，并分别用螺栓将它们固定于凹槽内。在淬火后期和回火时使用这一工装，既节约了人力，缩短了生产周期，还有效地防止了零件的畸变。

4. 畸变的产生

绣花机导轨采用 20Cr 钢渗碳淬火（或碳氮共渗），其截面不对称，在渗碳淬火时易产生明显的畸变变形。

绣花机导轨渗碳后表层有 0.8～1.2mm 的奥氏体区，碳的质量分数增加至 0.6%～1.2%。当淬火冷却时，表面高碳奥氏体从淬火温度 800℃至 Ms 点温度区间是热收缩明显区域，而心部的低碳奥氏体则向铁素体或低碳贝氏体及低碳马氏体转变，体积增大，两者之间产生较大的内应力，引发畸变。零件继续冷却至 Ms 点以下温度时，渗碳层相继发生马氏体转变，体积增加，必然产生较大的内应力，又会引发畸变。

绣花机导轨 V 形槽面的渗碳面积是其对应背面渗碳面积的 1.4 倍。V 形槽面在渗碳淬火的冷却过程中，其马氏体转变量及冷却速度都要比其对应背面的大，这又必然引发较大的内应力，使零件畸变。

5. 畸变的校正

（1）热压校直　利用相变超塑性条件进行静压固定校直，即利用细长零件在淬火冷却至 Ms 点附近时过冷奥氏体稳定性非常良好的特点，使工件处于 300～150℃，进行热塑性校直。

导轨渗碳后预冷至 800℃，在油中冷却至 Ms 点附近，迅速用工装（图 6-17）进行装夹，衬板及顶部盖板用螺栓拧紧固定，这样就使零件由 800℃至 Ms 点温度区间引发的畸变得到校正。继续冷却时，导轨处于静压固定状态，使马氏体转变引发的畸变因过冷奥氏体向马氏体转变具有相变超塑性而难以完全保留。

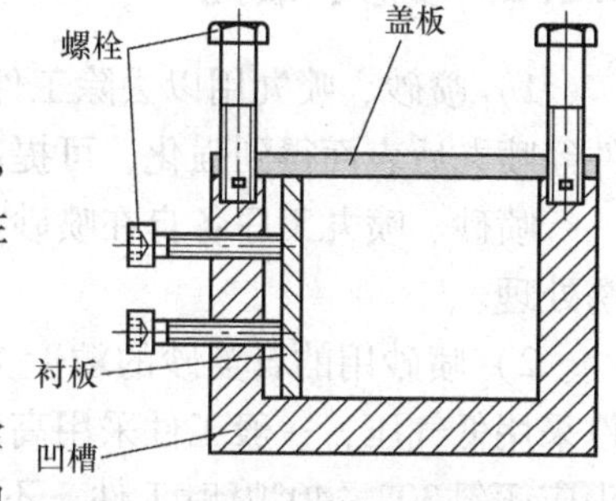

图 6-17　淬火夹具横截面示意图

（2）回火校直法　回火时将导轨装夹在图 6-17 所示的夹具中，由于回火时的组织转变及发生少量回火动态超塑性应变，能有效扼制回火时畸变的产生，且对回火前产生的畸变有明显的校正作用。

（3）冷击校直法　通过淬火回火过程中的校正，导轨的平直度基本达到要求，即变形不超过 0.1mm。对个别超差的导轨可采取冷击校直法，即利用高硬度的尖锤，在冷态下锤击金属的凹下处，使冷击点金属产生表面延伸，向四周产生外推挤压应力，进行逐步微量校正。锤击时，锤击部位不能悬空，用力不可过大，边测量、边冷击。

6. 结论

绣花机导轨属于细长杆件，通过以上方法校直，可使畸变问题得到控制，产品质量提高，成本降低。

6.6　清洗、喷砂和喷丸、防锈工艺

清洗、防锈工艺流程分为两类：一类为清洗→脱脂→防锈；另一类为清洗→脱脂→喷砂

（或喷丸）→防锈。其目的是去除工件上由于淬火、回火所粘附的盐、油垢及氧化皮等残留物，并进行防锈处理，使工件清洁并具有一定的防锈能力，为下道工序创造良好的工艺条件。

6.6.1　清洗、脱脂

1）盐浴炉淬火并经低、中温回火的工件，可直接进清洗机清洗、脱脂，然后进行防锈处理。无清洗机时，可用清洗槽清洗、脱脂，其流程为：冷水冲洗→沸水煮洗（20～30min），清除残盐、浮油→清洗槽清洗、脱脂→清水冲洗→防锈。

2）一般工件在淬火冷却后进行清洗；在浴槽中回火的工件，回火后也要进行清洗。

3）清洗液的配方有很多，推荐如下（各组分为质量分数）：①纯碱（Na_2CO_3）10%、水玻璃1%、水余量，在沸腾状态使用，一般煮洗30min；②（NaOH）13%、（Na_2CO_3）5%、（Na_2PO_5）5%、（Na_2SiO_3）0.5%，水溶液加热至95～100℃使用。注意经常翻动工件，也可以用压缩空气或搅拌器搅动清洗液。

清洗液面的浮渣、槽底沉淀要定时过滤和捞除，清洗液应定期检查及更换。

6.6.2　喷砂、喷丸

1）喷砂、喷丸用以去除工件的氧化皮，使工件表面洁净、呈银灰色。板簧、轴类等零件经喷丸后表面得到强化，可提高疲劳强度。

喷砂、喷丸工序各自在喷砂、喷丸（或抛丸）机中进行，工件经喷砂、喷丸后再作防锈处理。

2）喷砂用的石英砂的粒度为0.5～1mm，压缩空气的压强为0.30～0.66MPa。精密工件采用低气压，一般工件采用高气压；硬度低的工件用低气压，硬度高的工件用高气压。喷头应倾斜30°～40°喷射工件，不应垂直喷射。精密工件、量具、刃具进行喷砂时喷头与工件之间应保持一定距离。

工件上规定不喷砂的部位应预先保护。

6.6.3　防锈

经清洗、喷砂、喷丸处理的工件应进行防锈处理，避免工件锈蚀。

防锈的准备工作如下：

1）检查防锈液是否符合技术条件，应按工作量及时更换。

2）检查待处理工件，表面质量符合要求。

3）防锈液的配方（质量分数）：（$NaNO_2$）10%～20%、（Na_2CO_3）0.3%～1%、水余量。

防锈液在常温使用，也可以加热到70℃以上使用，工件浸入后不断翻动，停留3～5min即可出槽转入下道工序。

6.6.4　质量要求

1）经处理的工件表面应洁净，呈银灰色，无斑点、锈迹，无残渣粘附。

2）工件表面不应有裂纹、磕伤。

6.6.5　注意事项

1）工作前应检查各种设备是否正常，清洗液、石英砂、防锈液是否符合工艺要求。

2）生产过程中应做好防尘、防烫伤及安全用电等安全防护工作。

6.7　钢的回火与应用实例

淬火马氏体一般不能直接使用，所以工件淬火后都要经过回火，以降低脆性、增加塑性和韧性，稳定组织，获得强韧性的配合后才能实际应用。其原因如下：①一般情况下，马氏体是在较快冷却速度下获得的非平衡组织，在马氏体状态下，系统处于较高的能量状态，使系统的不稳定性增加；②淬火组织中一般存在残留奥氏体，在室温下残留奥氏体是不稳定的；③马氏体转变后组织中残留了很大的内应力。

6.7.1　回火的定义

为了满足零件对性能的要求，将淬火零件重新加热到低于临界点（A_1）的某一温度，保温一定时间，使亚稳的马氏体及残留奥氏体发生某种程度的转变，再冷却到室温，从而调整零件的使用性能，这种工艺操作称为回火。淬火钢在回火过程中发生组织结构的变化即为回火转变。

淬火钢的组织为马氏体和残留奥氏体（$w_C > 0.4\%$），它们都是亚稳定相，有分解的趋势。当回火温度达到一定程度时，马氏体中的碳脱溶出来，形成碳化物；同时钢中的残留奥氏体也要发生分解，成为较稳定的产物。脱溶后的马氏体不再是过饱和固溶体，随着回火温度的升高，其含碳量逐渐降低，并逐步多边化，以致成为再结晶的铁素体；而脱溶的碳化物随回火温度的升高逐步变成球状，并长大和粗化。淬火钢回火时的组织变化见表 6-12。

表 6-12　淬火钢回火时各阶段的组织变化

组织转变阶段	回火温度范围/℃	回火时组织结构和状态的变化		回火时生成的组织
		板条状位错型马氏体	片状孪晶型马氏体	
回火准备阶段，碳原子的偏聚和聚集（自回火除外）	25 ~ 100	碳原子偏聚在位错线附近的间隙位置（$w_C < 0.2\%$ 淬火钢中的过饱和碳原子接近完全偏聚状态）	碳原子聚集在马氏体孪晶面 $(100)_\alpha$ 上	
回火第一阶段，马氏体分解	100 ~ 250	1. ε-碳化物在马氏体条的内外沉淀（$w_C <$ 0.2% 的低碳钢和低合金钢中未见） 2. 马氏体正方度（c/a）下降	1. 在马氏体 $(100)_\alpha$ 上共格析出 ε-碳化物 2. 马氏体正方度（c/a）下降	马氏体分解成含碳较低的 α-固溶体和 ε-碳化物，即回火马氏体
回火第二阶段，残留奥氏体分解	200 ~ 300	从残留奥氏体中析出 ε-碳化物，而基体为低碳马氏体，相变产物为下贝氏体或回火马氏体，主要发生在 $w_C > 0.4\%$ 的中、高碳钢中		残留奥氏体分解得到贝氏体组织或回火马氏体

（续）

组织转变阶段	回火温度范围/℃	回火时组织结构和状态的变化		回火时生成的组织
		板条状位错型马氏体	片状孪晶型马氏体	
回火第三阶段 1. 马氏体继续分解 2. 碳化物类型变化 3. 内应力降低	250～400	马氏体中碳原子析出，在马氏体内、条外缘或奥氏体晶界上析出渗碳体，α 相保持条状形态	ε-碳化物溶解形成 χ-碳化物，χ-碳化物再转变为渗碳体，α 相中的孪晶亚结构消失	回火托氏体
回火第四阶段 1. 渗碳体球化粗化 2. 内应力消除 3. α 相回复再结晶	400～700	在 400～600℃：①片状渗碳体逐步转化成球状并开始粗化；②在 500℃ 第二类内应力消除，在 600℃ 第一类内应力消除；③α 相回复，位错亚结构逐步消失，位错密度下降，剩余位错形成位错网络；④α 相保持条状或片状外貌 在 600～700℃：①球状渗碳体粗化；②低碳钢显示 α 相再结晶，成为等轴状铁素体；在中、高碳钢中，再结晶可能因 Fe_3C 粒子阻碍而中止；③铁素体晶粒长大		回火索氏体（在较高温度区为回火珠光体）
在某些合金钢中产生二次硬化	500～600	对于含 Ti、Cr、Mo、V、Nb、W 等的合金钢，回火时 Fe_3C 可能溶解，再生成相应的合金碳化物		

制订回火工艺，就是根据工件性能的要求，依据钢的化学成分、淬火条件、淬火后的组织和性能，正确选择回火温度、保温时间和冷却方法。

6.7.2 回火的目的

淬火钢回火的目的主要是消除应力、稳定尺寸、调整性能，以使工件获得满意的使用性能。

6.7.3 回火温度的确定

生产中往往根据工件的硬度来选择回火温度，这是因为硬度试验是非破坏性的，又比较简便、易操作。硬度与其他力学性能之间也存在着一定的联系，所以实际生产中建立了不少硬度-回火温度关系的图表以供查阅。生产中通常按淬火钢回火的加热温度不同，将回火分为三类，即低温回火、中温回火和高温回火，见表 6-13。

表 6-13 淬火钢回火的温度、组织、性能

回火类型	低温回火	中温回火	高温回火
温度/℃	150～250	300～500	500～650
目的	在保持工件淬火后高硬度、高强度与高耐磨性的情况下，降低淬火应力，减少钢的脆性	能保持较高的强度和硬度，还具有最高的弹性极限和足够的韧性	使钢具有一定的硬度、强度及良好的塑性、韧性配合，即具有良好的综合力学性能
硬度 HRC	58～64	35～50	25～35

（续）

回火类型	低温回火	中温回火	高温回火
组织	回火马氏体，如图 6-18 所示	回火托氏体，如图 6-19 所示	回火索氏体，如图 6-20 所示
应用	中、高碳钢制成的工模具、量具和滚动轴承等都采用低温回火。工模具的回火温度一般取 200℃左右，轴承零件的回火一般取 160℃左右。通常渗碳和氮碳共渗零件的回火温度为 160 ~ 200℃。对于高精度量具（如量块等），在研磨之后还要在更低温度（100 ~ 150℃）进行时效处理，以消除内应力和稳定残留奥氏体	主要适用于各种弹簧，如碳的质量分数为 0.6% ~ 0.9% 的碳素弹簧钢和碳的质量分数为 0.45% ~ 0.75% 的合金弹簧钢。碳素弹簧钢的回火温度取范围的下限，如 65 钢在 380℃ 回火；合金弹簧钢的回火温度取范围的上限，如 55SiMn 钢在 480℃ 回火，因为合金元素提高了钢的回火抗力。为了避免发生第一类回火脆性，中温回火温度不应低于 350℃	淬火 + 高温回火又称为调质处理。40 钢经正火和调质两种不同的热处理后，当强度相同时，调质处理的断后伸长率提高 50%，断面收缩率提高 80%，冲击韧度提高 100%。调质处理广泛应用于要求优良综合性能的结构零件，如涡轮轴、压气机盘以及汽车曲轴、机床主轴、连杆、连杆螺栓、齿轮等
备注	对于量具，除了要求有高的硬度和耐磨性以外，还要求有良好的尺寸稳定性，这与回火组织中未分解的残留奥氏体有关。因此，在低温回火以前，往往要进行冷处理，使其转变为马氏体 低碳钢淬火得到马氏体，本身具有较高的强度、塑性和韧性，低温回火可减少内应力，使强韧性进一步提高	对于在小能量多次冲击载荷下工作的中碳钢工件，采用淬火后中温回火代替传统的调质处理，可大幅度提高使用寿命	调质处理有时也用作工序间处理或预备热处理。例如，淬透性很高的合金钢（18Cr2Ni4WA）渗碳后空冷硬度很高，切削加工困难，这时可通过高温回火来降低其硬度。需要进行感应加热淬火的重要零件，一般以调质处理作为预备热处理。渗氮零件在渗氮前一般也应进行调质处理等。在这种情况下，高温回火的温度需要根据所要求的强度或硬度并结合钢的成分来选定

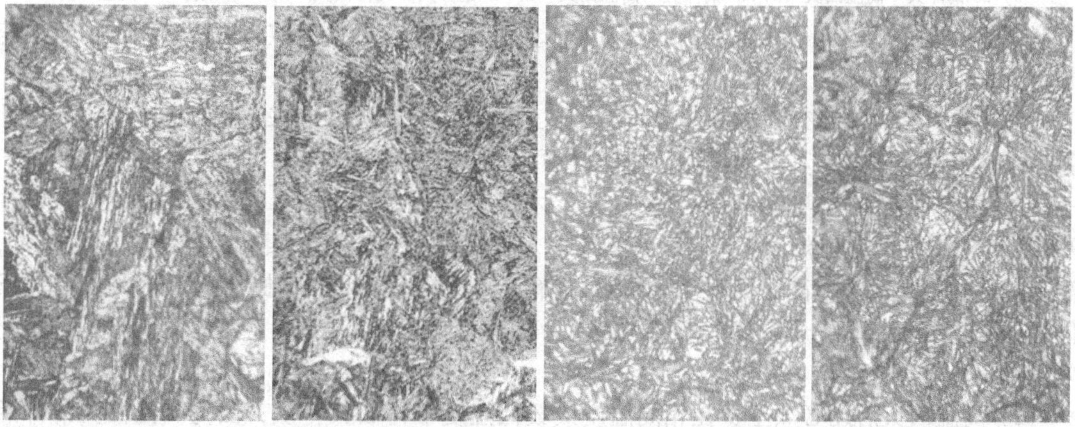

a)　b)　c)　d)

图 6-18　不同碳钢淬火 + 低温回火组织（×400）

a）20 钢淬火 + 低温回火　b）45 钢淬火 + 低温回火　c）T8 钢淬火 + 低温回火　d）T12 钢淬火 + 低温回火

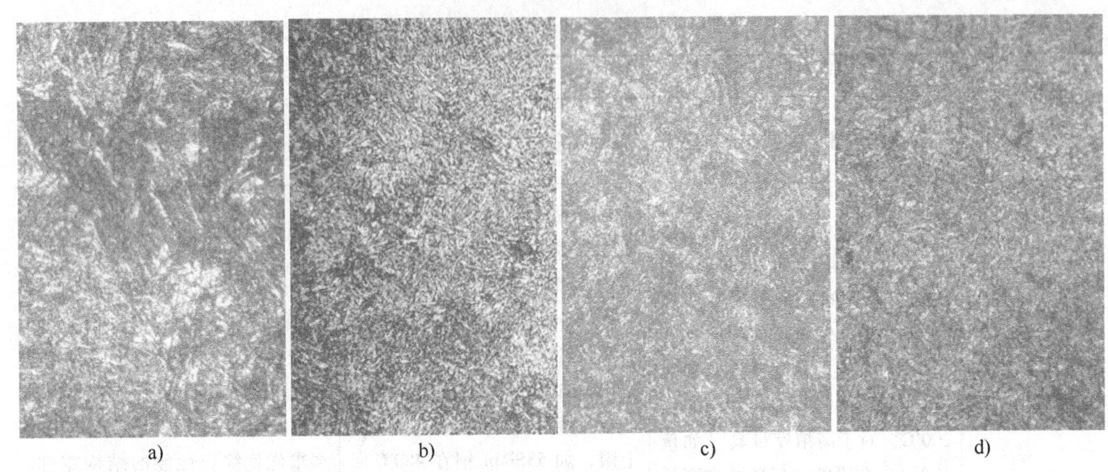

图 6-19　不同碳钢淬火 + 中温回火组织（×400）

a）20 钢淬火 + 中温回火　b）45 钢淬火 + 中温回火　c）T8 钢淬火 + 中温回火　d）T12 钢淬火 + 中温回火

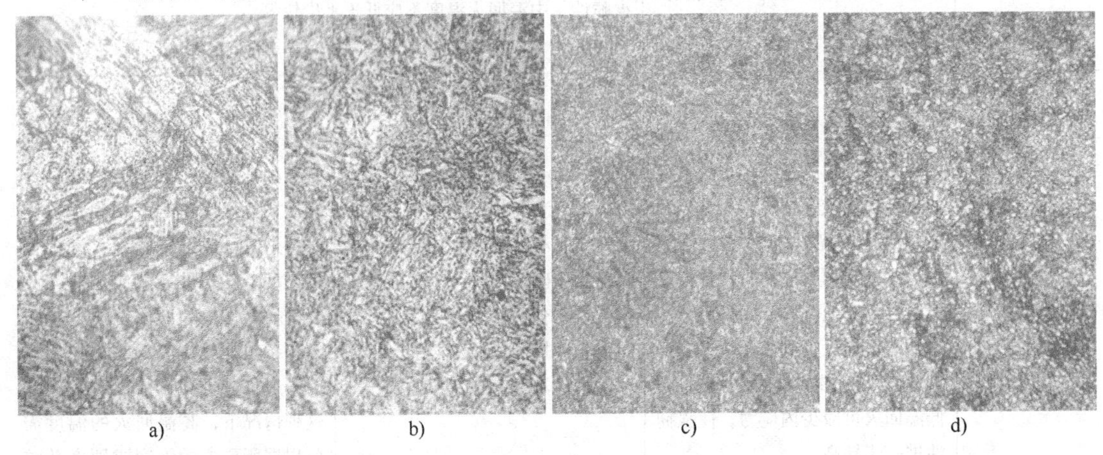

图 6-20　不同碳钢淬火 + 高温回火组织（×400）

a）20 钢淬火 + 高温回火　b）45 钢淬火 + 高温回火　c）T8 钢淬火 + 高温回火　d）T12 钢淬火 + 高温回火

含锰、铬、硅、镍等元素的钢，具有第二类回火脆性，回火后应采用水冷、油冷等快速冷却方式。

对于具有二次硬化效应的高合金钢，往往通过淬火 + 高温回火来获得高硬度、高耐磨性和热硬性，高速钢就是其中的典型。此时必须注意以下两点：

1）高温回火必须与恰当的淬火相配合才能获得满意的结果。例如，Cr12 钢如果在 980℃淬火，由于许多碳化物未能溶入奥氏体，奥氏体中的合金元素和碳的质量分数较低，淬火后的硬度虽高，但高温回火后硬度反而降低。如果将淬火温度提高到 1080℃，使奥氏体中的合金元素和碳的质量分数增加，淬火后出现大量残留奥氏体，硬度较低，但二次硬化效果却十分显著。

2）高温回火后还必须至少在相同温度或较低温度下再回火一次，因为高温回火冷却后部分残留奥氏体会发生二次淬火，形成新的淬火马氏体，而未经回火的马氏体是不允许直接使用的（低碳马氏体除外），因此必须再次回火。例如，高速钢淬火后通常要在 560℃回火三次，而国外有的工厂在三次回火后还要增加一次 200℃的低温回火，以消除任何可能出现的未回火马氏体。

调质与正火相比，不仅强度较高，而且塑性、韧性远高于正火。这是因为调质后钢的组织是回火索氏体，其渗碳体呈颗粒状，而正火后的组织是索氏体（或托氏体），其渗碳体呈薄片状。因此，重要结构零件应进行调质处理。45钢正火与调质后的力学性能比较见表6-14。

表6-14　45钢正火与调质处理后的力学性能比较

热处理状态	σ_b/MPa	δ（%）	a_K/J·cm^{-2}	硬度HBW
正火	700～800	15～20	50～80	162～220
调质	750～850	20～25	80～120	210～250

6.7.4　几种确定回火温度的经验公式

1）对于碳的质量分数为0.35%～0.65%的碳素结构钢，其回火温度可按以下经验公式近似计算

$$T=300+(57-\mathrm{HRC})\times 10-(0.8-w_C)\times 150$$

式中　HRC——要求回火后达到的硬度。

2）根据常用牌号，用回火温度基数及实测硬度、技术条件要求的硬度之间的关系式确定回火温度

$$T=T_{基}+(\mathrm{HRC}-\mathrm{HRC}')\times 10$$

式中　$T_{基}$——温度基数，碳素工具钢为200℃，合金工具钢为220℃；

HRC——淬火后工件实测的硬度；

HRC′——技术条件中要求的硬度，一般选中间值，中温回火按低硬度值计算。

3）45钢回火可采用以下简易公式计算

$$T=819-10\mathrm{HRC}$$

式中　HRC——技术条件要求的硬度。

4）碳素结构钢由已知要求硬度计算回火温度的经验公式为

$$T=200+11\times(60-\mathrm{HRC})$$

式中　HRC——技术条件要求的硬度，当HRC<30时，可将式中的系数11改为12。其他成分的碳素结构钢，按碳的质量分数每增加或减少0.05%，回火温度相应提高或降低10～15℃计算。

6.7.5　回火时间的确定

除了回火温度以外，回火时间对组织和性能也有一定的影响。回火时间的选择除了使工件烧透、组织转变完全外，还要最大限度地消除内应力。

如图6-21所示，淬火钢在一定温度回火时，随着回火时间的增加，硬度不断下降，但大多是在最初几分钟内降低的，以后硬度下降缓慢。所以，从组织转变角度考虑，回火时间不宜太长。然而从消除淬火应力方面来看，碳钢在200℃回火1h，应力消除约50%；回火2h，应力消除75%～80%；在500～600℃的高温回火1h，应力消除达90%以上。所以为了充分消除淬火应力，应适当延长回火时间。对于调质处理可取0.5～1h；对于工具钢一般取2h左右；对于合金钢，由于合金元素扩散较慢，内应力也较难消除，故回火时间应适当延

长。生产实践表明，某些合金钢制作的工模具往往由于回火不充分，导致使用过程中因开裂而报废。除此之外，回火时间的确定还需考虑回火时工件烧透所需要的时间，若工件尺寸较大、装炉量大、采用电阻加热等，回火时间都需给予适当延长。

综上分析，考虑到回火时组织转变、消除应力及工件烧透等因素，回火时间通常取 0.5～4h。根据工件大小及不同加热炉选择的回火保温时间见表 6-15 及表 6-16。

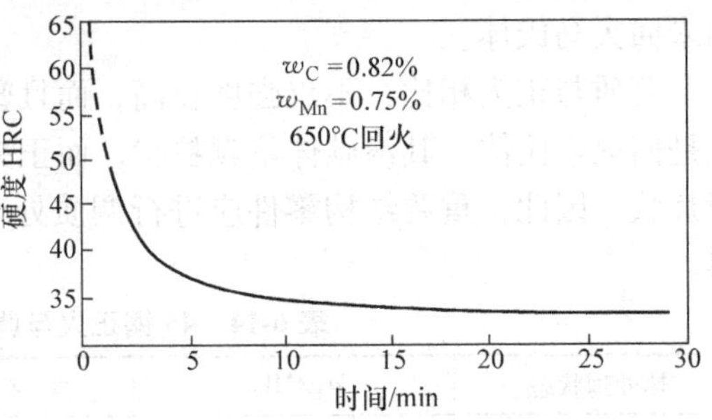

图 6-21　回火时间对钢性能的影响

表 6-15　空气炉回火保温时间表

有效厚度/mm	≤20	20～40	40～60	60～80	80～100
保温时间/min	30～60	60～90	90～120	120～150	150～180

表 6-16　盐浴炉回火保温时间表

有效厚度/mm	≤20	20～40	40～60	60～80	80～100
保温时间/min	10～20	20～30	30～40	40～50	50～60

合金钢应按表 6-15 或表 6-16 所列时间增加 1/3 保温时间。成批工件在井式回火炉中回火时，每炉保温时间应大于 1.5h。低温回火的保温时间应大于 2h。

6.7.6　回火后的冷却

回火后的冷却对钢的性能影响不甚显著，一般采用空气冷却。对于某些合金钢，为了防止中温或高温回火脆性，应采用快冷（水冷或油冷），但应防止变形与开裂。对于在水冷过程中产生的内应力，可再进行一次低温回火予以消除。

6.7.7　回火操作注意事项

1）装炉时，尽量将有效厚度相近、回火规范相同的工件同装一炉，便于计算加热时间。

2）工件装入料筐及取出时，应轻取轻放，避免磕伤。

3）在盐浴炉中回火时，工件在液面下的距离应大于 20mm。

4）工件入炉后，炉温不得超过规定的回火温度。保温期间应经常查看炉温，保持炉温准确。

5）需多次回火的工件，在每次回火出炉后应冷却至室温，才能再进行下一次回火。

6）易变形的细长、薄壁工件及弹簧装炉时，应放平或吊挂，防止翘曲变形。

6.7.8　回火后的组织

回火马氏体是马氏体低温回火的转变产物，是由碳的过饱和 α 相基体与 η-Fe_2C（或 ε-碳化物）或碳原子偏聚团组成的整合组织。回火托氏体是中温回火的转变产物，是由已发生回复的铁素体基体与极为细小的 θ-碳化物所构成的整合组织，铁素体尚未完成再结晶。

由于碳化物极其细小，在光学显微镜下难以分辨其内部形态，只能看到一片黑色的组织形貌。如果贝氏体回火时也得到这些相并具有同样的形貌特征，也称其为回火托氏体。回火索氏体是马氏体的高温回火产物，是由铁素体基体与弥散均匀地分布的较大颗粒状的 θ-碳化物或特殊碳化物所构成的组织，铁素体已经发生再结晶，变成等轴状晶粒，这种整合组织称为回火索氏体。但是在实际生产中，铁素体再结晶需要很长时间，所以有时马氏体或贝氏体的条片状特征将保持在回火索氏体中。

一般来说，碳素钢淬火马氏体在回火时，比较容易获得回火索氏体组织；而合金钢的淬火马氏体在高温回火时难以得到回火索氏体组织，马氏体或贝氏体中铁素体的条片状特征往往难以消除，即 α 相的再结晶极为困难，碳化物也难以聚集粗化，颗粒极为细小。

对于不同成分的钢而言，低温、中温及高温回火的具体温度范围不同，耐回火性越强的马氏体组织，其回火转变越向高温移动，回火产物的硬度和强度也难以降低，塑性、韧性难以提高。

6.7.9　回火组织的力学性能

不同含碳量的淬火钢在回火时各种力学性能指标随回火温度的变化是不同的，总的变化趋势是随着回火温度的升高，钢的强度和硬度连续下降，但碳的质量分数大于 0.8% 的高碳钢在 100℃左右回火时，硬度反而略有升高，这是由于马氏体中碳原子的偏聚及 ε-碳化物析出引起弥散硬化造成的。在 200～300℃回火时，硬度下降平缓，这是由于一方面马氏体分解，使硬度降低，另一方面残留奥氏体转变为下贝氏体或回火马氏体，使硬度升高，二者综合影响的结果。回火温度超过 300℃以后，由于 ε-碳化物（或 η-Fe_2C 等）转变为渗碳体，共格关系被破坏，以及渗碳体聚集长大，使钢的硬度呈直线下降。

随着回火温度的升高，钢的强度指标不断下降，而塑性指标则不断上升，且在 400℃以上回火时提高得最为显著。在 350℃左右回火时，钢的弹性极限达到极大值。中温回火时，获得弹性极限较高、又有一定韧性的回火托氏体组织。高温回火时获得回火索氏体组织，具有强度高、韧性好的综合力学性能。

6.8　热处理工序位置的确定

热处理在机械制造过程中的应用相当广泛，它穿插在机械零件制造过程中的各个冷、热加工工序之间，正确合理地安排热处理的工序位置是一个重要问题。对于需要进行热处理的零件，设计时应根据其失效形式提出热处理技术条件，内容包括最终热处理方法及热处理后所达到的力学性能。由于硬度是一个综合性能指标，能近似地反映出材料的其他力学性能，而且其测定方法简单，操作方便，因此，热处理力学性能以硬度作为判据。渗碳、渗氮零件还应标注渗层的深度，某些性能要求较高的零件还需标注其他力学性能指标。硬度标注允许有一定的波动范围，一般洛氏硬度 HRC 为五个单位左右，布氏硬度 HBW 为 30 个单位左右。

6.8.1　热处理工序位置确定的一般原则

零件的加工都是按一定的工艺路线进行的，合理安排热处理的工序位置，对于保证零件质量和改善切削加工性能具有重要意义。根据热处理目的和工序位置的不同，可将热处理分为预备热处理和最终热处理，其工序位置安排的一般原则如下。

1. 预备热处理

预备热处理的目的包括：①调整硬度，改善切削加工性能；②消除内应力，稳定尺寸；③消除缺陷组织，均匀化学成分；④为最终热处理做好组织准备。预备热处理一般包括退火、正火，有时候也包括调质等。

（1）退火、正火的工序位置　凡经过热加工（锻、轧、铸、焊等）的零件毛坯都要进行退火或正火处理，以消除毛坯的内应力、细化晶粒、均匀组织、改善切削加工性能，或为最终热处理做好组织准备。其工序位置均安排在毛坯生产之后、粗加工之前，工艺路线为：毛坯生产→退火（正火）→切削加工。

（2）调质的工序位置　调质主要是为了提高零件的综合力学性能，或为以后的表面淬火做组织准备。调质工序一般在粗加工之后、半精加工之前进行。若在粗加工前调质，则零件表面调质层的优良组织有可能在粗加工中大部分被切除掉，失去调质的作用。调质的工艺路线一般为：下料→锻造→正火（退火）→粗加工→调质→半精加工（或精加工）。灰铸铁件、铸钢件和某些无特殊要求的锻钢件，经退火、正火或调质后已能满足使用性能要求的就不再进行最终热处理，此时调质就是最终热处理。

2. 最终热处理

最终热处理的目的主要是为了提高零件的硬度及耐磨性。最终热处理包括各种淬火、回火、渗碳及渗氮等。零件经这类热处理获得所需要的性能，因处理后的硬度较高，因此除了磨削外不适于其他切削加工，故其工序位置一般均安排在半精加工之后、精加工之前进行。

（1）淬火的工序位置　淬火分整体淬火和表面淬火两种类型。整体淬火零件一般在淬火前的切削加工中保留一定余量，在淬火、回火后进行磨削。表面淬火的变形及氧化、脱碳均较小，故留较小余量或不留余量。为了提高表面淬火零件的心部性能，在淬火前需进行调质或正火处理。

整体淬火零件（或局部淬火零件）的工艺路线为：下料→锻造→退火（正火）→粗加工、半精加工→淬火、回火（低温、中温）→精加工。

表面淬火零件的工艺路线一般为：下料→锻造→正火（退火）→粗加工→调质→半精加工→表面淬火、低温回火→精加工。

（2）渗碳淬火的工序位置　渗碳分整体渗碳和局部渗碳两种类型。因局部渗碳需要对不要求渗碳的部位采取防渗措施，如涂防渗剂（防渗涂料）或加大切削余量，故两者在工序安排上略有不同。局部渗碳件在淬火前需要安排去除渗碳层工艺，其余均与整体渗碳相同。

渗碳零件的工艺路线一般为：下料→锻造→正火→粗加工、半精加工→渗碳→切削防渗层（局部渗碳）→淬火、低温回火→精加工。

（3）渗氮的工序位置　由于渗氮的温度低、变形小、氮化层薄而硬，一般渗氮后不再切削加工，因此渗氮工序安排在最后。为了保证渗氮件心部具有良好的综合力学性能，在粗加工和半精加工之间进行调质处理。为了防止因切削加工产生的残留应力使工件变形，渗氮前应进行去应力退火。

渗氮零件的工艺路线一般为：下料→锻造→退火→粗加工→调质→半精加工→去应力退火→粗磨→渗氮→精磨、超精磨或抛光。

在生产过程中，由于零件选用的毛坯和工艺过程不同，热处理工序会有所增减，因此，工序位置的安排必须根据具体情况灵活运用。例如，精度要求高的零件在切削加工之后，为了消除由加工引起的残余应力，以减小零件变形，在粗加工后可穿插去应力退火。

6.8.2　热处理工序位置确定的实例

图6-22所示为C6132卧式车床主轴简图，主轴是传递力的重要零件，承受一定载荷，在ϕ50mm和ϕ70mm轴颈处要求耐磨。该主轴的材料为45钢，要求整体调质处理，硬度为220～250HBW；轴颈及锥孔处要求表面淬火，硬度为50～52HRC。

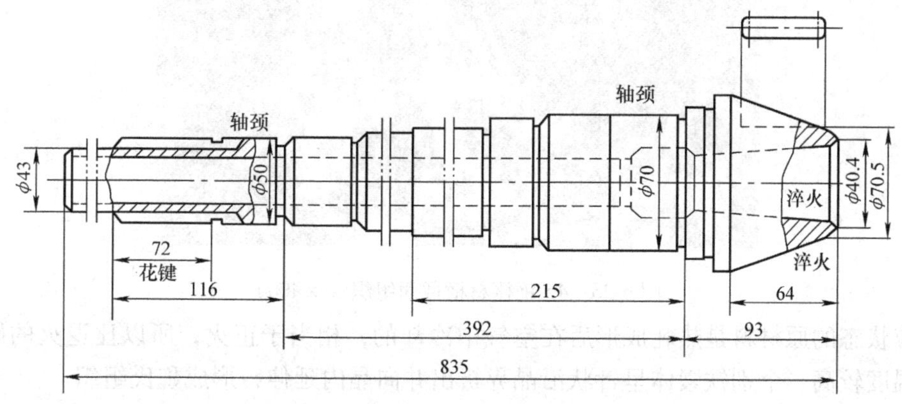

图6-22　C6132卧式车床主轴简图

主轴制造的工艺路线为：锻造→正火→粗车→调质→半精车→高频感应淬火+低温回火→粗、精磨至尺寸。

热处理工序的作用如下：

（1）正火　作为预备热处理，目的是消除锻件内应力、细化晶粒、改善切削加工性能。

（2）调质　获得回火索氏体，提高主轴的综合力学性能，为表面淬火做好组织准备。

（3）高频感应淬火+低温回火　作为最终热处理，高频感应淬火是为了使轴颈及锥孔表面得到高硬度、高耐磨性和高疲劳强度；低温回火是为了消除淬火应力，防止磨削时产生裂纹，并保持高硬度和高耐磨性。

6.9　45钢热处理工艺与组织、性能之间关系的分析

同种材料可以具有不同的力学性能（强度、硬度、塑性及韧性），不同材料也可以具有相近的力学性能，这些都和钢的热处理有着密切关系。钢件通过热处理获得一定的组织，以达到要求的使用性能。热处理是手段，获得使用性能是目的，而组织是性能的基础和保证。现以45钢为例，说明同种材料在不同热处理状态下，其组织与性能之间的关系。

6.9.1　45钢退火、正火与组织、性能之间关系的分析

【实例1】

材料名称：45钢

处理状态：原材料（供应状态，热轧）

侵蚀剂：4% 硝酸酒精溶液

组织说明：ϕ13.2mm 棒材横截面显微组织如图 6-23 所示。图中的白色铁素体呈块状、网状和针状，珠光体呈细片层状，硬度在 18HRC 左右，和正火后的硬度值相当。

图 6-23　45 钢棒材横截面组织（×400）

供应状态的原材料是热轧成形后在空气中冷却的，相当于正火，所以比退火的硬度高。但由于温度较高，个别铁素体呈针状沿晶界析出并向晶内延伸，形成魏氏组织。

魏氏组织的出现使钢的冲击韧性显著降低并变脆，粗晶粒的钢特别容易形成魏氏组织。要消除魏氏组织和粗大晶粒，必须在淬火前进行正火处理，以细化晶粒、改善组织。

【实例 2】

材料名称：45 钢

处理状态：原材料（供应状态，切割）

侵蚀剂：4% 硝酸酒精溶液

组织说明：ϕ13.2mm 的圆棒料在一般切割机上切割试样后，由于未及时通水冷却，形成的热影响区横截面的显微组织如图 6-24 所示。图中左半部分为原始组织，右半部分为热影响区组织。热影响区的硬度变化范围比较大，在 25～40HRC 之间。

图 6-25 所示为各区域的放大组织，其中图 6-25a 为图 6-24（1）区的组织，图中左半部分是原材料组织，为白色网状铁素体和细片状珠光体，右半部分是切割热影响区组织，为白色多角状铁素体、片状珠光体和灰白色马氏体及残留奥氏体。图 6-25b 所示为图 6-24（2）区的组织，为晶界处白色未溶铁素体、灰白色马氏体和残留奥氏体，以及细片状珠光体。晶粒内深色细片状珠光体是在切割冷却过程中新形成的过渡区显微组织。图 6-25c 所示为图 6-24（3）区的组织，和欠热淬火组织相似，晶界处为白色多角状未溶铁素体，还有灰白色马氏体及残留奥氏体，铁素体边界比较清晰。

切割试样时，由于切割速度不同，进给量不同，加上未及时冷却，在试样表面留下了不同大小区域的宝石蓝色氧化层，如图 6-26 所示。从图中可以看出，热影响区都存在于切割后期，材料越硬，切割越困难，热影响区也越大。图 6-26 中上面三个试样是高碳高合金钢，下面五个是 45 钢。在热处理前，试样表面打磨得不够彻底，在观察原材料显微组织时，发现了不同的显微组织。

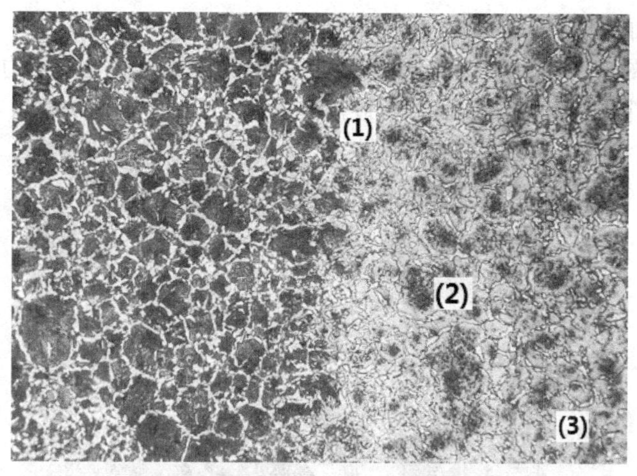

图 6-24　45 钢原材料切割热影响区组织全貌（×100）

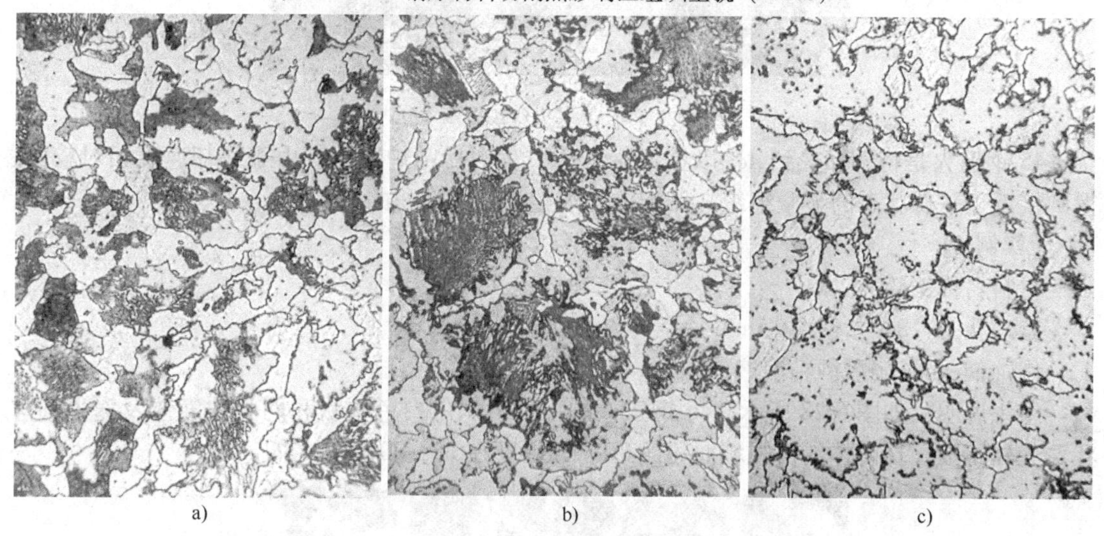

图 6-25　45 钢原材料切割热影响区组织（×400）

切割试样时，如果不及时冷却，当切割速度由慢逐渐加快时，试样和砂轮间的摩擦使试样温度很快升到 $Ac_1 \sim Ac_3$ 之间，再通水冷却，就形成了类似欠热淬火的组织。由于试样表面不同区域的温度高低不同，所以不同区域的显微组织也有所不同。

图 6-26　切割后试样表面的颜色

【实例 3】

材料名称：45 钢

处理状态：830℃保温 15min 后随炉冷却（退火）

侵蚀剂：4% 硝酸酒精溶液

组织说明：如图 6-27 所示，45 钢退火的正常组织由白色不规则多边形铁素体和深色片层状珠光体组成。珠光体片层清晰可见，硬度在 8 ~ 11HRC 之间。

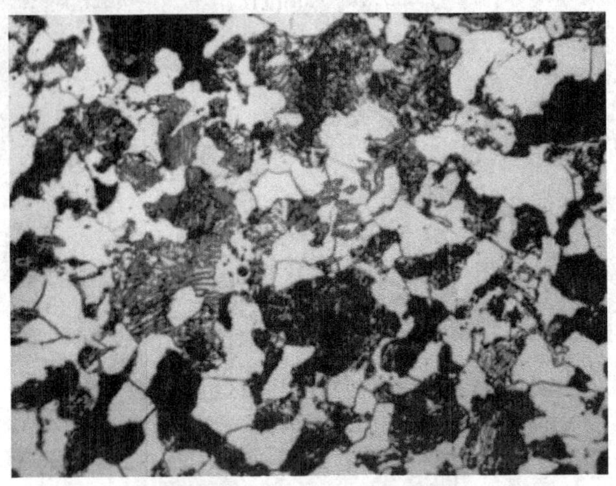

图 6-27　45 钢退火组织（×400）

45 钢退火是将钢加热到 Ac_3 以上 30 ~ 50℃，保温后随炉冷却。由于冷却速度相对较慢，得到接近于平衡状态的显微组织，珠光体约占整个视域面积的 55%。

【实例 4】

材料名称：45 钢

处理状态：830℃保温 15min 后空冷（正火）

侵蚀剂：4% 硝酸酒精溶液

组织说明：如图 6-28 所示，45 钢正火的正常组织由白色块状和网状铁素体及深色细片状珠光体组成。珠光体约占视域面积的 70%，硬度在 15 ~ 20HRC 之间。

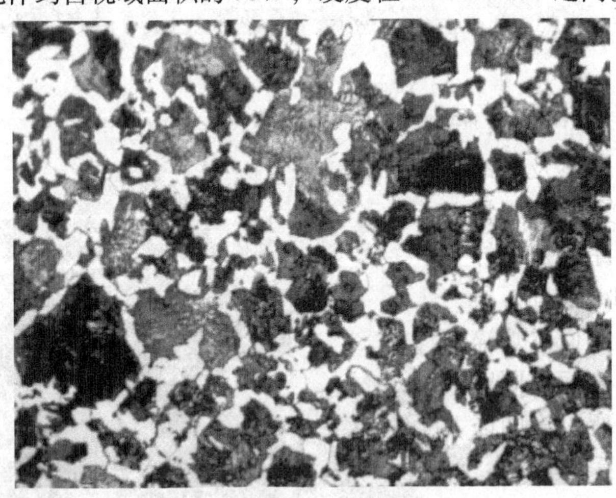

图 6-28　45 钢正火组织（×400）

45 钢正火是将钢加热到 Ac_3 以上 30 ~ 50℃，保温后在空气中自然冷却，它与完全退火的主要区别在于冷却速度较快，过冷度大，所以珠光体片层明显比退火的细，珠光体量明显增多，晶粒相对较细小，因此正火的硬度比退火的高。

45 钢经过正火可以改善铸造或锻造后的组织，细化奥氏体晶粒，形成细而均匀的铁素体和珠光体，从而提高钢的强度、硬度和韧性。

45 钢具有较高强度和良好塑性的配合，可用于制造各种重要零件，如压缩机、各种化工用泵的运动部件（曲轴、连杆、活塞杆），也可制造汽轮机的叶轮等。通常大尺寸的零件在正火状态使用，小尺寸的零件可调质成回火索氏体使用。

45 钢也是最常用的调质钢，在淬火和高温回火之前必须进行正火处理，以获得均匀而细密的组织，为淬火做好组织准备。

6.9.2　45 钢淬火与组织、性能之间关系的分析

【实例 5】

材料名称：45 钢

处理状态：700℃保温 15min 水淬

侵蚀剂：4% 硝酸酒精溶液

组织说明：图 6-29 所示的淬火组织由白色不规则多边形的铁素体及片状珠光体、点状珠光体组成。该试样本来是进行欠热淬火处理，因操作上的失误，把加热温度调节到了 700℃，而保温时间和冷却方式仍然采用淬火工艺。

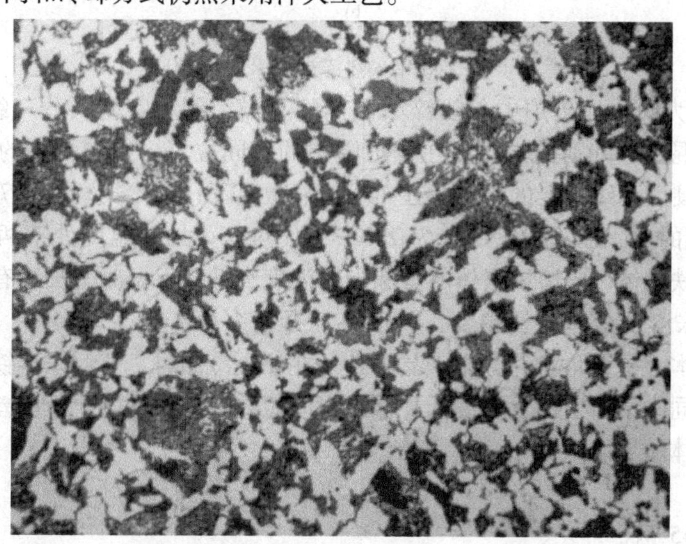

图 6-29　45 钢 700℃加热水淬组织（×400）

45 钢在 Ac_1（724℃）以下较高温度加热时，珠光体中的渗碳体将发生球化，可形成粒状珠光体。但是该试样由于保温时间较短，部分珠光体中的渗碳体破碎成点状后还未聚集长大就进行水冷，所以就形成了部分点状珠光体。其硬度值和退火组织的相近。

【实例 6】

材料名称：45 钢

处理状态：760℃保温 15min 水淬

侵蚀剂：4% 硝酸酒精溶液

组织说明：图 6-30a 所示组织为较多白色多角状及块状未溶铁素体、少量沿晶界析出的黑色托氏体及灰白色马氏体和残留奥氏体，硬度为 30HRC 左右；图 6-30b 所示组织为白色

多角状未溶铁素体、少量深色板条马氏体及灰白色马氏体和残留奥氏体，硬度为43HRC左右；图6-30c所示组织为白色多角状未溶铁素体、深色板条马氏体和片状马氏体及残留奥氏体，硬度为53HRC左右。

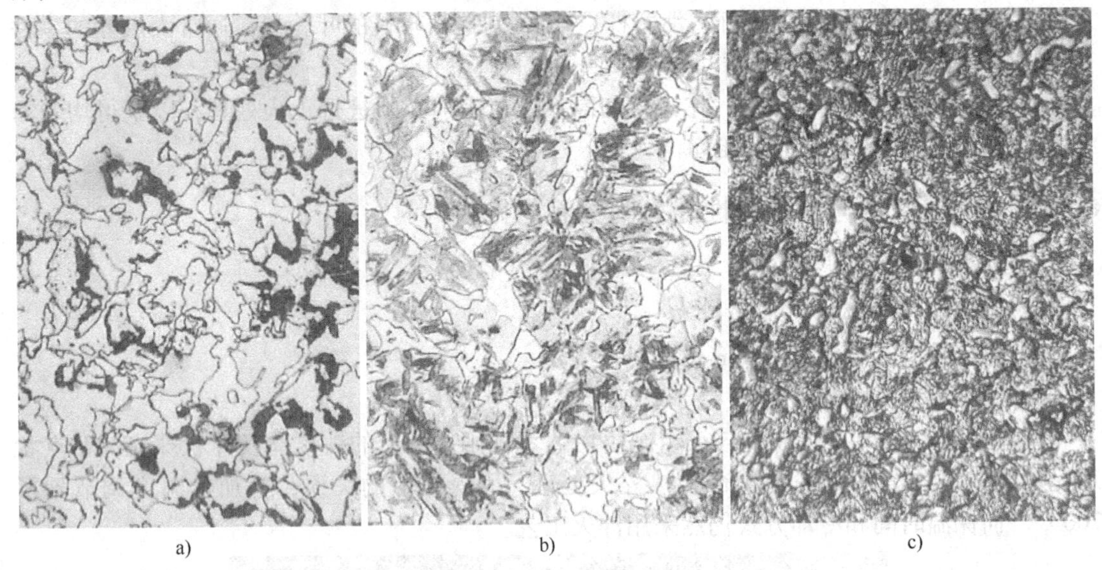

a)　　b)　　c)

图6-30　45钢欠热淬火组织（×400）

图6-30所示为同一加热炉中欠热淬火试样的显微组织。实验共分三组，欠热淬火时，每组之间为了不混淆，分别把试样放在了炉膛中的不同位置，使同炉中的试样温度有所不同，最后造成了硬度和组织上的差异。在400倍显微镜下马氏体长度可达7mm。

理论上45钢的Ac_1为724℃、Ac_3为780℃，欠热淬火加热温度处于两相区，显微组织为奥氏体和未溶铁素体，未溶铁素体的量和加热温度高低及保温时间长短有关。加热温度越接近于Ac_3线，未溶铁素体的量越少，其形态和量的多少有关。量多时，有多角状也有块状；量少时，基本上是多角状并分布于晶界处。在淬火冷却时，这些未溶铁素体不发生转变而被保留下来。同时，由于淬火温度低、保温时间短、奥氏体均匀化程度差，局部区域在冷却时发生了托氏体转变。

【实例7】

材料名称：45钢

处理状态：830℃保温15min水淬

侵蚀剂：4%硝酸酒精溶液

组织说明：图6-31所示的淬火组织为中碳马氏体及白色残留奥氏体。马氏体的形态实际为板条状和片状的混合体，平均硬度为60HRC左右。在400倍显微镜下马氏体长度可达10mm。

【实例8】

材料名称：45钢

处理状态：840℃保温25min水淬（一）

侵蚀剂：4%硝酸酒精溶液

组织说明：图6-32所示的淬火组织为中碳马氏体及白色残留奥氏体，平均硬度为60HRC左右。在400倍显微镜下马氏体长度约为12mm。

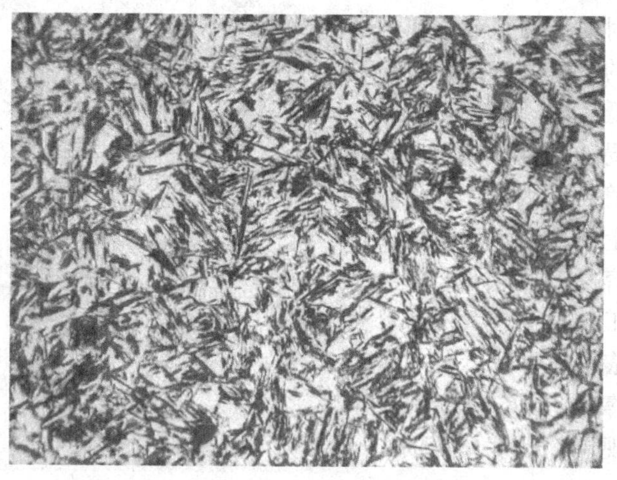

图6-31 45钢830℃加热淬火组织（×400）

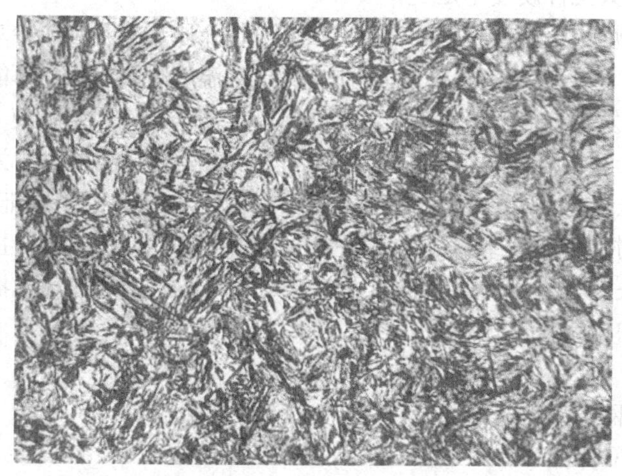

图6-32 45钢840℃加热淬火组织（1）（×400）

【实例9】

材料名称：45钢

处理状态：840℃保温25min水淬（二）

侵蚀剂：4%硝酸酒精溶液

组织说明：图6-33所示的淬火组织为极少量沿晶界分布的白色断续网状先共析铁素体及黑色淬火托氏体，淬火中碳马氏体和白色残留奥氏体基体，平均硬度为53HRC左右。

图6-33所示试样和图6-32的试样在同一炉中加热，按先后顺序在水中淬火。有个别试样在淬火后的组织中出现了非马氏体组织，性能上表现为硬度不均匀，有托氏体的区域硬度较低，无托氏体的区域为正常的淬火硬度。硬度不足使工件表面的耐磨性降低，特别是疲劳性能显著下降。

淬火工件中出现非马氏体组织的原因有很多，如淬火冷却介质搅动不充分，工件在淬火冷却介质中移动不够，或者工件表面浸入介质的方向不对时，往往延迟了工件表面某些部位的蒸气膜破裂，导致该处冷却速度降低，出现高温分解产物，形成软点或局部硬度下降。水的蒸气膜比盐水的稳定，因此，软点更易在水淬的工件上形成。水和水溶液的温度越高，越容易产生软点；淬透性较差的碳钢当工件截面较大时容易出现软点；工件表面不洁净，如有铁锈、污渍、表面氧化皮及炭黑等，也会造成淬火后出现局部硬度偏低的现象。

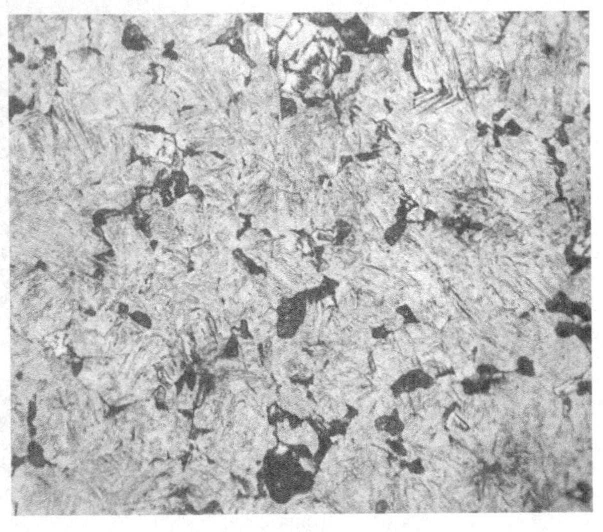

图 6-33 45 钢 840℃加热淬火组织（2）（×400）

加热不足也会导致淬火工件硬度不足，但冷却不当是淬火工件硬度不足更常见的原因。工件出炉后至淬火前停留时间过长、冷却介质选择不当或冷却介质温度控制偏高导致其冷却能力不够、淬火后工件从冷却介质中提出时温度过高等，均可能使过冷奥氏体在冷却曲线的珠光体区域发生分解，形成铁素体和托氏体等非马氏体组织，使工件的硬度不足。

工件热处理时，其特点之一是整炉成批生产。力学性能以硬度检测为主，而硬度测定一般属于抽样检测，且受检测部位的限制，结果可能发生漏检。当出现非马氏体组织（硬度不足）的工件漏检时，如果安装在机器中使用，这些工件就有可能发生突发性事故，从而造成很大的经济损失及人身伤亡事故，或因提前失效而不能达到整部机器的使用寿命，这些情况都是实际使用中不允许出现的。

【实例 10】

材料名称：45 钢

处理状态：840℃保温 25min 油淬

侵蚀剂：4% 硝酸酒精溶液

组织说明：图 6-34 所示的淬火组织由沿晶界析出的白色细网状先共析铁素体、深色细片状珠光体（淬火托氏体）、黑色羽毛状上贝氏体及灰白色马氏体和残留奥氏体组成，硬度为 30HRC 左右，晶粒大小不均匀，在 400 倍显微镜下晶粒度评定为 8～9 级。

45 钢的淬透性比较差，由于油的冷却能力低于 45 钢的临界淬火冷却速度，所以油冷时，在奥氏体晶界上析出白色网状先共析铁素体，随后依次形成托氏体、羽毛状上贝氏体、马氏体及残留奥氏体。

【实例 11】

材料名称：45 钢

处理状态：850℃保温 20min 水淬

侵蚀剂：4% 硝酸酒精溶液

组织说明：图 6-35 所示淬火组织为中碳马氏体及白色残留奥氏体，平均硬度为 60HRC 左右，在 400 倍显微镜下马氏体长度可达 15mm。

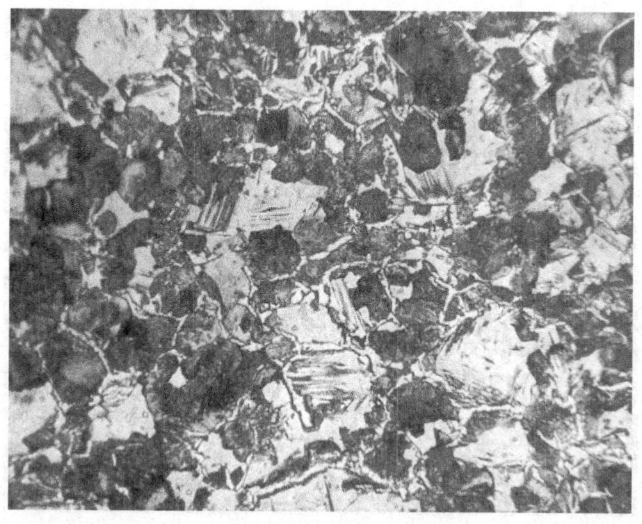

图6-34　45钢840℃加热淬火组织（3）（×400）

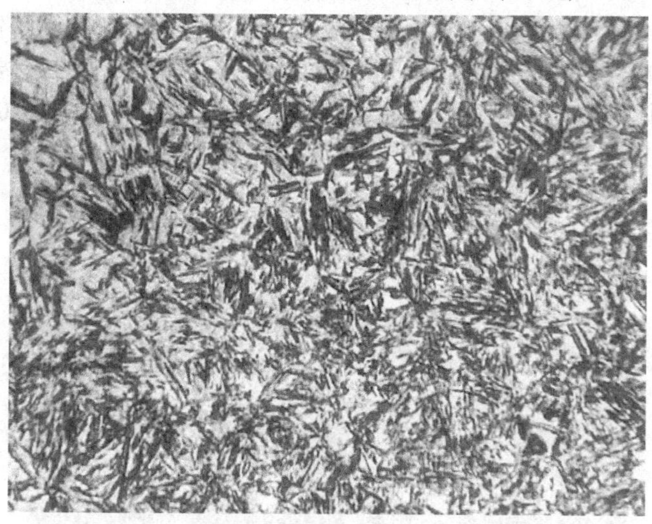

图6-35　45钢850℃加热淬火组织（×400）

【实例12】

材料名称：45钢

处理状态：880℃保温30min水淬

侵蚀剂：4%硝酸酒精溶液

组织说明：图6-36所示淬火组织为粗大中碳马氏体及白色残留奥氏体，平均硬度为58HRC左右，在400倍显微镜下马氏体长度可达35mm。

45钢的正常淬火温度一般不超过850℃。温度越高，晶粒越大，奥氏体的稳定性相对提高，淬火后残留奥氏体量相对增多，硬度有所降低。

【实例13】

材料名称：45钢

处理状态：880℃保温30min油淬

侵蚀剂：4%硝酸酒精溶液

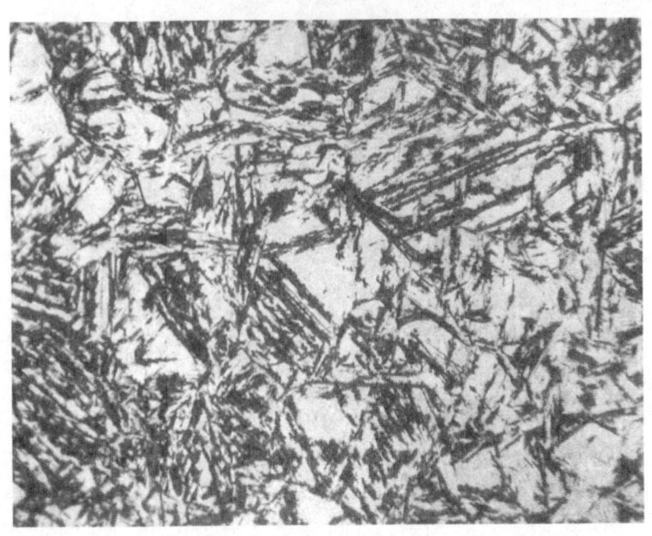

图 6-36　45 钢 880℃加热淬火组织（1）（×400）

组织说明：图 6-37 所示淬火组织由沿晶界析出的白色细网状先共析铁素体、深色细片状珠光体（淬火托氏体）、羽毛状上贝氏体、灰白色马氏体和残留奥氏体组成。由晶界白色细网状先共析铁素体的形成可以看出，奥氏体晶粒比较粗大。此试样在 400 倍显微镜下晶粒度评定为 6 ~7 级。

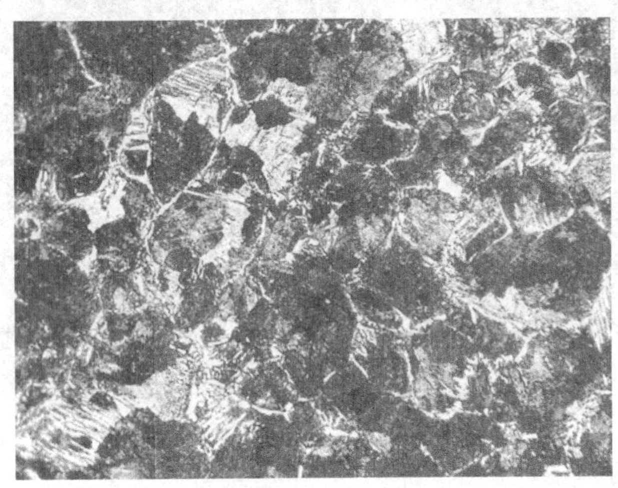

图 6-37　45 钢 880℃加热淬火组织（2）（×400）

【实例 14】

材料名称：45 钢

处理状态：900℃保温 25min 水淬（一）

侵蚀剂：4%硝酸酒精溶液

组织说明：图 6-38 所示淬火组织为深色中碳马氏体及白色残留奥氏体，平均硬度为 58HRC 左右，在 400 倍显微镜下马氏体长度可达 40mm。

由于淬火加热温度比较高，奥氏体中碳的分布也比较均匀，淬火后获得了粗大的马氏体及较多的残留奥氏体，所以硬度有所降低。

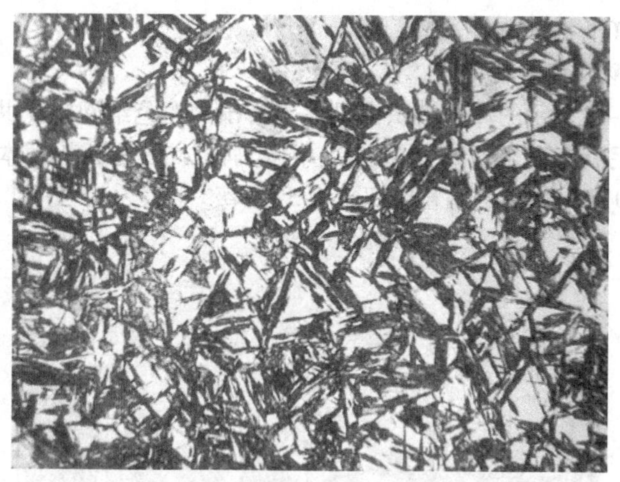

图 6-38　45 钢 900℃加热淬火组织（1）（×400）

【实例 15】

材料名称：45 钢

处理状态：900℃保温 25min 水淬（二）

侵蚀剂：4% 硝酸酒精溶液

组织说明：图 6-39 所示的淬火组织由沿晶界析出的白色细网状先共析铁素体、黑色淬火托氏体，淬火中碳马氏体及残留奥氏体组成。

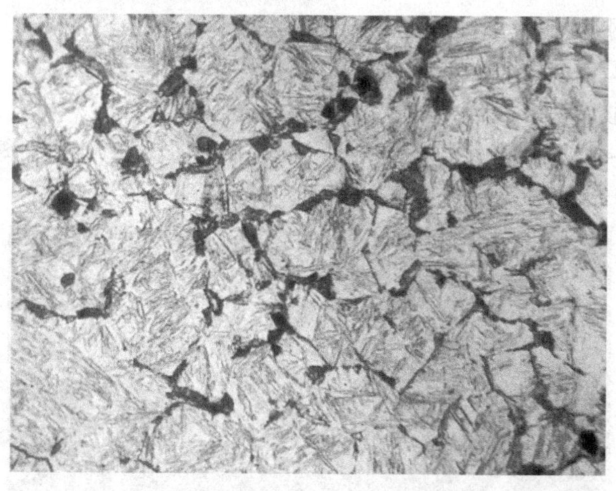

图 6-39　45 钢 900℃加热淬火组织（2）（×400）

图 6-39 所示试样与图 6-38 为同炉加热，一方面可能因为淬火后期随着水温的升高，其冷却能力降低，使得淬火组织中出现了沿晶界析出的非马氏体组织；另一方面可能由于奥氏体中化学成分的均匀化程度较差，在淬水冷却时，局部区域的冷却速度相对较小，首先沿奥氏体晶界析出了白色细网状先共析铁素体，在铁素体周围形成了黑色淬火托氏体，最后形成马氏体及残留奥氏体。试样在 400 倍显微镜下晶粒度评定为 6 ~ 7 级，硬度约为 54HRC 左右。

【实例 16】

材料名称：45 钢

处理状态：900℃保温 25min 油淬

侵蚀剂：4% 硝酸酒精溶液

组织说明：图 6-40 所示的淬火组织由沿晶界析出的白色细网状先共析铁素体、黑色淬火托氏体，深色羽毛状上贝氏体，粗大淬火中碳马氏体及残留奥氏体组成，平均硬度为 35HRC 左右，在 400 倍显微镜下晶粒度评定为 5～6 级。

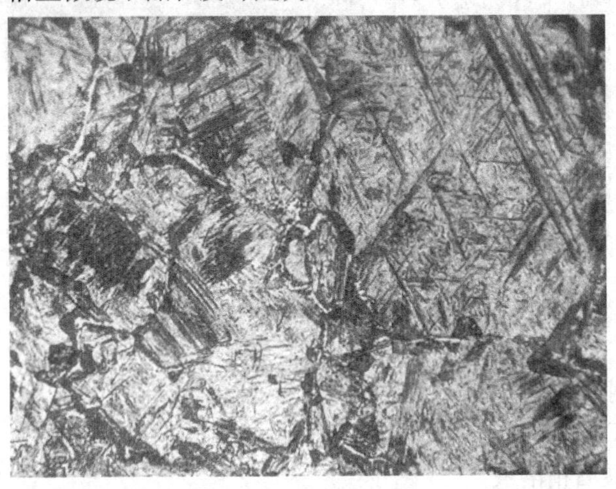

图 6-40　45 钢 900℃加热淬火组织（3）（×400）

【实例 17】

材料名称：45 钢

处理状态：930℃保温 15min 水淬

侵蚀剂：4% 硝酸酒精溶液

组织说明：图 6-41 所示淬火组织为粗大淬火中碳马氏体及残留奥氏体，平均硬度为 58HRC 左右，在 400 倍显微镜下马氏体长度可达 70mm。

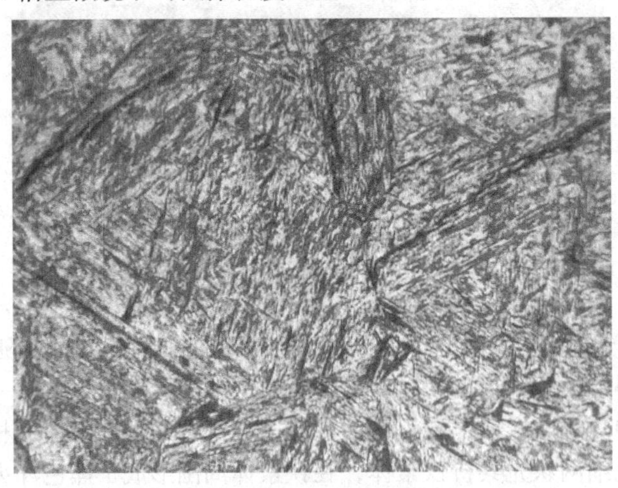

图 6-41　45 钢 930℃加热淬火组织（×400）

【实例 18】

材料名称：45 钢

处理状态：920℃保温 20min 水淬

侵蚀剂：4% 硝酸酒精溶液

组织说明：图 6-42 所示淬火组织为淬火中碳马氏体及残留奥氏体。

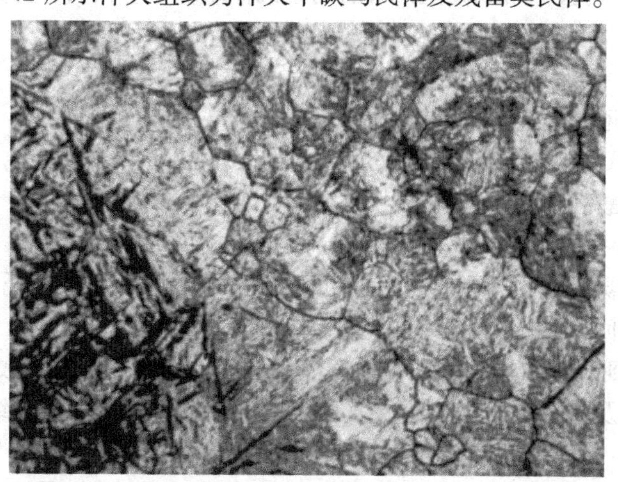

图 6-42　45 钢 920℃加热淬火组织（×400）

由于加热温度高、保温时间相对较短，所以晶粒大小不一、晶界清晰。在 400 倍显微镜下晶粒度最大可达 5 级。混晶现象的出现将使工件的淬火应力增加，淬火倾向增大。

6.9.3　45 钢淬火后回火与组织、性能之间关系的分析

【实例 19】

材料名称：45 钢

处理状态：840℃保温 20min 水淬 +600℃保温 60min 回火

侵蚀剂：4% 硝酸酒精溶液

组织说明：图 6-43 所示回火组织为回火索氏体和白色块状不规则多边形铁素体。

实验时，加热炉内所装工件较多，淬火时按要求逐个进行操作。在操作过程中，当第一个学生开启炉门淬火后，并未按要求把炉门及时关闭，直到最后一个试样淬火结束，炉门始终是敞开的。在淬火后期，有 1/2 淬火试样出现了先共析铁素体，铁素体的量也由少到多，最后一个试样中的铁素体量高达 40% 左右，如图 6-43 所示。

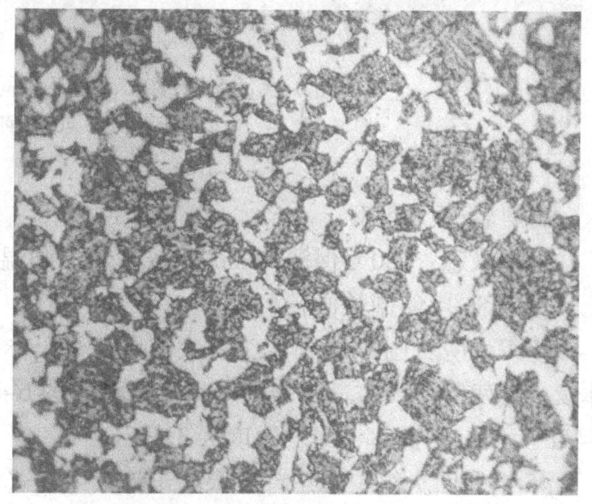

图 6-43　45 钢 840℃水淬 600℃回火组织（×400）

由于炉门未关闭，当炉内试样的温度降低到 Ac_3 以下时，因其冷却速度大于随炉冷却的速度（相当于退火）而小于空气冷却的速度（相当于正火），就析出先共析铁素体。

淬火 + 高温回火称为调质处理。45 钢调质后的组织形态首先取决于淬火组织。因加热

温度不够而残留在淬火组织中的多角状或块状未溶铁素体，或因淬火冷却速度不足而在晶界形成的网状铁素体，均会保留到高温回火后的索氏体组织中。同时，淬火马氏体的粗细直接影响索氏体的粗细。

【实例 20】

材料名称：45 钢

处理状态：830℃保温 15min 水淬后在不同温度保温 60min 回火

侵蚀剂：4% 硝酸酒精溶液

组织说明：图 6-44 所示为均匀细小并保持马氏体位向的回火组织，其中图 6-44a 为回火马氏体及少量残留奥氏体，平均硬度为 56HRC；图 6-44b 为回火托氏体，平均硬度为 45HRC；图 6-44c 为回火索氏体，平均硬度为 33HRC。

45 钢淬火后得到过饱和的 α 固溶体，即淬火马氏体，它的强度及硬度很高（可达 58 ~ 60HRC），而其韧性及塑性则明显较低。为了消除淬火时的内应力和组织应力，淬火工件应及时进行回火处理。

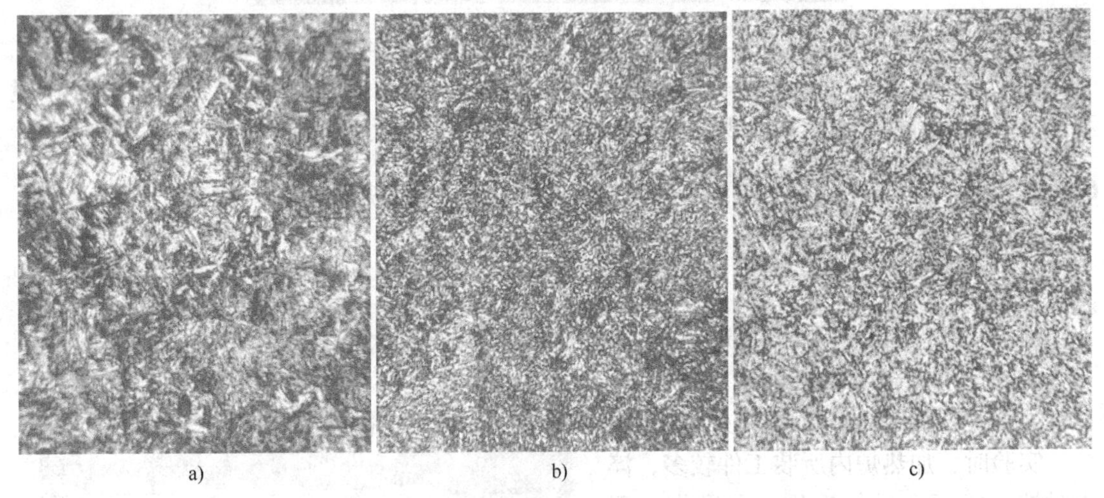

a)　b)　c)

图 6-44　45 钢 830℃水淬后不同回火温度组织（×400）

a）200℃回火　b）400℃回火　c）600℃回火

【实例 21】

材料名称：45 钢

处理状态：930℃保温 15min 水淬后在不同温度保温 60min 回火

侵蚀剂：4% 硝酸酒精溶液

组织说明：图 6-45 所示为粗大的保持马氏体位向的回火组织，其中图 6-45a 为回火马氏体及少量残留奥氏体，平均硬度为 55HRC；图 6-45b 为回火托氏体，平均硬度为 44HRC；图 6-45c 为回火索氏体，平均硬度为 32HRC。

45 钢的回火组织形态首先取决于淬火组织（淬火前的原始组织也有影响），淬火马氏体的粗细直接影响回火组织的粗细。45 钢在 930℃加热淬火属于严重的过热，于是得到了极为粗大的马氏体，在不同温度回火后，粗大的 α 相的条片状形貌仍然清晰可见。

【实例 22】

材料名称：45 钢

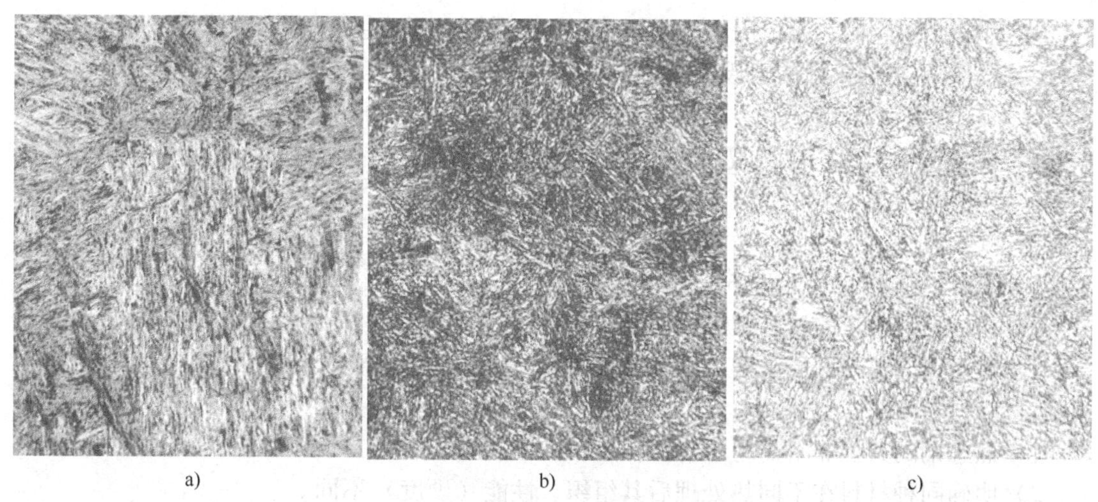

图6-45　45钢930℃水淬后不同回火温度组织（×400）

a）200℃回火　b）400℃回火　c）600℃回火

处理状态：900℃保温25min油淬后在不同温度保温60min回火

侵蚀剂：4%硝酸酒精溶液

组织说明：图6-46所示为保留先共析铁素体形态的回火组织，其中图6-46a为白色细网状及针状先共析铁素体、黑色淬火托氏体、回火马氏体及少量残留奥氏体；图6-46b为白色细网状及针状先共析铁素体、黑色淬火托氏体及回火托氏体；图6-46c为白色细网状先共析铁素体、回火托氏体及回火索氏体。

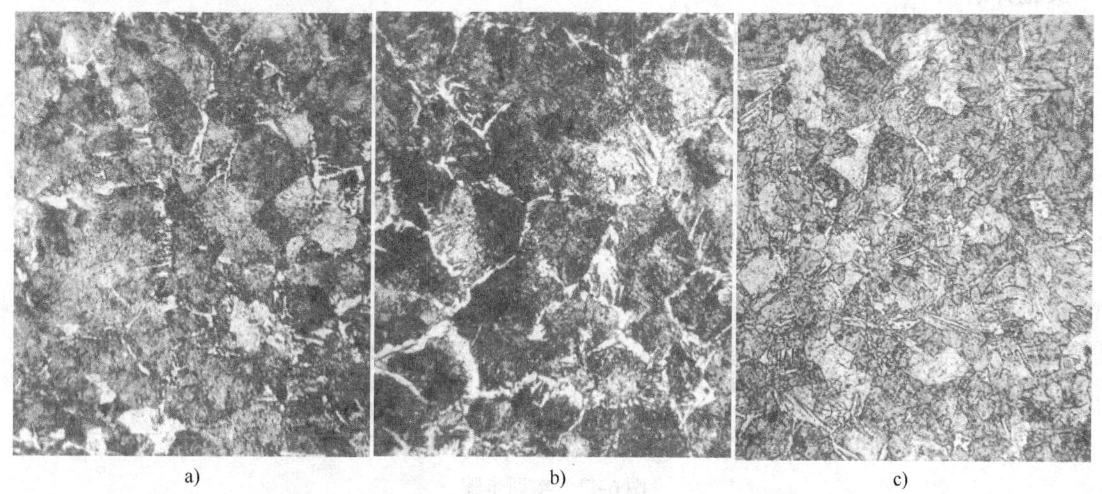

图6-46　45钢900℃油淬后不同回火温度组织（×400）

a）200℃回火　b）400℃回火　c）600℃回火

45钢在900℃加热油淬后获得的显微组织为白色细网状和针状先共析铁素体、淬火托氏体、马氏体和残留奥氏体。在200℃和400℃回火时，由于加热温度较低，先共析铁素体和淬火托氏体不发生转变，保留下来，只有淬火马氏体随着回火温度升高分别转变成回火马氏体和回火托氏体。在600℃回火时，淬火马氏体转变成回火索氏体，淬火托氏体因高温回火时碳化物略有聚集长大，其颜色由原来的深黑色变成浅灰色。

45 钢在油中淬火后，由于冷却速度不足，在晶界上形成白色细网状先共析铁素体，并一直会保留到高温回火后的索氏体组织中。

【强化训练】　金相热处理技能强化训练

★任务下达

1）材料：45 钢；尺寸为 ϕ15mm × 20mm。

2）选择足够数量的试样，进行不同的热处理。

3）测定不同热处理后试样的硬度，观察不同热处理后的显微组织。

★制订计划

1）熟悉钢的典型非平衡组织特征。

2）明确同种材料在不同热处理后其组织、性能（硬度）不同。

3）明确同种材料在不同热处理后其组织、性能（硬度）之间的关系。

★做出决定

1）根据以上分析，计划对 45 钢分别进行退火、正火、淬火及回火处理。淬火计划选择不同加热温度、不同保温时间或不同冷却方式分别进行。

2）根据 45 钢的 Ac_3 点温度选择热处理工艺参数：退火、正火加热温度为 830℃；淬火可选择欠热淬火 760℃、正常淬火 830℃、过热淬火 930℃，不同保温时间及不同冷却方式，并对正常淬火的试样分别进行 200℃低温回火、400℃中温回火及 600℃高温回火。

★实施计划

1）先对原材料进行硬度测定，并观察显微组织、采集金相照片。

2）选择中温箱式电阻炉，分别进行退火、正火、淬火及回火处理。

3）空炉升温到给定温度后装入试样，保温足够时间（根据材料及试样大小等确定）后，根据不同工艺采用不同的冷却方式。

4）为了便于比较，测定不同热处理后（包括原材料）的洛氏硬度。

5）把热处理后的试样分别制成金相试样，观察显微组织并采集金相照片。

6）整个训练过程可按图 6-47 所示步骤进行。

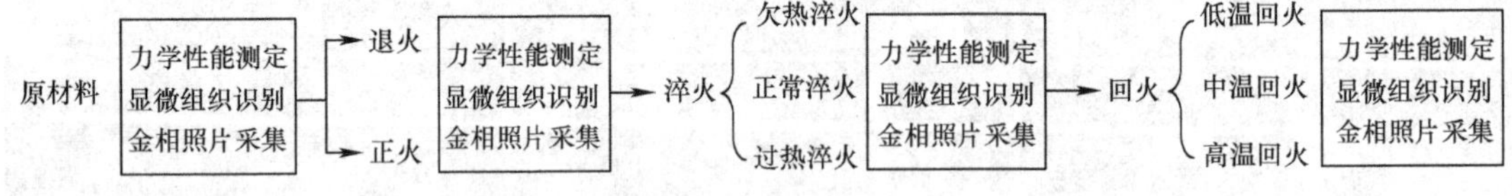

图 6-47　实训步骤

★数据整理

1）整理各种热处理工艺后的硬度值，并填入表 6-17 中。

2）用 Word 文档形式整理、编辑采集的金相照片，为完成实训报告做好准备。

3）把不同热处理后的显微组织鉴别结果填入登记表中（表 6-17）。

★总结分析

1）45 钢原材料及退火、正火后的硬度比较，分析说明原因。

2）45 钢退火、正火、淬火后的硬度比较，分析说明原因。

3）45 钢欠热淬火、正常淬火及过热淬火后的硬度比较，分析说明原因。

4）45 钢正常温度淬火后在不同温度回火的硬度比较，分析说明原因。

5）分析热处理过程中可能产生的缺陷，如过热淬火产生的裂纹。

表 6-17　45 钢不同热处理结果登记表

处理状态	工艺参数			显微组织	性能（硬度）	备注
	加热温度/℃	保温时间/min	冷却方式			
原材料	供应状态					
完全退火	830	20	随炉冷却			
正火	830	20	空冷			
淬火	760	20	水冷			
	830					
	930					
	830	20	水冷			
		40				
		60				
	830	20	水冷			
			盐水冷却			
			油冷			
回火	200	60	空冷			
	400					
	600					

6）分析淬火时可能产生的缺陷组织，如非马氏体组织（淬火托氏体、先共析铁素体等）。

7）分析在执行热处理工艺时可能出现的错误。

8）分析缺陷，如在不同温度回火后裂纹两侧显微组织的变化。

★实训报告

1）写出实训目的、热处理工艺参数，并画出热处理工艺曲线图。

2）用 Word 文档形式整理、编辑金相照片，并根据要求加以说明（参见图 1-10）。

3）对金相组织应详细说明以下内容：组织形态、组成物的量、组织分布、颜色以及晶粒大小等。

4）提交打印的实训报告和电子稿各 1 份。

★说明

1）此项目可以作为实训时间为 3 周或 4 周的“热处理工艺强化训练”内容。

2）可以对常用的 20 钢、45 钢、T8 钢、T12 钢、40Cr、65Mn、9CrSi 等材料，根据实训时间选择一种或两种分别进行不同的热处理，并分析材料、工艺、组织及性能之间的关系。

【思考题】

1. 45 钢淬火后分别在 200℃、400℃、600℃进行回火，硬度变化如图 6-48 所示，试从硬度的变化分析其他力学性能的变化规律。

2. 图 6-22 所示为 C6132 卧式车床的主轴简图，主轴材料为 45 钢，试分析粗车前的热处理为什么选择正火而没有选择退火。

3. 20Cr 钢齿轮毛坯在切削加工中发现有“粘刀”现象，造成工件表面粗糙。要改善这一状况，需要采用哪种热处理工艺？为什么？

4. T10 钢顶尖在粗车时比较困难，甚至出现“打刀”现象，采用哪种热处理工艺可以改善？为什么？

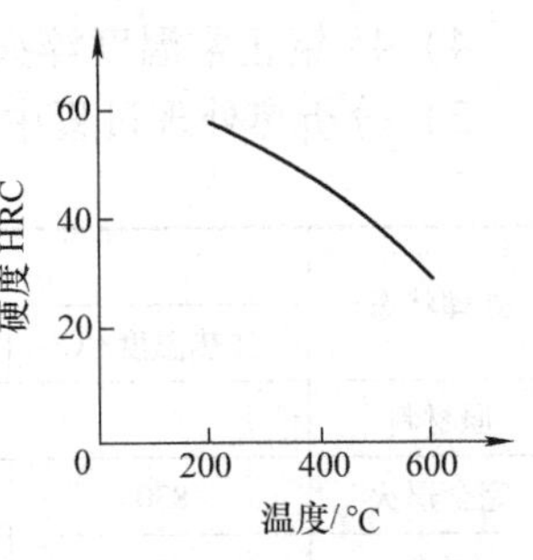

图 6-48　45 钢淬火后在不同温度回火的硬度变化

5. 根据试样在切割过程中的组织变化，分析切割时的冷却对显微组织影响的重要性。

6. 分析比较 45 钢原材料和退火后的硬度变化及显微组织特征，并说明原因。

7. 分析比较 45 钢原材料和正火后的硬度变化及显微组织特征，并说明原因。

8. 分析比较 45 钢退火和正火后的硬度变化及显微组织特征，并说明原因。

9. 分析比较 45 钢在不同热处理状态（退火、正火、淬火）后的硬度变化及显微组织特征，并说明原因。

10. 分析比较 45 钢在不同温度淬火后的硬度变化及显微组织特征，并说明原因。

11. 分析比较 45 钢在不同淬火冷却介质（水冷、盐水冷、油冷）中冷却后的硬度变化及显微组织特征，并说明原因。

12. 分析比较 45 钢淬火后，在不同温度（200℃、400℃、600℃）回火后的硬度变化及显微组织特征，并说明原因。

13. 通过本次实习，简单说说你对钢的热处理的理解。

第7章　显微组织缺陷及案例分析

显微组织缺陷在各种冷、热加工工艺中都会出现，对钢的力学性能、工艺性能等均产生不同程度的影响，严重时将导致零件在服役过程中的早期失效事故。为了防患于未然，确保机械产品的内在质量和使用寿命，正确判断钢中的各种组织缺陷和形成原因、提出预防或消除这些组织缺陷应采取的措施是十分重要的工作。

【学习目的】

熟悉常见显微组织缺陷的形成原因及预防措施。

【重 点】

组织缺陷特征的识别。

【难 点】

联系实际分析组织缺陷对各种冷、热加工工艺的影响，明确失效分析在整个生产过程中的重要性。

钢的组织缺陷是指需要利用金相显微镜进行检验才能判别的显微组织缺陷，简称组织缺陷。由于钢锭在凝固时的选择性结晶，使钢材在冶炼、轧制及热加工过程中易形成各种组织缺陷。同样，钢在锻造成形以及各种热处理过程中，由于工艺或操作不当，亦有可能造成材料或零件的组织缺陷。下面仅介绍钢中常见的几种组织缺陷，包括带状组织、碳化物液析、带状碳化物、网状碳化物、钢表面的氧化与脱碳、热处理裂纹等，还对磨削裂纹进行介绍。这些组织缺陷的存在，对钢的力学性能、工艺性能等方面均会产生不同程度的影响，严重时将导致零件在服役过程中的早期失效事故。

7.1　带状组织及案例分析

7.1.1　带状组织的形成及消除方法

1. 带状组织的形成

带状组织是指亚共析钢中珠光体和铁素体呈带状排列的现象，是钢在冶炼过程中形成的缺陷组织。钢液在铸锭结晶过程中选择性结晶，形成化学成分不均匀分布的枝晶组织。铸锭中的粗大枝晶在轧制时沿变形方向被拉长，并逐渐与变形方向一致，从而形成碳及合金元素的贫化带和富化带，彼此交替堆叠。在缓冷条件下，先在碳和合金元素的贫化带（过冷奥氏体稳定性较低）析出先共析铁素体，将多余的碳排入两侧的富化带，最终形成以铁素体为主的带；而碳及合金元素的富化带（过冷奥氏体稳定性较高）在其后形成以珠光体为主的带，最终形成以铁素体和珠光体交替排列的带状组织。成分偏析越严重，形成的带状组织越严重。

图7-1所示为40钢供应状态的显微组织，用4%硝酸酒精溶液侵蚀后，白色铁素体和深色珠光体呈带状分布。

钢中存在磷的偏析时会形成带状组织。当钢在 $A_3 \sim A_1$ 区间慢冷时，高磷区域的 A_3 温度高，首先形成铁素体，碳被浓缩到低磷区，造成低磷富碳区，在随后冷却时发生共析转变，形成珠光体，使组织分层排列。

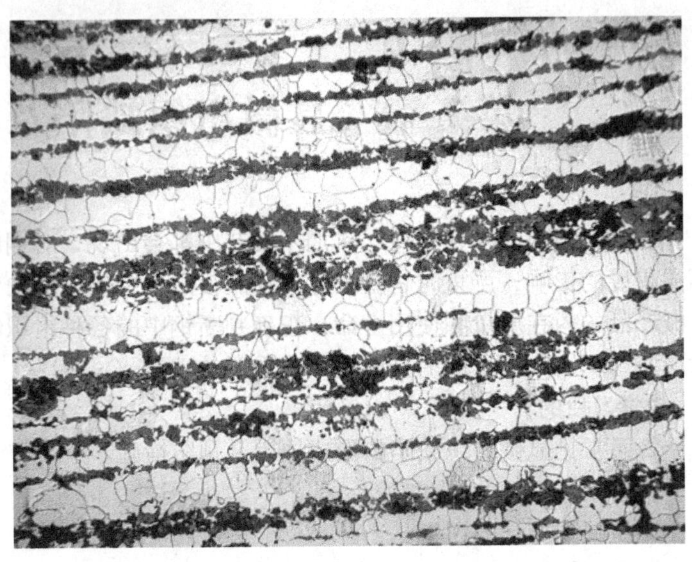

图 7-1　40 钢的带状组织（×100）

锰也是促进带状偏析形成的元素。热轧钢中，一般形成珠光体处的含锰量较高，而析出铁素体处含锰量较低。钢经热轧后缓慢冷却，先共析铁素体将优先沿变形纤维分布方向的低锰处析出，然后碳将推进到高锰处形成珠光体，结果珠光体与铁素体相间分布呈条带状。

如果钢材中存在沿轧制方向被拉长为呈带状分布的非金属夹杂物，在冷却过程中，这些夹杂物就可能成为铁素体优先析出的核心，而形成铁素体带，一般就很难用正火的方法予以消除。这种带状组织必须先采用高温均匀化退火后再正火处理来改善。

如果奥氏体中的合金元素分布不均匀，将导致其晶粒长大倾向不一，在碳化物形成元素的富化区易残留未溶碳化物，降低碳原子的扩散速度，从而抑制晶粒长大；在贫化区晶粒则容易长大，故易出现混晶组织。淬火时，合金元素贫化区的淬透性低，易形成非马氏体组织。渗碳淬火时，混晶中的粗大晶粒形成粗大针状马氏体，将增加残留奥氏体量。因此，带状组织在常规热处理之后都具有较低的力学性能。此外，因成分偏析引起膨胀系数和相变前后比体积差异增大，使零件淬火变形增大。

带状组织由于其显微组织分层排列，因而使力学性能具有方向性，即沿带状纵向的抗拉强度高，韧性也好，但横向的性能就比较差，不仅强度低，韧性也差，而且还会使钢的切削性能变差，同时使后续热处理变形与硬度的不均匀性增加。如果淬火前存在带状组织，淬火加热过程中不可能全部消除，淬火后残存的带状组织会使工件产生较大的组织应力，甚至导致开裂。

通常碳在奥氏体中的均匀化温度高于 950℃，合金元素的均匀化温度要高于 1100℃，而均匀化时间受带状组织的带宽、带间浓度差和要求均匀化程度的限制。因此，欲使带状组织中的碳（特别是合金元素）均匀化是相当困难的，采用常规热处理（如退火、正火、淬火、渗碳等）工艺一般很难消除带状组织。

归纳形成带状组织的原因，其外因为压延，其内因为钢锭内磷、硫等元素的偏析和夹杂物。带状组织的严重程度可根据 GB/T13299—1991《钢的显微组织评定方法》评定。

2. 消除带状组织的方法

采用常规热处理（如退火、正火、淬火、渗碳等）不能消除带状组织中合金元素的偏析，虽然快冷可抑制碳的不均匀分布，不出现或减轻带状组织，但重新加热缓冷时又会形成带状组织。因此，带状组织需要采用电渣重熔、增大结晶速度、提高终轧温度、增大锻造比、进行高温均匀化退火等方法消除。

7.1.2　碳化物不均匀性的形成及消除方法

高碳钢及高碳高合金钢中的碳化物常常表现出不均匀性，这种不均匀性主要表现为碳化物液析、碳化物带状和碳化物网状。

1. 碳化物液析

碳化物液析是液相中碳及合金元素富集而产生的亚稳共晶莱氏体。热加工时，碳化物液析被破碎成不规则的碎块，沿压延方向呈链状或条状分布，如图 7-2 所示。

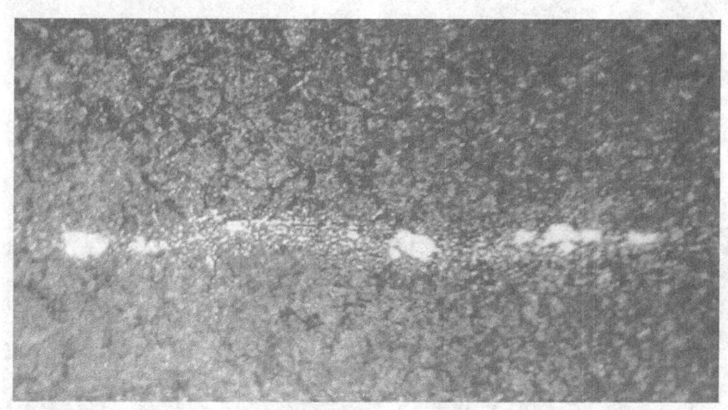

图 7-2　轴承钢中的碳化物液析（×100）

碳化物液析是由于熔炼时钢液过热、浇注温度偏高、钢锭冷却太慢，以及铬元素降低碳在奥氏体中的最大固溶度的综合结果。一般认为碳化物液析属于三角晶系碳化物，硬度极高，它的存在会使轴承零件在热处理过程中产生淬火裂纹；在使用过程中因表皮碳化物的剥落而降低耐磨性，处于内部的液析碳化物会导致疲劳裂纹的产生而降低疲劳寿命。

2. 碳化物带状

碳化物带状是钢液在凝固过程中形成的结晶偏析（晶间偏析），造成碳高低浓度不同的偏析带。轧制延伸后，在冷却过程中从高浓度区域析出大量过剩的二次碳化物，从而形成黑白（高低碳）相间的碳化物条带组织，如图 7-3 所示。在钢锭或铸坯的最后凝固区富集着大量的合金元素及硫、磷等杂质，是非金属夹杂物和碳化物最为聚集的区域。冷却过程中碳化物析出的总量和分布状态，主要取决于原始

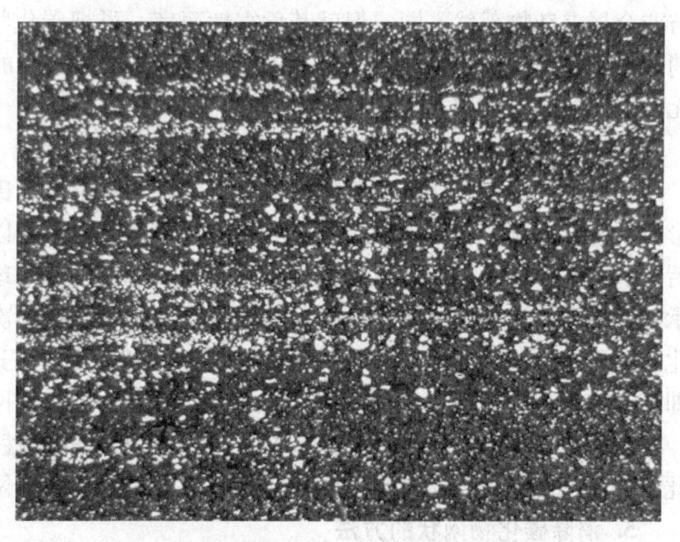

图 7-3　W18Cr4V 钢中的带状碳化物（×100）

偏析程度。随着碳化物带状偏析的加剧，热处理的裂纹敏感性增强，高低碳带之间的显微硬度差增大，影响接触疲劳寿命。带状碳化物可根据 GB/T 1299—2000《合金工具钢》评定。

3. 碳化物网状

碳化物网状是在过共析钢中沿奥氏体晶粒边界析出的呈网络状分布的过剩二次碳化物，它与钢的化学成分和偏析程度有关，和碳化物液析、碳化物带状不均匀性一样是影响零件使用寿命的因素。碳化物网状可根据 GB/T 1298—2008《碳素工具钢》评定。

图 7-4 所示为 T12 钢完全退火的显微组织，图中深色片层状是珠光体，其周围的白色网状是二次渗碳体。

图 7-4　T12 钢中的网状二次碳化物（×400）

综上所述，高碳钢和高碳高合金钢中的碳化物不均匀性，实质上是钢液在冷却过程中宏观和微观偏析的结果，三者之中以碳化物液析最为有害。虽然碳化物液析在本质上和成因上与非金属夹杂物截然不同，但就其危害性而言，可把碳化物液析归并到夹杂物的检验范畴。消除碳化物液析，从本质上讲就是要降低钢中树枝状偏析的程度，使钢中偏析最严重的区域无法形成共晶莱氏体。

4. 轴承钢网状碳化物的形成及危害

网状碳化物是在终轧温度较高、轧后慢冷过程中在奥氏体晶界形成的。网状碳化物一旦形成，尤其是碳化物完整地包围晶界且又宽厚时，就会在以后的加工和使用过程中产生不良后果。首先，轴承钢中严重的碳化物网状并不能在以后的球化退火中完全消除，这样，在轴承加工的研磨过程中就易产生磨削裂纹，也称为龟裂；其次，如果碳化物网状严重，不但球化退火不能消除，甚至在以后的淬火组织中仍有保留，在这种情况下很容易产生淬火裂纹，即使在淬火时没有产生龟裂，在以后的使用过程中碳化物网状也将容易引起疲劳裂纹。

轴承钢中存在碳化物网状组织时，将会增加钢的脆性，降低轴承零件的疲劳寿命。因此，在使用状态下的轴承钢组织中不允许有严重的碳化物网状组织存在。

5. 消除碳化物网状的方法

高碳铬轴承钢的含碳量较高，并且含有一定数量的碳化物形成元素。钢液在凝固过程中，这些元素很容易发生偏析，导致钢中的碳化物分布不均匀。

在生产过程中对消除碳化物网状采取的措施如下：

1）在冶炼高碳铬轴承钢时，严格控制碳、铬含量以达到要求。

2）在钢锭的凝固过程中，应降低钢中树枝状偏析，降低碳化物的级别。

3）控制较低的终轧温度，并加快轧后的冷却速度，降低轴承钢的碳化物级别。

随着轧制技术的不断发展，轧后冷却的方法逐渐被广泛应用，即在降低终轧温度的基础上，轧后采用风冷、喷水或让钢材通过水槽进行冷却。实践证明，终轧温度低于 850℃时，奥氏体晶粒细小，同时轧后快冷，防止了在奥氏体晶界上网状碳化物的析出，整个组织为细片状的珠光体，对于消除网状碳化物效果较好。

7.1.3　带状组织案例分析——45 钢斜键淬火开裂原因分析

如图 7-5 所示的斜键，先后有三批在热处理时产生了裂纹，其中最严重的一次为在 600 件中淬裂 142 件。其加工路线为：车→铣→淬火 + 回火→磨，硬度要求为 48HRC。盐浴炉 820 ~ 840℃加热，保温 3 ~ 4min，水淬；硝盐炉回火，温度 340 ~ 360℃，保温 8 ~ 10min。为了找出斜键淬火开裂的原因，采用宏观检验、微观检验、能谱分析等方法对斜键展开分析。

图 7-5　裂纹宏观形貌

1. 检验方法和结果

（1）宏观检验　用肉眼观察斜键表面，可见裂纹形态各异，有“一”字形、“十”字形、“T”形等，其位置基本在一个尺寸线上，如图 7-5 所示。观察用苦味酸加少许洗发膏热蚀后的试样表面，发现为颜色呈深浅不一的带状，平行于带状的裂纹粗，垂直于带状的裂纹细（图 7-5 左 2 试样）。

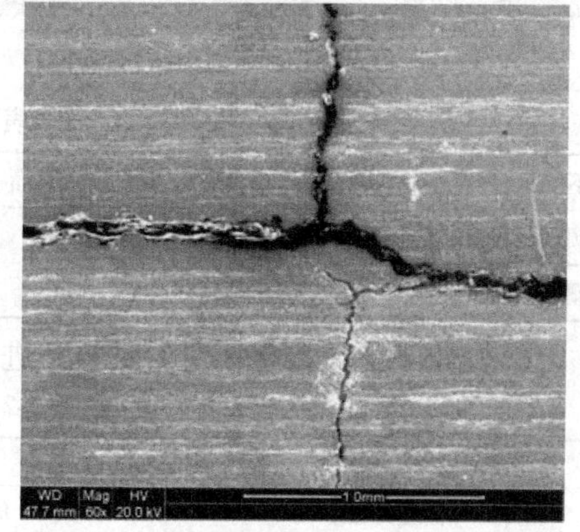

图 7-6　裂纹 SEM 形貌

（2）微观检验　在电子显微镜低倍下观察苦味酸加少许洗发膏热蚀后的试样表面，发现裂纹有明显的主次之分，主裂纹走向和带状方向平行，并沿粗晶区扩展，如图 7-6 所示。在光镜下观察，发现裂纹从中间向外由粗变细，其尾部尖细，两侧无氧化，晶粒大小不均匀，在晶界处有白色多角状未溶铁素体存在，如图 7-7 所示。这是因为加热保温时间较短，使铁素体未完全转变成奥氏体所致。整个表面除了用肉眼看到的特征明显的裂纹外，在细晶区还存在许多沿晶网状裂纹，如图 7-8 所示。

（3）金相组织检验　在光学显微镜下观察用 4% 硝酸酒精溶液侵蚀的试样，发现显微组织极不均匀。裂纹两侧及基体组织为粗大并保留马氏体形态的托氏体，旁边有二次裂纹，两侧无脱碳，但有盐液渗入，如图 7-9 所示，这是在硝盐中回火所致。

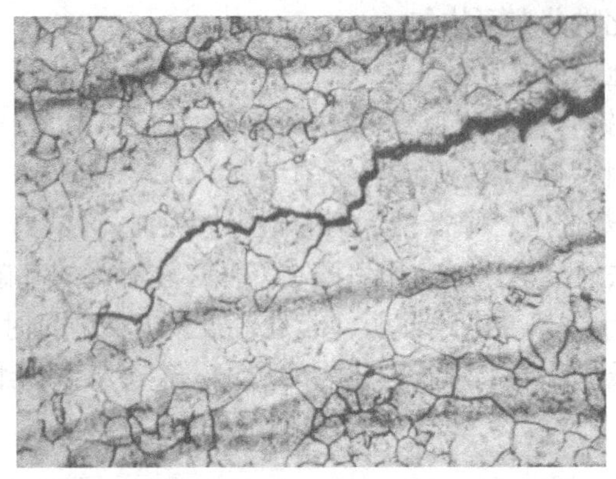

图 7-7　裂纹尾部形态和未溶铁素体（×400）

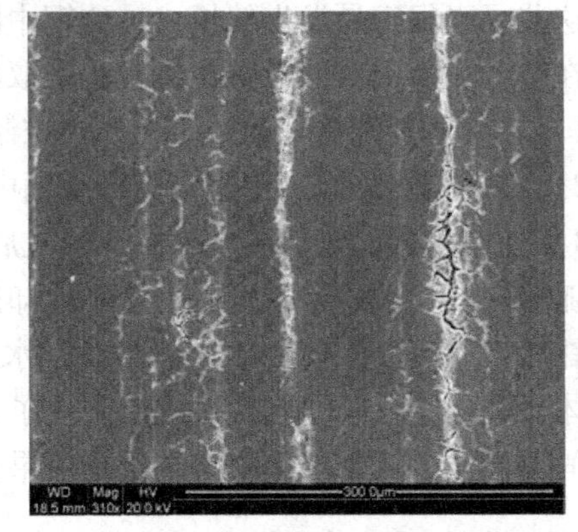

图 7-8　表面裂纹 SEM 形貌

（4）硬度测试　对斜键表面的颜色深浅不同处进行显微硬度测试，其压痕如图 7-10 所示，硬度值见表 7-1。

图 7-9　裂纹两侧显微组织（×400）

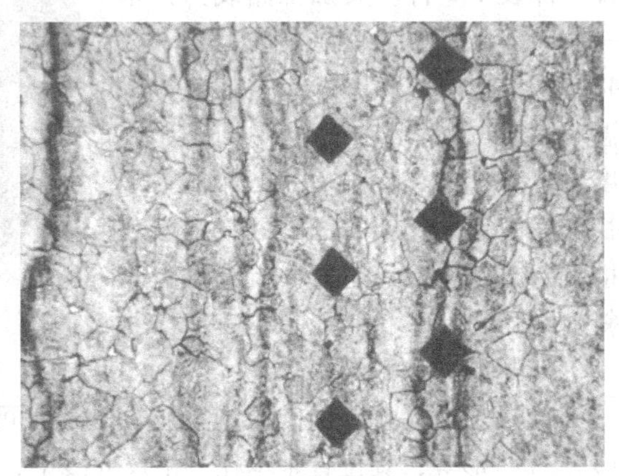

图 7-10　显微硬度压痕形貌（×200）

表 7-1　表面颜色不同处的显微硬度

不同区域	硬度值 $HV_{0.3kg}$			平均值 $HV_{0.3kg}$	晶粒大小	裂纹状况	w_{Cr}	w_{Mn}
颜色深处	331	373	370	358	小	区域沿晶裂纹	1.41%	0.99%
颜色浅处	442	435	461	446	大	平行带状裂纹	1.06%	0.77%

（5）化学成分分析　对斜键材料进行化学成分分析，其结果见表 7-2。

表 7-2　45 钢斜键化学成分

元素	C	Si	Mn	Cr	Ni
标准值（质量分数,%）	0.42～0.50	0.17～0.37	0.50～0.80	≤0.25	≤0.25
实测值（质量分数,%）	0.442	0.283	0.675	0.212	0.018

（6）能谱分析　为了进一步分析斜键产生裂纹的原因，对带状区域进行了能谱分析，其结果如图 7-11 所示。发现颜色浅（光学显微镜下颜色深）且晶粒小处 Cr、Mn 的含量高，颜色深（光学显微镜下颜色浅）且晶粒大处 Cr、Mn 的含量低（表 7-1）。

2. 分析与讨论

（1）硬度分析　从显微硬度测试结果可知，颜色深浅及晶粒大小不同的区域，硬度高低不同。颜色深且晶粒小处压痕大、硬度低，颜色浅且晶粒大处压痕小、硬度高。如图 7-10

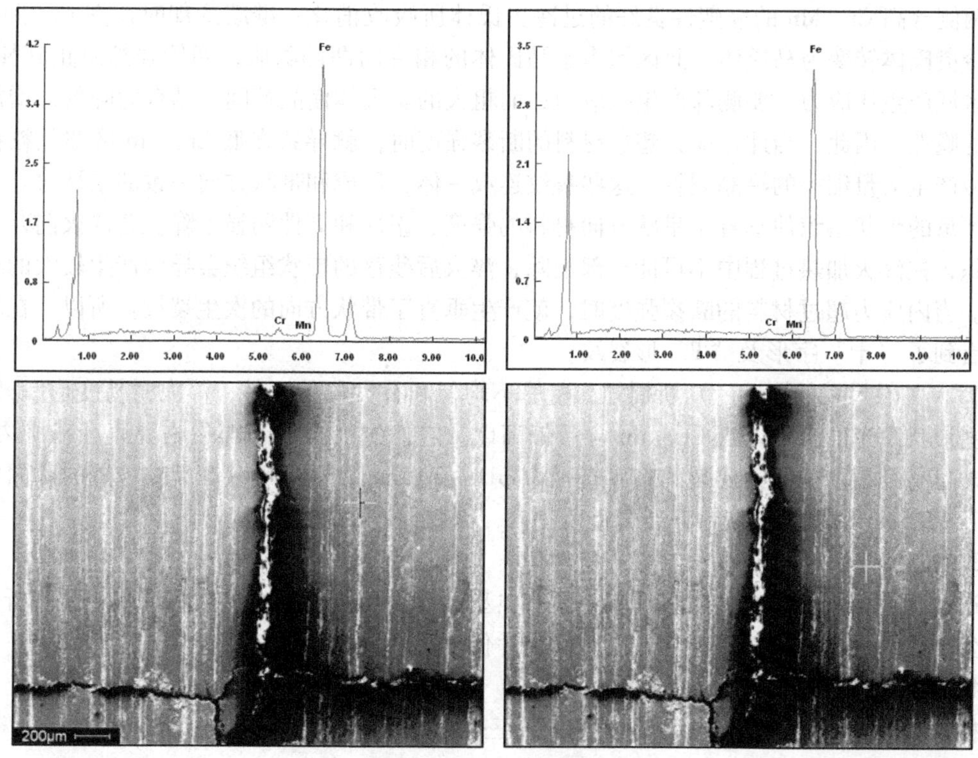

图7-11　颜色不同处的能谱分析结果

所示，颜色深处其晶界存在黑色网络，这些黑色网络在电子显微镜下（白色网络）可看出几乎全为裂纹，如图7-8所示。这也充分说明，对颜色深处随机进行硬度测试时，压痕测在了裂纹处，结果表现为硬度偏低。

（2）化学成分分析　斜键的平均成分尽管符合45钢标准值，但能谱分析的结果表明，带状组织不同区域的Cr、Mn含量不同，并超过标准值，说明存在严重的成分偏析；材料也有可能混淆，因为成分分析的试样和金相试样可能不是出自一根原材料。

（3）成分偏析的影响　从斜键的加工路线可知，在淬火与回火前，斜键未进行预备热处理或锻造以消除原材料中的带状组织。成分偏析使钢在热轧过程中其杂质和合金元素的富集区沿加工变形方向呈带状分布。一般形成珠光体处的含锰量较高，而析出铁素体处的含锰量较低。斜键在进行淬火时，由于加热保温时间较短，奥氏体中的化学成分并未均匀化。在珠光体区，C、Cr及Mn的含量相对较高，C和Cr能形成较多阻碍奥氏体长大的合金碳化物，使过热倾向减小而形成细晶区；在铁素体区，C、Cr及Mn的含量相对较低，能形成阻碍奥氏体长大的合金碳化物较少，而Mn强烈促进奥氏体长大，使得过热倾向增大而形成粗晶区。

Cr、Mn的存在可强烈提高钢的淬透性，并使*Ms*点急剧下降。这样快速冷却时，在高碳合金区易形成脆性的片状马氏体，可增加组织应力、增大淬裂倾向，因此在部分区域产生了沿晶裂纹。

（4）带状组织的影响　严重的带状组织使淬火冷却时不均匀和不等时性增大，导致热处理应力急剧增加。低Cr、Mn区由于*Ms*点相对较高，冷却时先转变为马氏体，此时的应力被两侧含高 Cr、Mn 的韧塑性良好的过冷奥氏体所吸收消化；继续冷却时，高 Cr、Mn 区的过冷奥氏体转变为马氏体，此区域由于马氏体的相变向两侧膨胀，两侧强烈阻止其膨胀，在此区域产生压应力，要侧却产生拉应力；而粗大的奥氏体使晶粒间的结合力降低，增加了材料的脆性。因此，当此拉应力超过材料的断裂强度时，就导致在低 Cr、Mn 区即晶粒粗大的区域产生大量细小的沿晶裂纹，这些裂纹连成一体，形成和带状方向一致的主裂纹。

严重的带状组织使垂直于带状方向材料的强度、塑性和韧性明显下降。若淬火前存在带状组织，在淬火加热过程中不可能全部消除，淬火后残存的带状组织会导致产生较大的组织应力。当内应力超过材料的断裂强度时，就产生垂直于带状方向的次生裂纹。所以，在斜键表面看到了“十”字形及“T”形裂纹。

(5) 工件尺寸的影响　众所周知，壁厚不均匀和有尖角的工件，淬火时易变形和开裂。但某些形状简单的工件，当 Cr、Mn 含量偏高以及它们的尺寸处于淬裂临界直径范围内时，淬火时也易开裂。中碳钢淬裂的临界直径为 ϕ10 ~ ϕ15mm，而斜键存在裂纹位置的截面尺寸为 12 ~ 13. 5mm，刚好在临界淬裂直径范围内，因此促进了裂纹的形成。

3. 结论

通过以上分析可知：斜键表面裂纹具有典型的淬火裂纹特征；严重的带状成分偏析是斜键产生裂纹的主要原因；且不合适的截面尺寸促进了裂纹的产生。

4. 建议

根据零件的大小，增加预备热处理（即正火处理），以消除原材料中的带状成分偏析。

7. 2　非金属夹杂物及案例分析

7. 2. 1　非金属夹杂物对钢力学性能的影响

非金属夹杂物是指存在于钢中的金属或非金属化合物。在钢铁材料中一般都含有非金属夹杂物，这些夹杂物的种类和形状是多种多样的，对钢材的影响程度也不一样。一般来说，非金属夹杂物的存在对钢具有以下影响：①破坏金属基体的连续性，在热处理时易引起淬火裂纹；②当金属承受载荷特别是动载荷时，易造成应力集中，使钢的力学性能特别是疲劳强度降低，甚至导致机械零件在使用过程中断裂失效；③非金属夹杂物的存在还使钢的耐蚀性降低，并使机械加工后的表面粗糙度增加；④较严重的非金属夹杂物在钢经热加工后呈带状分布，从而造成力学性能的方向性；⑤夹杂物的存在还会使冲压件的性能变坏，易在夹杂物集中处开裂。所以，钢中的非金属夹杂物应该被看做是一种组织缺陷。当然，正常的夹杂物含量对钢材的使用一般不会有什么影响，有些钢材或零配件反而希望多含一些夹杂物，如含硫易切削钢，大量硫化物的存在不仅改善了切削性能，还适用于自动车加工的大批量生产。

7. 2. 2　非金属夹杂物的分类

钢中非金属夹杂物的来源通常可以分为两类：一类是外来的非金属夹杂物，即在冶炼、浇注过程中的炉渣及耐火材料剥落后进入钢液中形成的；另一类是内在的非金属夹杂物，即在冶炼及浇注过程中物理化学反应的生成物，如氧化物、硅酸盐、硫化物等。

非金属夹杂物可按化学成分划分，也可按可塑性划分。

1. 按夹杂物的化学成分分类

非金属夹杂物在熔炼和浇注过程中受各种冶金因素的影响，可分成以下几类：

（1）氧化物　简单氧化物，如 FeO、MnO、Cr_2O_3、Al_2O_3、SiO_2、ZrO_2、TiO_2 等，一般在钢中呈颗粒状或球状分布。复杂氧化物包括尖晶石类氧化物和各种钙的铝酸盐，这些复杂氧化物的熔点高于钢的冶炼温度，并有一个相当宽的成分变化范围，在钢液中呈固态存在，是多相夹杂物，如图 7-12b 中的箭头 2 所示。

（2）硅酸盐及硅酸盐玻璃　这类夹杂物的化学式可用 lFeO · mMnO · $n Al_2O_3$ · $p SiO_2$ 表示，成分较为复杂，通常呈多相状态。由于钢液凝固时冷却速度较快，某些熔融态的硅酸盐来不及结晶，致使其全部或部分呈玻璃态，如 FeO · SiO_2（铁硅酸盐）、MnO · SiO_2（锰硅酸盐）等，如图 7-12b 中的箭头 1 所示。

（3）硫化物　在钢中主要以 FeS、MnS 或（MnFe）S 等存在，一般在钢中呈球状任意分布，或呈杆状、链状、共晶式在树枝间和初生晶粒的晶界处分布，也有呈块状、具有不规则外形、任意分布的，如图 7-13 所示。

（4）氮化物　钢中的氮化物如 AlN、TiN、ZrN、VN 等，其质点极为细小，呈方形或多角形，如图 7-14 所示。

2. 按夹杂物的可塑性分类

由于钢中夹杂物在热压力加工时具有不同的塑性，其变形程度各异，可分为以下几种类型：

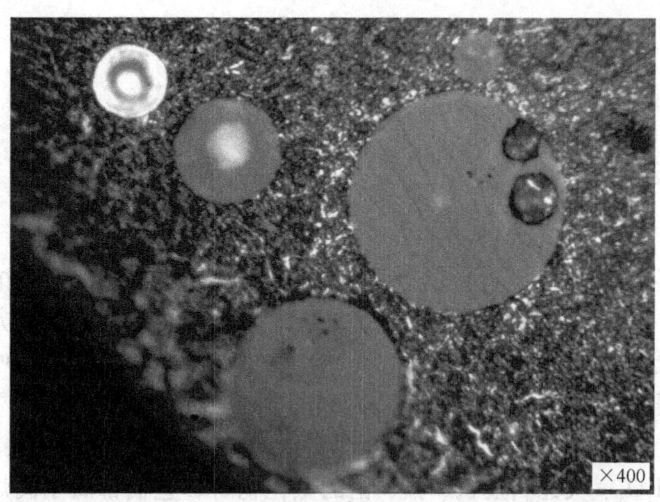

a)

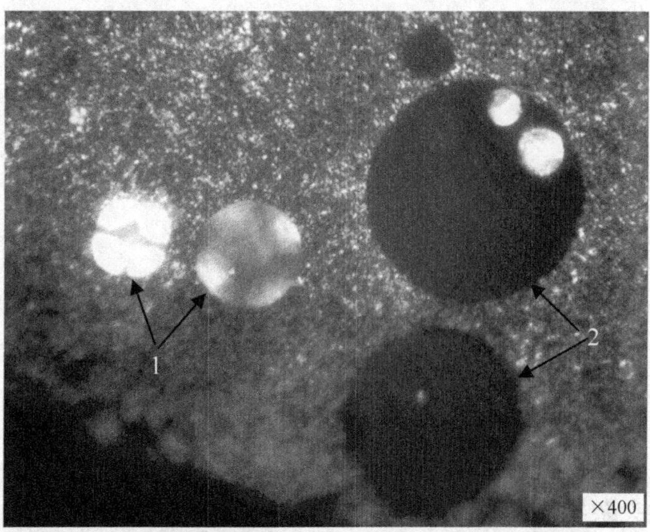

b)

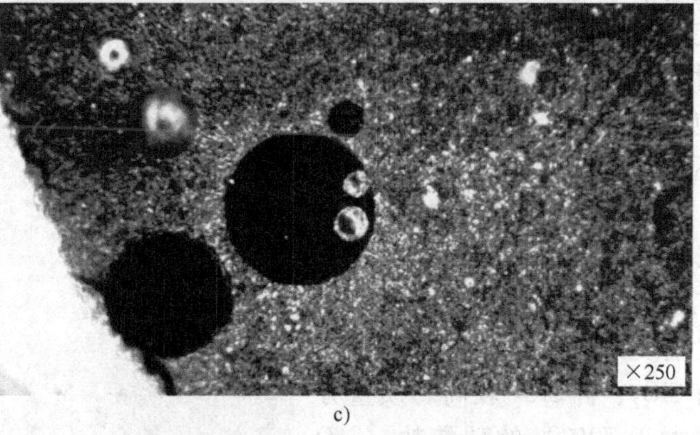

c)

图 7-12　复杂氧化物及硅酸盐玻璃体

a）明视场观察呈灰色　b）正交偏光观察　c）暗场观察

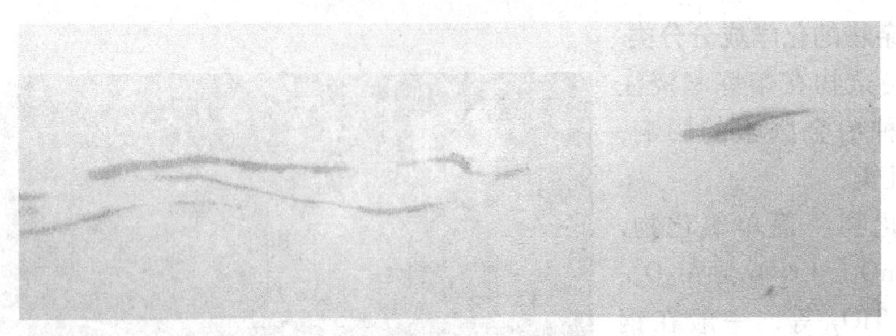

图 7-13　硫化物夹杂（×400）

（1）塑性夹杂物　塑性夹杂物在压力加工时沿加工方向伸长为带状、断续条状、纺锤状等，如 FeS、MnS、(Mn、Fe)S，以及含 SiO_2 较低（40%~60%）的低熔点硅酸盐等，如图 7-13 所示。

（2）脆性夹杂物　脆性夹杂物在压力加工时不变形，但沿加工方向破裂成串，如 Al_2O_3、尖晶石及钒、钛、锆的氮化物等，它们都属于高熔点、高硬度的夹杂物，如图 7-15 所示。

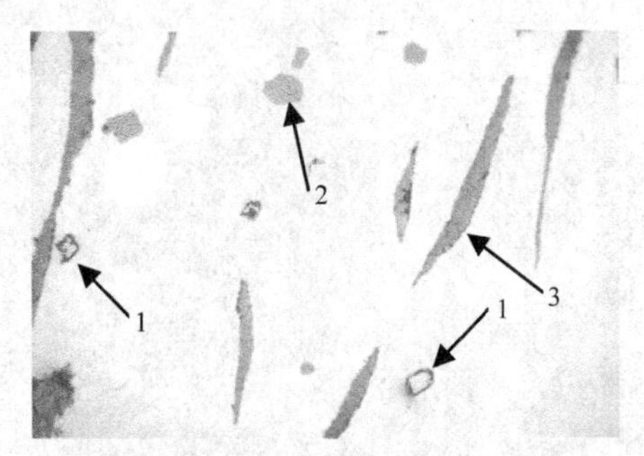

图 7-14　氮化物及氧化物夹杂（×400）
1—氮化物　2—氧化物　3—条状石墨

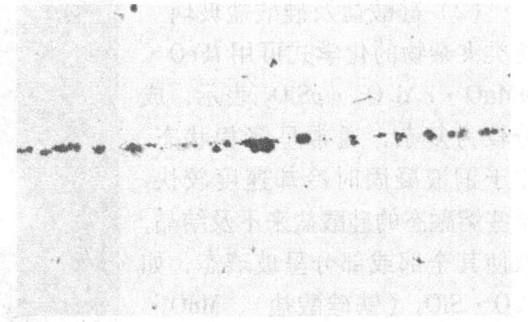

图 7-15　串连状夹杂物（×100）

（3）半塑性夹杂物　半塑性夹杂物以具有可塑性的硅酸盐或铝酸钙为主体，并混杂一定数量的脆性氧化物。热加工时，因主体夹杂物变形受阻而使夹杂物形状呈边界不规则的不连续条状。

（4）球状（或点状）不变形夹杂物　这类夹杂物在热加工过程中仍保持铸态原形而不发生变形。属于此类夹杂物的有 SiO_2、含 SiO_2 较高（质量分数大于 70%）的硅酸盐、CaO 及其溶入 Al_2O_3 后形成的 CaO · Al_2O_3 和 CaO · $2Al_2O_3$ 等，如图

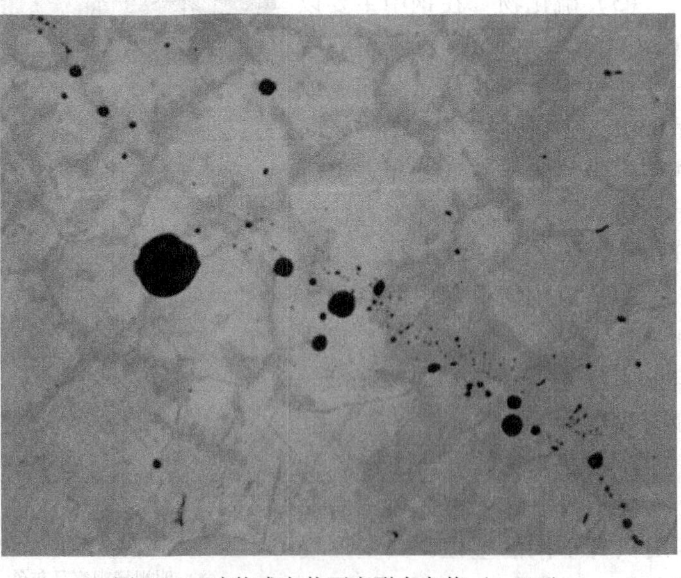

图 7-16　球状或点状不变形夹杂物（×100）

7-16 所示。

对于非金属夹杂物，可按 GB/T 10561—2005《钢中非金属夹杂物含量的测定　标准评级图显微检验法》进行评定。

7.2.3　非金属夹杂物案例分析——20 钢钢板冷弯成形的开裂原因分析

某重型汽车用上托盘在冲压成形时开裂，断裂位置如图 7-17 所示，成形设备为 800t 压床。本批零件 425 件中有 70 件在成形时开裂，选用的材料为 8mm 厚的 20 钢钢板。为了减少同类问题再次发生，采用宏观检验、金相检验、性能测试、断口分析等手段，对上托盘进行分析。

图 7-17　断裂位置

1. 检验方法与结果

（1）宏观断口分析　断裂发生于零件折弯约 90° 的一个边角处，裂纹长度约为 60mm。断口为木纹状，可见明显分层，如图 7-18 所示。

（2）微观断口分析　用扫描电子显微镜观察木纹状断口，发现其微观形貌为韧窝花样。由于冲压变形，韧窝为拉长韧窝。对分层处进行观察，可见许多细条状塑性夹杂物存在于沟壑中，将韧窝分开，如图 7-19 所示。

图 7-18　断口宏观形貌

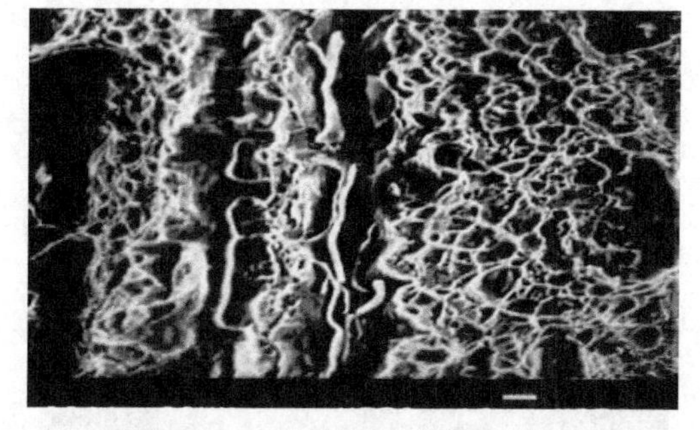

图 7-19　从 MnS 夹杂处裂开（SEM）

（3）化学成分分析　分析结果见表 7-3。

表 7-3　20 钢化学成分

合金元素（质量分数,%）	C	Si	Mn	P	S
测试值（质量分数,%）	0.197	0.21	0.48	0.016	0.031
标准值（质量分数,%）	0.17~0.24	0.17~0.37	0.35~0.65	≤0.035	≤0.035

（4）力学性能试验

1）测试硬度值为 143HBW。

2）取板材纵向和横向两个方向的试样做拉伸试验，测得纵向抗拉强度为 502MPa、屈服强度为 338MPa、断后伸长率 $A=34\%$；横向抗拉强度为 485MPa、屈服强度为 321MPa、断后伸长率 $A=33.5\%$。

3）冷弯试验（180°）结果表明：纵向试样冷弯合格，横向试样冷弯开裂，并且分层，如图 7-20 所示。

（5）酸蚀试验　沿钢板纵向取样，用 1∶1 盐酸水溶液 60～80℃热蚀 15min，在断面上清晰地显示出带状偏析，并且分层，如图 7-21 所示。

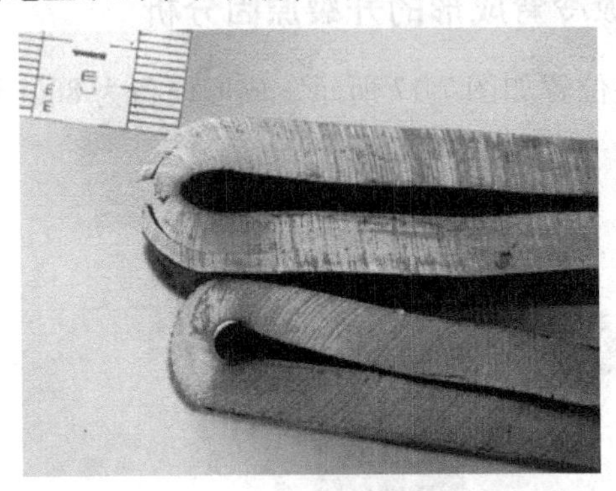

图 7-20　冷弯试验

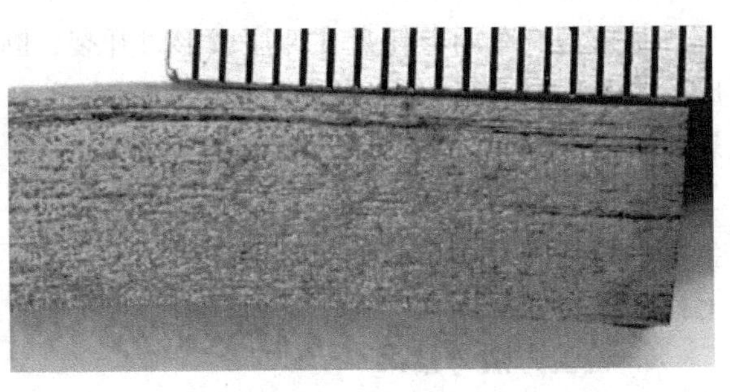

图 7-21　热酸蚀后的带状偏析宏观照片

（6）金相分析　在断口附近取样进行金相检验，发现未侵蚀的试样有明显的塑性夹杂物偏聚，并形成带状，级别为粗系 3 级，如图 7-22 所示。侵蚀后观察，发现裂纹沿铁素体带扩展，如图 7-23 所示。在夹杂物带状附近的铁素体珠光体组织形成带状分布，而其余部分的铁素体珠光体组织为正常的热轧等轴状态，如图 7-24 所示。图 7-25 所示为典型的显微组织形貌，可见夹杂物尺寸较大、数量较多、呈带状分布，经能谱分析，夹杂物为硫化锰夹杂，如图 7-26 所示。

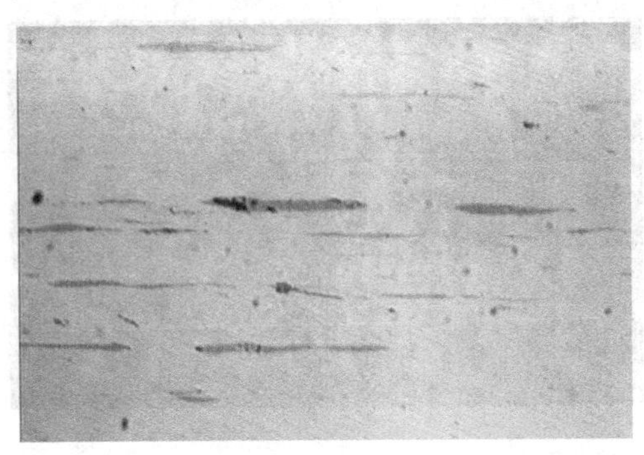

图 7-22　MnS 夹杂（×100）

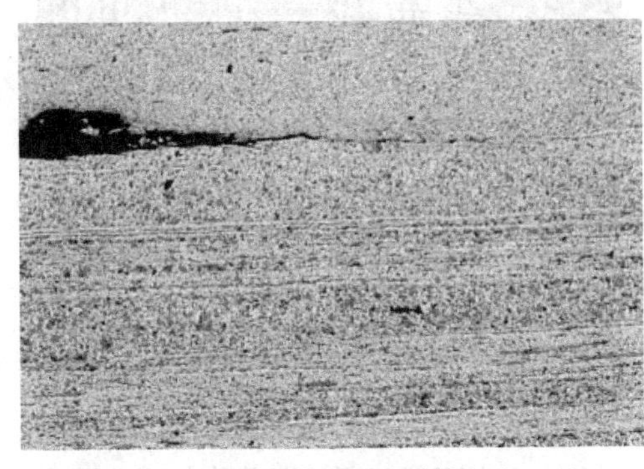

图 7-23　裂纹沿带状组织扩展（×50）

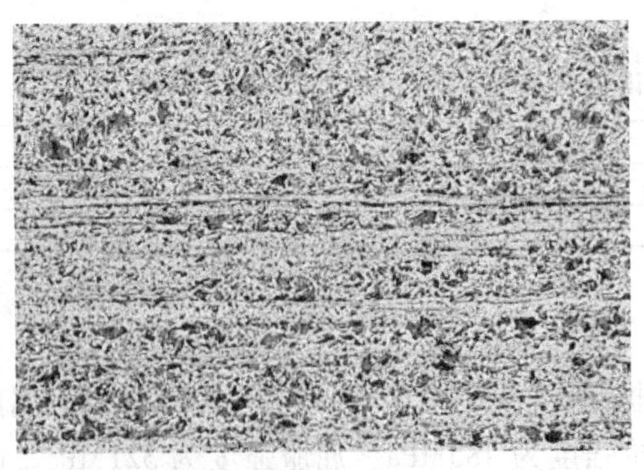

图 7-24　带状组织形貌（×100）

图 7-25　典型的显微组织形貌（×400）

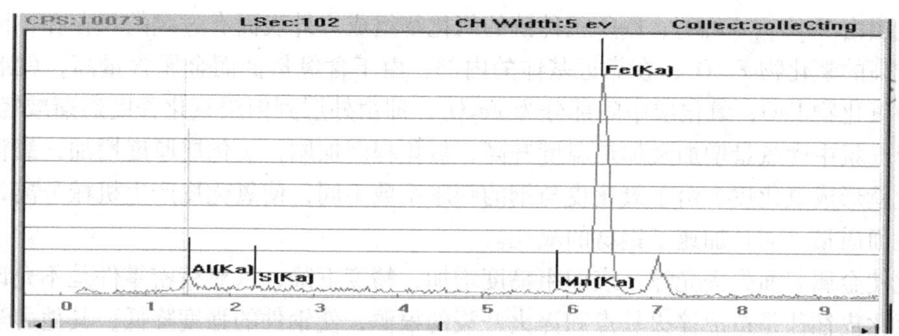

图 7-26　夹杂物能谱分析

2. 分析与讨论

试验结果表明，钢板冷弯开裂是横向塑性降低所造成的。酸蚀试验和金相分析表明，钢板中存在的带状偏析和硫化锰夹杂是主要的影响因素。

（1）带状偏析的影响　钢板带状偏析的形成原因主要是由于凝固时溶质元素在树枝晶之间富集偏聚，热轧时表面等轴晶区和内部柱状晶区都被拉长成带状，当轧后冷却速度不够快时各区域溶质元素浓度不同，使得相应区域相变温度不同。带状偏析组织沿着轧向分布，严重影响了钢板横向性能的连续性，使得横向塑性显著变差，尤其是冷弯性能大幅降低。如图 7-23 所示，在断裂过程中裂纹沿带状组织扩展延伸，表明带状偏析在受力过程中是一个薄弱环节。

（2）硫化锰夹杂的影响　硫元素含量对钢板冷弯性能的影响是另一个主要因素。在 20 钢中，硫大部分以 MnS 夹杂的形式存在，MnS 是一种塑性夹杂物，在轧制过程中沿钢板伸长方向延展，并且随着轧制温度的降低，MnS 更易延伸成长条状。金相分析表明该板材 MnS 夹杂严重，化学成分分析结果也证实了该钢板中硫的含量较高。MnS 夹杂对性能的影响是显而易见的，从图 7-19 中明显地看出 MnS 割裂了性能的连续性，钢板从 MnS 边界裂开分离，而 MnS 夹杂两侧是塑性较好的韧窝形貌。在横向冷弯时，因钢板上部受拉应力，拉应力方向与轧向垂直，而轧向硫化物细长，所以产生的显微孔洞较大，因此在受到垂直拉应力时发生了分离裂开。

由于带状偏析是钢锭凝固时的枝晶偏析经轧制后形成的，而枝晶偏析区正好也是 MnS 夹杂的聚集区，所以带状偏析和 MnS 夹杂相互伴生，共同作用，使得钢板的横向冷弯性能变差。

3. 结论

由以上分析可知，钢板中存在的带状偏析组织和伴生的长条状硫化锰夹杂物破坏了钢板横向性能的连续性，致使钢板在冷弯成形时开裂。

4. 建议

应加强原材料入厂检验，为提高产品质量做好充分准备。

7.3　氧化脱碳及案例分析

7.3.1　氧化脱碳的形成

1. 氧化

氧化是钢在氧化性气氛中（如 O_2、CO_2、H_2O-水蒸气）加热时，表面产生氧化层的现象。氧化层由 Fe_2O_3、Fe_3O_4、FeO 三种铁的氧化物组成。外表面有过剩的氧存在，因而形成含氧量较高的氧化物 Fe_2O_3；在靠近基体的内部，由于含氧量低而金属含量高，就形成含氧量较低的氧化物 FeO；氧化层中间部分为 Fe_3O_4，即由外层到内层氧化程度逐渐减轻。

随着气氛中含氧量增加及加热温度升高，氧化程度加剧，氧化层厚度增加，氧化层达到一定厚度就形成氧化皮。由于氧化皮与钢的膨胀系数不同，使氧化皮产生机械分离，不仅影响钢的表面质量，而且加速了钢材的氧化。

氧化使金属表面失去光泽，表面粗糙度增加，精度下降，这对精密零件是不允许的。钢表面的氧化皮往往是造成淬火软点和淬火开裂的根源，使钢件的强度降低，其他力学性能亦下降。表面氧化一般同时伴随表面脱碳。

图 7-27 所示为 T12 钢完全退火的显微组织，用4% 硝酸酒精溶液侵蚀后，从表层到心部的显微组织依次为：最外层灰色的氧化皮、次表层脱碳的亚共析层、较深色的共析层，以及心部的白色网状二次渗碳体和片层状珠光体。

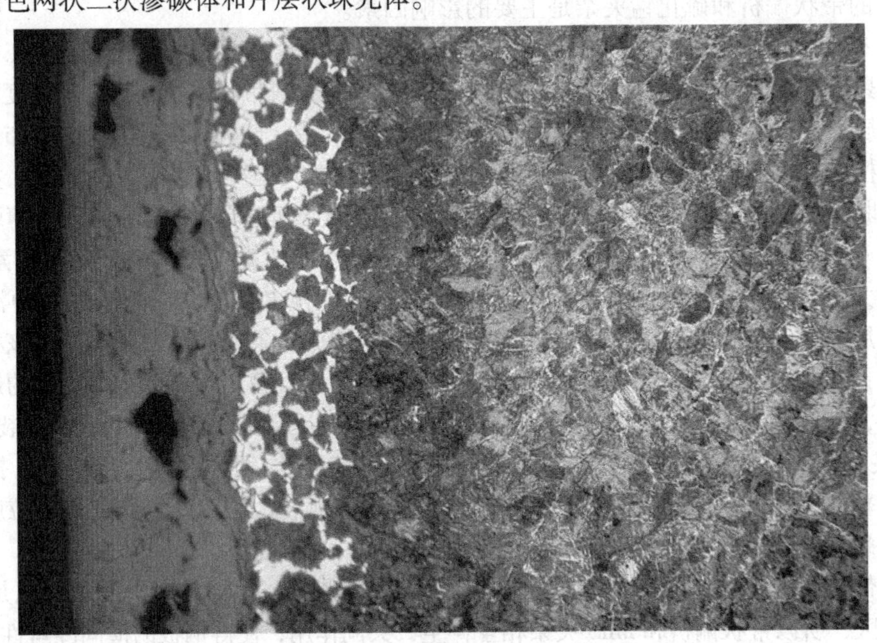

图 7-27　T12 钢表面氧化与脱碳（×100）

试样表面的灰色氧化皮没有完全脱落，在制样时完整地保留下来。脱碳层组织为白色网状铁素体和珠光体，说明工件在加热时表层只产生了半脱碳层；紧接着是共析层，组织为珠光体；再向里是心部组织，即 T12 钢完全退火状态下的白色网状二次渗碳体和片层状珠光体。

纵观整个试样的显微组织，如果表层组织中的铁素体量多于心部（对于亚共析钢而言）或心部没有铁素体（对于共析钢或过共析钢而言），基本上可以判断试样表面产生了脱碳；当表层组织全部是铁素体时，说明试样表面产生了全脱碳；当表层组织为铁素体和珠光体时，说明试样表面产生了半脱碳。

2. 内氧化

内氧化是指在渗碳或者碳-氮共渗气氛中，总是含有一定量的 O_2、H_2O、CO_2 气体。当炉内气氛中这些组分的含量较高、或因炉子密封不好有空气侵入、或者零件表面有严重的氧化皮时，在渗碳过程中将发生内氧化。内氧化的实质是：在高温下，吸附在零件表面的氧可沿奥氏体晶粒边界扩散，并和与氧有亲和力的元素（如 Ti、Si、Mn、Al、Cr）发生氧化反应，形成金属氧化物，造成氧化物附近基体中合金元素的质量分数减少，淬透性降低，淬火组织中出现非马氏体组织。

图 7-28 所示为 40Cr 钢碳氮共渗后的淬火组织及 20Cr 钢渗碳后的退火组织。

图 7-28a 所示为 40Cr 钢碳氮共渗淬火试样抛光后未侵蚀的组织，表层为沿晶界分布的黑色网状组织。

图 7-28b 所示为 40Cr 钢碳氮共渗淬火试样侵蚀后的组织，表层为含氮马氏体及沿晶界分布的黑色网状组织，心部为淬火中碳马氏体。由于内氧化，使晶界处合金元素贫化，淬透性降低，在相同的冷却速度下，试样表面形成沿晶界分布的黑色网状组织，这种黑色网状组织是由合金氧化物、托氏体、贝氏体等组成的混合组织。

图 7-28c 是 20Cr 钢渗碳后的退火组织，由于内氧化渗碳层中形成了反常组织，即在渗碳体网周围因脱碳而形成了异常的自由铁素体网络。

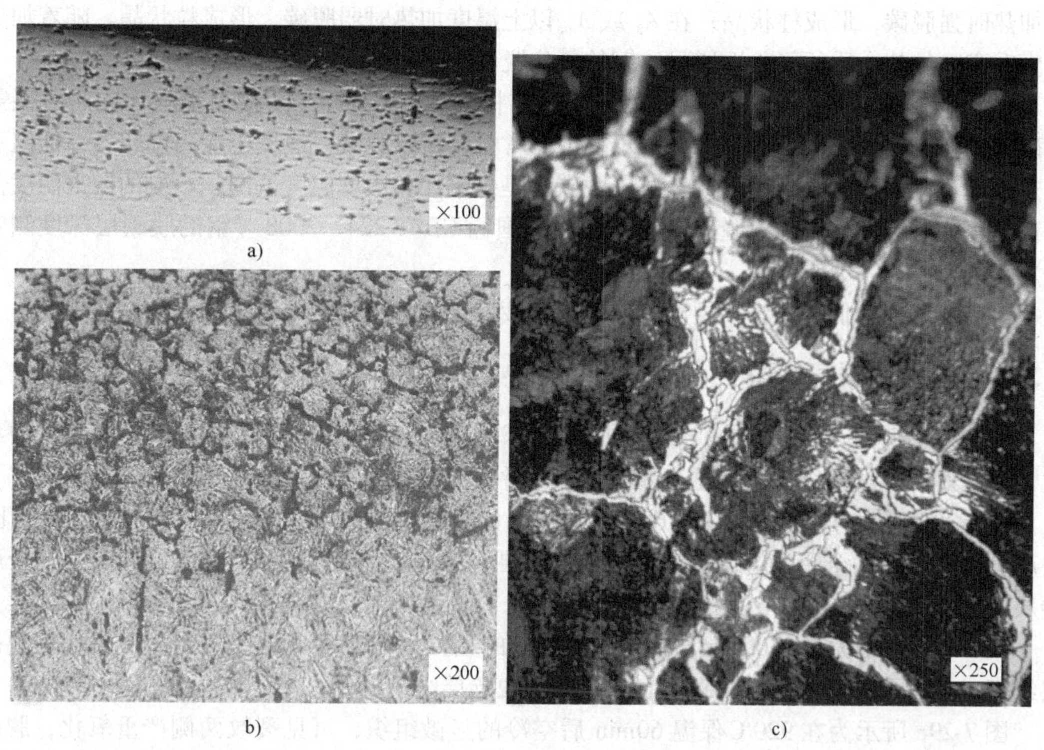

图 7-28　40Cr 钢碳氮共渗后的淬火组织及 20Cr 钢渗碳后的退火组织
a)、b) 侵蚀前 40Cr　c) 20Cr 渗碳后退火

由于内氧化，表层出现非马氏体组织，零件表面的显微硬度明显下降。内氧化层深度小于 13μm 时，对疲劳强度没有明显的影响；内氧化深度大于 13μm 时，疲劳强度随氧化层的增加而明显下降。内氧化的存在也影响表面残余应力的分布，内氧化层越深，表面张应力越大。为了防止内氧化，在渗碳或碳氮共渗过程中，应选择那些不易产生内氧化的钢。内氧化与某些合金元素的存在以及在奥氏体中的含量有关。合金元素 Ti、Si、Mn 和 Cr 易被氧化，而 W、Mo、Ni 和 Cu 不易被氧化。在含 Ni 的钢中，可以有效地防止钢的内氧化。在 Cr-Mo

类钢中，Mo 的质量分数偏低（0.2%）时，总是发现内氧化；采用质量分数为 0.5% 或更高的钼钢，对防止内氧化和提高淬透性非常有益。当 Mo 和 Cr 的质量比在 0.4 以下时，可以观察到内氧化层的深度达 14 ~ 20μm；Mo 和 Cr 的质量比为 1 时，钢中则观察不到内氧化现象。对于 Cr-Ni-Mo 类钢，当 Mo 和 Cr 的质量比为 0.4，而 Ni 的质量分数为 1% 时，也不易出现内氧化现象。国外已相继研制出能够抑制内氧化的新型渗碳钢。

3. 脱碳

脱碳是指钢在加热时表面碳的质量分数降低的现象。脱碳的实质是钢中的碳在高温下与氧和氢等发生作用，生成一氧化碳或甲烷，逸出钢件表面，使钢件表面碳的质量分数降低。氧、氢、二氧化碳、水使钢在加热过程中脱碳，而一氧化碳、甲烷可以使钢增碳。一般情况下，钢的氧化、脱碳是同时进行的。当钢表面的氧化速度小于碳从内层向外层的扩散速度时，发生脱碳；反之，当氧化速度大于碳从内层向外层的扩散速度时，发生氧化。因此，在氧化作用相对较弱的氧化气氛中，容易产生较深的脱碳层。

脱碳时，钢表面形成的铁素体晶粒形状有柱状和粒状两种。钢在 $A_1 \sim A_3$ 或 $A_1 \sim A_{cm}$ 区域内加热时强脱碳，形成柱状晶；在 A_3 或 A_{cm} 以上温度加热时弱脱碳，形成粒状晶。随着加热温度升高，加热介质的氧化性增强，钢的氧化脱碳性亦增强。

通常，在高温下（一般指 700℃以上），钢中碳原子比铁原子更容易氧化，同时脱碳需要碳原子在钢中的扩散；低温下碳原子扩散非常慢，所以脱碳一般发生在高温状态，低温下加热一般不存在明显脱碳。习惯上讨论脱碳都是指钢在奥氏体温度范围，一般的回火温度范围都是氧化，不发生脱碳。脱碳层深度可根据国标 GB/T 224—2008《钢的脱碳层深度测定法》进行测定。

脱碳会明显降低钢的淬火硬度、耐磨性和疲劳性能，高速钢脱碳会降低热硬性。

7.3.2　氧化脱碳层组织

图 7-29 所示为 45 钢在 920℃加热 15min 水淬后，沿纵截面产生了平行于轴线的纵向裂纹，然后对有裂纹的试样分别在不同温度加热并保温 60min 空冷后裂纹尾部的显微组织。

图 7-29a 所示为在 780℃保温 60min 后空冷的显微组织，可见裂纹两侧有严重的氧化，并产生了柱状晶的全脱碳层，几乎没有半脱碳层。780℃是 45 钢的 Ac_3 温度，此温度的全脱碳层达到最深。

图 7-29b 所示为在 850℃保温 60min 后空冷的显微组织，可见裂纹两侧严重氧化，脱碳层组织由靠近裂纹两侧的全脱碳层和向里的半脱碳层组成。

图 7-29c 所示为在 920℃保温 60min 后空冷的显微组织，可见裂纹两侧严重氧化，脱碳层组织只有粒状晶的半脱碳层，没有全脱碳层。

由图 7-29 可以看出，随着加热温度的升高，全脱碳层逐渐消失，半脱碳层出现，而且全脱碳层中的柱状晶逐渐向大晶粒转变直到消失，半脱碳层中全部为粒状晶。

45 钢淬火纵向裂纹在不同温度加热保温 60min 后空冷，其氧化程度不同。随着加热温度升高，原子扩散系数增大，钢的氧化速度加快。当温度超过 800℃后，氧化率几乎呈直线急剧上升。由 Fe-O 相图可知，在 570℃以下，钢件表面形成的氧化层主要包括 Fe_3O_4 和 Fe_2O_3，和钢件直接接触的是致密的 Fe_3O_4 薄膜，所以氧化速度较慢；在 570℃以上的氧化层不但有 Fe_3O_4 和 Fe_2O_3，还有和钢件直接接触的结构比较疏松的 FeO，氧和铁原子容易通过

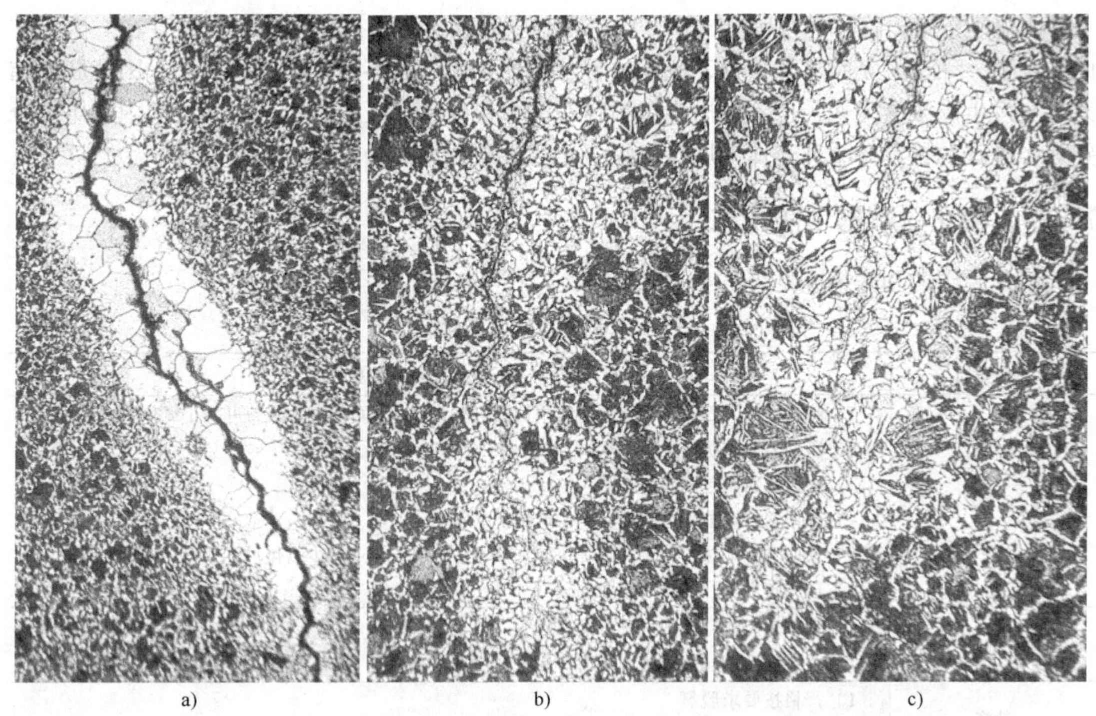

图7-29 45钢淬火纵向裂纹在不同温度加热保温60min空冷后裂纹两侧的氧化脱碳（×100）
a）780℃ b）850℃ c）920℃

FeO而进行扩散，氧化速度急剧增加。在高温下加热，当金属表面形成的氧化层厚度小于300nm时称为氧化膜；当氧化层厚度大于300nm时称为氧化皮。

45钢在Ac_1以上加热时，裂纹两侧的脱碳程度不同，脱碳层组织形态也不一样。在Ac_1 ~Ac_3温度加热，强脱碳产生柱状晶的全脱碳层，不存在半脱碳。这是因为氧化脱碳是反应扩散过程，亚共析钢在此温度加热保温时，根据相律及反应扩散的特点，在二元合金扩散区中不存在混合相。因为多相共存的条件是化学位相等，而当化学位相等时，扩散又失去了驱动力，这又不符合扩散的原理。所以此区间浓度分布不连续，相界面上有浓度的突变，因此在该区间加热会形成全脱碳层。由于碳从表面定向地发生下坡扩散，因此全脱碳层中的铁素体发生定向再结晶，形成柱状晶粒，空冷后由表层向内的组织分别为全脱碳的铁素体→原始组织。

当保温时间一定时，随着温度的升高，全脱碳层加深，温度升高到Ac_3时，全脱碳层深度达到最大，这一点有些弹簧钢的脱碳实验也已经证实。随后继续升高温度至奥氏体单相区（大于Ac_3或Ac_{cm}）时，脱碳仅在奥氏体基体的表层进行，当最表层碳的质量分数降低到Ac_3点对应的值时，碳浓度又发生突变，降低至铁素体中碳的质量分数，从而形成全脱碳层，这时全脱碳层厚度显著减薄，其晶粒趋于颗粒化。奥氏体中碳的质量分数从表层向内由低到高增加直至钢的原始碳的质量分数，在空冷时奥氏体发生亚共析转变，形成铁素体+珠光体组织。随着碳的质量分数的增加，铁素体量减少并沿珠光体周围呈网络状析出；随着加热温度的升高，试样表面脱碳层深度进一步加厚，网状铁素体的半脱碳层加深，与中心基体组织的界限也变得越来越模糊，空冷后由表层向内的组织分别为全脱碳的铁素体→半脱碳的铁素体+珠光体→原始组织，如图7-29b所示。

当温度继续升高并超过 G 点（912℃）后，全脱碳层消失，只有半脱碳层存在。因为在此温度下，无论气氛碳势如何低，脱碳过程从表面至中心始终处于奥氏体状态，因此脱碳结果不会发生碳浓度突变，也不会出现单独存在的单一铁素体区。空冷后由表层向内的组织分别为半脱碳的铁素体＋珠光体→原始组织，半脱碳层的组织为粒状晶。

7.3.3　氧化脱碳的预防措施

氧化脱碳的预防措施见表 7-4。

表 7-4　防止或减少氧化脱碳的措施

加热介质	防止或减少氧化脱碳的措施
空气	1）将工件埋入石英砂＋铸铁屑箱中加热可防止氧化，再填加木炭粉可防止氧化脱碳 2）工件表面涂防氧化脱碳涂料 3）采用不锈钢包套密封加热 4）采用密封罐抽真空或抽真空后通保护气氛 5）采取感应加热、激光加热等快速加热方法，可防止或减少氧化 6）已脱碳件可在吸热气氛中复碳
火焰炉燃烧产物	1）调节燃烧比，使炉气具有还原性 2）将燃烧产物净化后通入罐内作保护气
盐浴	1）严格按要求脱氧 2）中性盐添加木炭粉、CaC_2、SiC 等含碳活性组分
保护气氛	1）采用一定纯度的惰性气体保护可防止氧化，若防脱碳则应使用深度净化的惰性气体，使 O_2 的体积分数小于 10×10^{-6}，露点低于 −50℃ 2）制备气氛可控碳势，使碳势接近或等于钢中碳的质量分数
真空	1）一定的压升率，防止“穿堂风” 2）回充气体或冷却气体要达到保护气体的净化水平

7.3.4　氧化脱碳案例分析

1. 45 钢多次重复热处理中的氧化与脱碳

图 7-30 所示为将 45 钢试样在 820℃ 经过多次反复的退火、正火、淬火以及 200℃、400℃、600℃回火后，重新再进行 820℃退火后的显微组织。试样尺寸为外径 ϕ30mm、内径 ϕ10mm、厚度为 10mm。

将试样切开后，发现有一条起源于内表面并垂直于轴线且沿径向扩展的圆弧裂纹，具有外阔内尖的“楔形”特征，深度约为 3mm。图 7-30a 所示为试样切开后的实物截面图。

通过检查发现，所有相同的热处理试样几乎都产生了形状、位置和长度基本一致的裂纹。裂纹的产生可能与以下几种情况有关：

1）和多次反复热处理有关。在多次热处理过程中试样表面产生严重的氧化与脱碳，外表面的氧化皮每次热处理后都被磨掉，而内孔的氧化皮无法去除被保留下来，随着热处理次数增多，氧化皮厚度增加，使钢的淬火开裂倾向加大。

2）和试样内部的传热方式有关。试样在炉内加热时，当试样表面达到给定温度时，其内部需要通过热传导方式获得所需的温度，这样无论从上到下还是从下到上，以及从外表面到内部（图 7-30a），试样内孔的烧透（达到所需温度）、组织转变及化学成分的均匀都是最

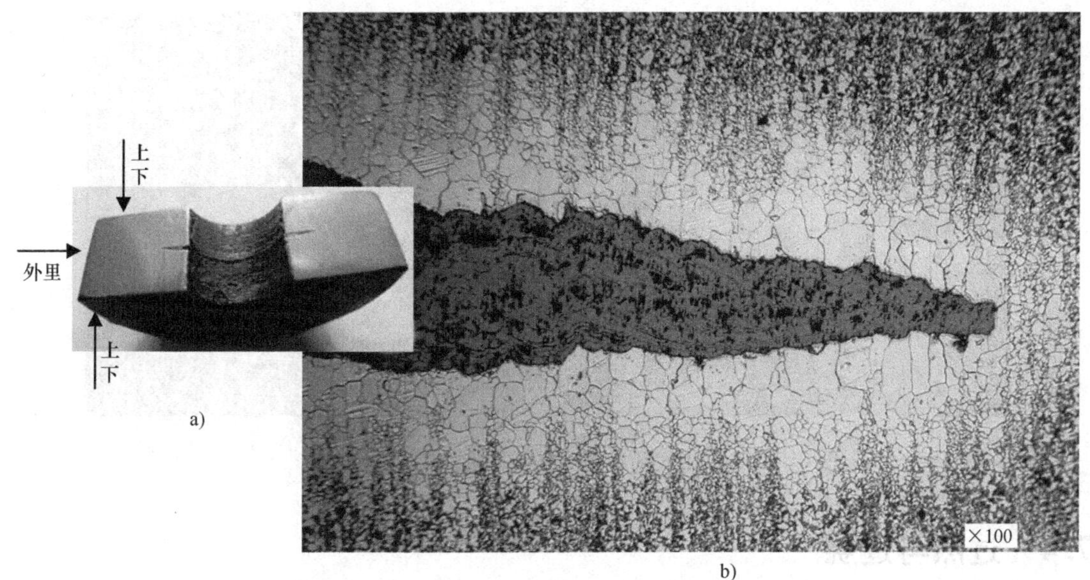

图 7-30　45 钢淬火裂纹在反复热处理后裂纹两侧的氧化脱碳

a）实物横截面　b）裂纹处显微组织

晚的，保温时间此处也是最短的，内孔加热介质的对流是不畅通的。

3）和淬火冷却时试样的入水方式有关。每次淬火冷却时试样都是以厚度方向垂直入水，内孔也是冷却介质循环较薄弱的区域。

4）和原始组织有关。试样纵截面上存在严重的带状组织，使横截面上的力学性能显著降低。

以上多种原因的综合作用，使试样在淬火时产生了弧形裂纹。

从图 7-30 中可以看到，在整个裂纹内部充满了多层氧化物，两侧是大晶粒的全脱碳层，向内是细小粒状晶的半脱碳层。试样淬火产生裂纹后第一次回火时，两侧产生的氧化皮因裂纹较细并未脱落。在重新退火、正火时产生了氧化及铁素体的全脱碳层，向内是半脱碳层的铁素体＋珠光体；再重新淬火时，全脱碳层的铁素体不发生改变，只是重结晶时使晶粒变得细小，而氧化皮进一步加厚。这样经过多次热处理后，氧化层逐渐加厚并表现出多层，脱碳层逐渐加深，裂纹尾部因周围是铁素体组织而并未再继续扩展，所以重新经过多次热处理后，其尾部也失去了淬火裂纹的特征而变得圆钝。

从图 7-30 中还可以看到，试样尽管经过了多次热处理，但带状组织特征依然明显，而且存在严重的混晶现象，裂纹也垂直于带状组织，这些缺陷组织对裂纹的产生都起着促进作用。由此也可知，常规热处理工艺对带状组织是不能消除的。

2. T8 钢完全退火时的氧化与脱碳

图 7-31 所示为 T8 钢完全退火显微组织，从表层到心部显微组织依次为最表层灰色的氧化皮、半脱碳层的铁素体和珠光体、心部的片层状珠光体。半脱碳层从外向内铁素体量由多到少，晶粒由块粒状到网状直至消失。

由于加热温度较高，冷却速度缓慢，试样表面产生了严重的氧化与脱碳。但在脱碳过程中，由于奥氏体中的碳浓度还未降低至 Ac_3 点，所以脱碳层的组织由表层向内依次为半脱碳的铁素体＋珠光体→原始组织，半脱碳层的铁素体由多到少，并从粒状晶逐渐变为网状直到消失。

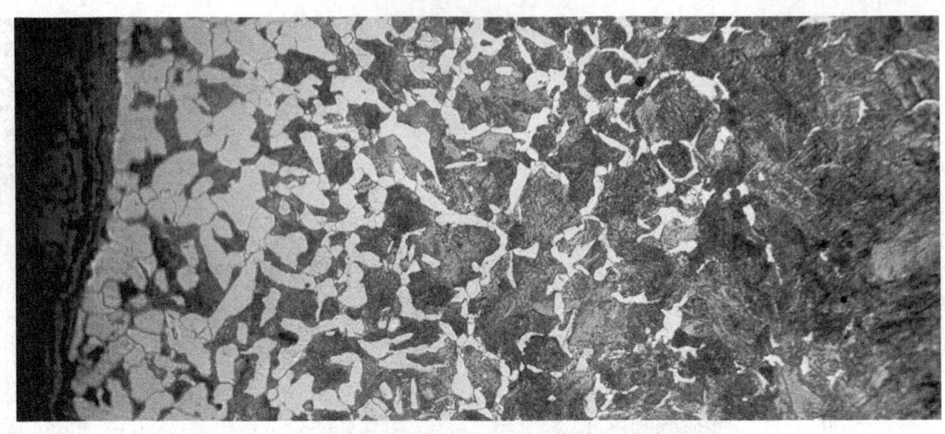

图 7-31　T8 钢表面氧化与脱碳（×100）

7.4　过热与过烧

金属或合金在热处理加热时，由于温度过高或保温时间过长，使晶粒粗化，导致性能显著下降的现象称为过热；加热温度接近其固相线附近时，晶界氧化并开始部分熔化的现象称为过烧。

7.4.1　过热

1. 过热显微组织特征

过热组织包括①结构钢的晶粒粗大、马氏体粗大、残留奥氏体过多、出现魏氏组织；②高速钢的网状碳化物、共晶组织（莱氏体组织）、萘状断口；③马氏体型不锈钢的铁素体过多；④黄铜合金脱锌，使表面出现白灰，酸洗后呈麻面等。

按照正常热处理工艺消除的难易程度，可将过热组织分为稳定过热和不稳定过热两种类型。一般过热组织可通过正常热处理消除，称为不稳定过热组织。稳定过热组织是指经一般正火、退火和淬火不能完全消除的过热组织。

过热的重要特征是晶粒粗大，它将降低钢的屈服强度、塑性、冲击韧性和疲劳强度，提高钢的脆性转变温度；过热的另一个重要特征是淬火马氏体粗大，它将降低冲击韧性和耐磨性能，增加淬火变形和开裂倾向。过热缺陷还有魏氏组织、网状碳化物、石墨化、共晶组织、萘状断口、石状断口等，这些缺陷不仅大大降低钢的力学性能和使用性能，而且很容易同时产生淬火开裂。不同材料典型的过热组织如图 7-32 所示。

图 7-32a 所示为 45 钢在 930℃加热保温 15min 水淬的显微组织，由灰色粗大淬火中碳马氏体、灰白色残留奥氏体和马氏体基体组成，右上角的黑色条状是沿晶界的淬火裂纹。由于淬火加热温度远远超过正常淬火加热温度，导致奥氏体晶粒粗化，淬火后得到粗大马氏体，组织应力增加，钢的脆性也增加，淬火后在试样中产生了和轴线平行的单条纵向裂纹。

图 7-32b 所示为 T10A 钢工件淬火开裂后近裂纹处的显微组织，由沿晶界的黑色托氏体、粗大的高碳片状马氏体、白色残留奥氏体以及极少量的颗粒碳化物组成。高碳钢过热组织除了粗大马氏体及较多的残留奥氏体外，还会使碳化物的数量减少，硬度降低。

图7-32c所示为W18Cr4V钢的轻度淬火过热组织，在灰白色隐针状马氏体和残留奥氏体基体上分布着白色粒状二次碳化物及沿晶界的块状共晶碳化物，过热程度为2级。晶粒粗大、棱角状碳化物以及针状马氏体的出现，都是钢材过热的特征。过热使钢的力学性能下降，脆性增大，有可能造成刀具开裂、变形或在使用中发生崩裂现象。

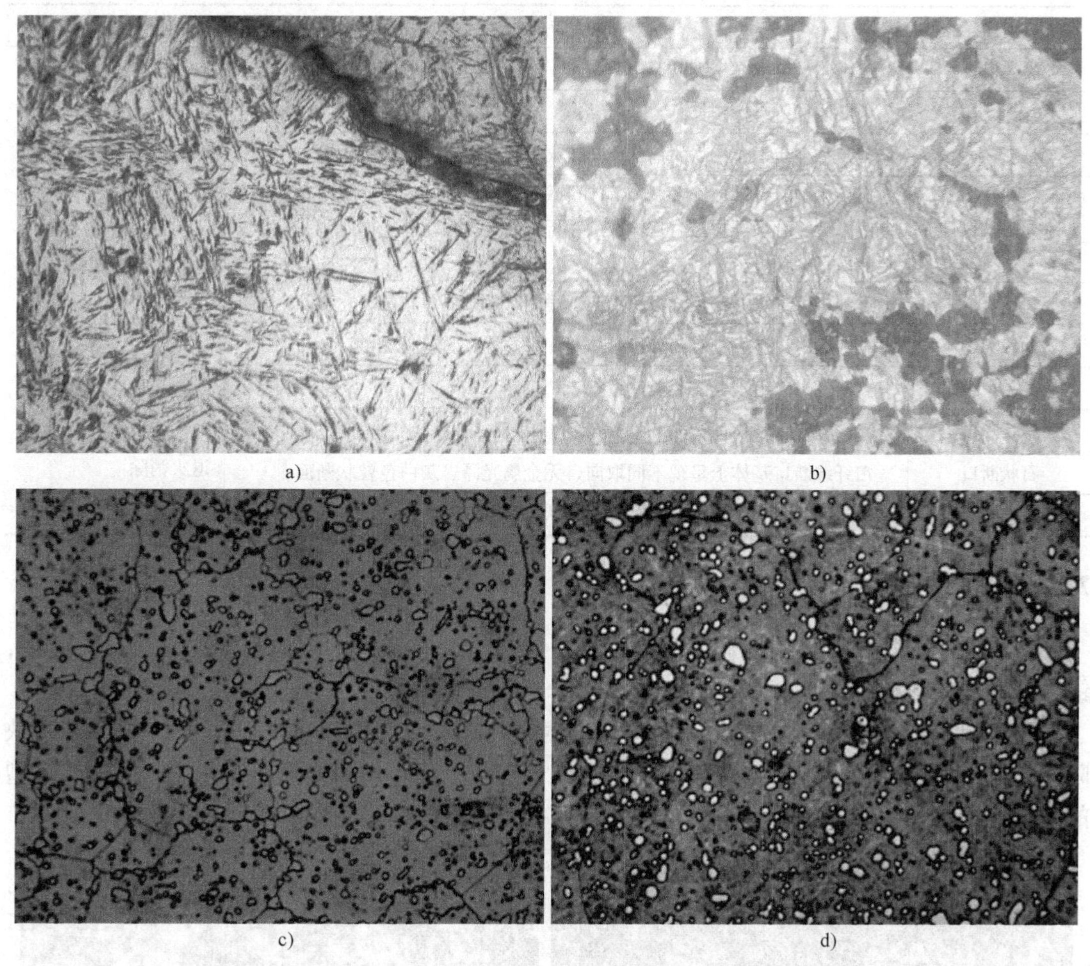

图7-32　不同材料的典型过热组织（×400）

a）45钢过热组织　b）T10A钢过热组织　c）高速钢轻度过热组织　d）高速钢萘状断口金相组织

图7-32d所示为W18Cr4V钢重复二次加热淬火（萘状断口）的显微组织，灰白色基体为隐针状马氏体和残留奥氏体，其上分布着未溶解的白色粒状碳化物。奥氏体晶粒特别粗大，超过1级，但是见不到过热的棱角状碳化物和过烧的莱氏体组织。出现这种特大晶粒是重复二次加热淬火的特有组织形态。如果将工件击断，则呈萘状断口，即具有特殊闪光的粗糙断口。萘状断口的硬度、热硬性和正常断口的无区别，但强度、韧性很差，工件使用时会早期失效，属于高速钢常见缺陷之一。高速钢出现组织缺陷时，必须经过球化退火后再淬火才能得到正常的组织，切记不能简单地重复淬火。

2. 过热组织预防措施

为了防止产生过热，应正确制订并实施合理的热处理工艺，严格控制炉温和保温时间。

一般过热组织可以通过多次正火或退火消除；对于较严重的过热组织，如石状断口等，不能通过热处理方法消除，必须采用高温变形和退火联合作用的方法才能消除。各种过热组织特征和预防挽救措施见表 7-5。

表 7-5　过热组织特征及预防挽救措施

名称	主要特征	预防挽救措施
晶粒粗大	奥氏体晶粒度在 3 级以下	1）防止过热，严格控制炉温及保温时间，降低加热速度或阶段升温 2）通过多次正火或退火消除 3）石状断口不能通过普通热处理消除，必须通过高温变形细化晶粒，再进行退火消除
马氏体粗大	马氏体板条或针较长，为 7 ~8 级	
残留奥氏体过多	碳及合金元素含量高的钢种，其淬火组织中残留奥氏体多	
魏氏组织	亚共析钢的铁素体在奥氏体晶界及解理面析出，呈细小的网状组织，有些以针状沿晶界向晶内延伸；过共析钢的碳化物在奥氏体晶界呈网状，在晶内呈针状析出	
网状碳化物	过共析钢过热时在显微组织中出现呈网状沿晶界分布的碳化物	
石墨化（黑脆）	高碳钢退火组织中有部分渗碳体转变为石墨，断口呈黑色	
共晶组织	高速钢过热出现共晶莱氏体组织	
萘状断口	断口上有许多取向不同、比较光滑的小平面，像萘状晶体一样闪闪发光	
石状断口	在纤维断口基体上呈现不同取向、无金属光泽、灰白色粒状断面	
δ-铁素体过多	Cr13 型不锈钢过热时，在组织中有大量 δ-铁素体	

7.4.2　过烧

过烧组织包括晶界局部熔化、显微孔洞，铝合金表面发黑、起泡及断口呈灰色无光泽，镁合金表面氧化瘤等。

过烧组织使零件性能严重恶化，极易产生热处理裂纹，所以过烧是不允许的热处理缺陷。一旦出现过烧，整批零件只能报废。因此，在热处理生产中要严格防止出现过烧。典型的过烧组织如图 7-33、图 7-34 所示。

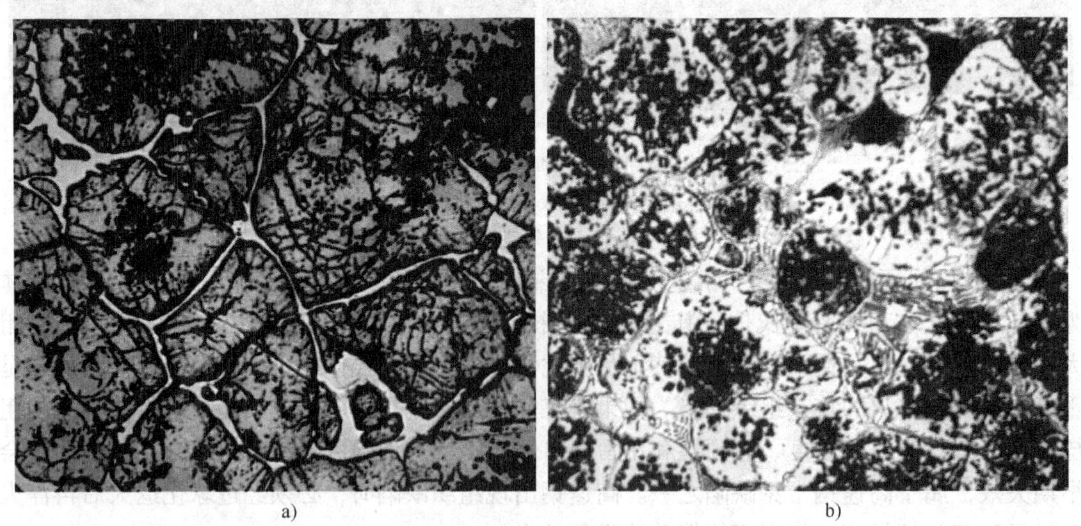

a)　　　　b)

图 7-33　W18Cr4V 过烧组织（×400）

a）过烧组织　b）严重过烧组织

图7-33a 所示为 W18Cr4V 钢的淬火过烧组织，由灰白色隐针状马氏体和残留奥氏体基体、沿晶界亮白色网状碳化物及黑色托氏体组成。若淬火加热温度过高，不仅使碳化物完全溶解，在随后的冷却过程中沿奥氏体晶界析出网状或半网状共晶碳化物，而且在晶内形成黑色网状托氏体组织。

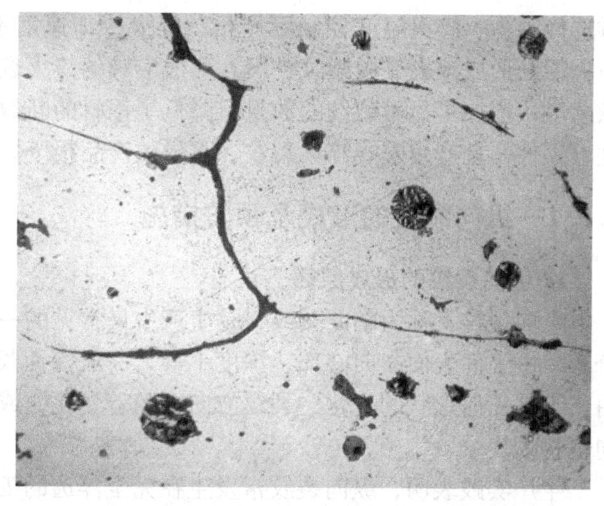

图7-34　铝合金过烧组织（×400）

图7-33b 所示为 W18Cr4V 钢的严重淬火过烧组织，图中白色区域为隐针状淬火马氏体和残留奥氏体基体，大块黑色组织为索氏体+托氏体混合组织，晶界处灰色鱼骨状为共晶莱氏体。由于加热温度过高，不仅使碳化物完全溶解，而且在奥氏体晶界上发生大量熔化，随后冷却时，在熔化处形成大量莱氏体组织，奥氏体晶粒中间出现黑色组织。这种严重的过烧组织会使刀具严重变形，出现收缩和皱皮，导致刀具报废。

由于高速钢奥氏体晶粒度的大小取决于淬火温度的高低，故高速钢在热处理后就应进行晶粒度评定，这是热处理临炉检测质量的方法之一。

图7-34 所示为2A12（LY12）高强度硬铝合金壳体在固溶处理后全部开裂的典型过烧组织，侵蚀剂为混合酸水溶液。

由图7-34 可见，在α固溶体上分布着大量复熔球，局部晶界已经复熔，可熔相已全部固溶于α固溶体中。造成过烧的原因是加热温度过高。

7.5　热处理裂纹及案例分析

热处理是金属零件改善力学性能、物理性能、化学性能、工艺性能，提高产品使用寿命和提高效能的重要工艺方法。但是零件一旦产生或形成裂纹，则产品必须报废，造成很大的经济损失。在热处理的全过程中，如淬火加热及冷却、回火、退火、正火、冷处理、时效等工序中，如果某些因素（设计、工艺、设备、操作等）不当，均有产生裂纹的可能性，有时在淬火及回火中虽未形成裂纹，但潜在的热处理隐患在以后的工序中（如磨削、电镀等）也会产生裂纹。因此，了解热处理裂纹形成的机理、掌握影响裂纹的诸多因素、提出防止各种热处理裂纹的措施，在生产中有着重大的意义。

金属零件因其毛坯状态（铸造态、锻造态、冷轧态等）、内部缺陷、化学成分、形状结构、尺寸大小等因素的不同，引发热处理裂纹的倾向亦不同；同时，不同的热处理工艺方法，如淬火、回火、冷处理等，裂纹形成的规律也不同。但从裂纹产生和发展的观点来看，它们有着各自的特征。

淬火裂纹主要分为微观裂纹与宏观裂纹两种类型。微观裂纹由微观应力（第二类应力）引起；宏观裂纹主要由宏观应力引起。在实际生产中，钢制工件常由于结构设计不合理、钢材选择不当、淬火温度控制不严格、淬火冷却速度不合适等因素，一方面增大了淬火内应力，使已形成淬火显微裂纹扩展，形成宏观的淬火裂纹；另一方面，由于增大了显微裂纹的敏感度，增加了显微裂纹的数量，降低了钢材的断裂强度，从而增大了淬火裂纹形成的可能性。钢件一旦产生宏观淬火裂纹，将导致产品报废。

7.5.1　纵向裂纹的形成及预防措施

1. 纵向裂纹的形成原因

纵向裂纹又称为轴向裂纹，是生产中最常见的一种淬火裂纹。这类裂纹的特征是沿轴向分布，由工件表面裂向心部，深度不等，一般深而长，在钢件上常有一条或数条纵向裂纹。由于工件几何形状的变化，裂纹方向也随着变化，或者由于内部组织缺陷的影响，裂纹的走向也将改变。

生产实践表明，纵向裂纹常发生在完全淬透的工件上。当表面产生的切向拉应力比轴向应力大，而且当它超过该区域的断裂强度时，就形成纵向裂纹。

钢件在完全淬透时，工件中心和表面都得到马氏体组织，内外硬度相近，但工件表面和中心的组织转变不是同时进行的。由于淬火时表面冷得快，先发生奥氏体向马氏体的转变，等表层马氏体转变完成时，中心才开始进行奥氏体向马氏体的转变。由于马氏体的比体积大，最终形成的组织应力在表面形成拉应力、心部形成压应力；同时由于冷却的不同时性，热应力使表面形成压应力、心部形成拉应力。一般来说，相对截面尺寸较小的工件全部淬透时，与组织应力相比，热应力较小，二者叠加之后，表面仍然为拉应力，心部为压应力。当表面的切向拉应力比轴向拉应力大，而且超过材料的断裂强度时，便可能形成由表面向内部的纵向裂纹（以下简称纵裂）。

纵裂起源于试样的纵向表面，在向纵向扩展的同时，又以垂直表面的方向向横截面内部扩展，形成外阔内尖的楔形裂口（对于圆形截面的棒材而言，在横截面上，纵裂是沿直径方向向内扩展的），其深度扩展为从表面到直径中心附近。

纵裂的扩展总是终止于截面的中心处附近，因此不能使淬火件完全裂开。所以，外观上的纵向单条裂纹和横截面上的楔形裂口，是纵裂具有特征性的基本宏观形态。

纵裂是淬透件的独有淬裂形式。因此，淬透是纵裂形成的必要条件。

2. 影响钢件纵向裂纹形成的因素

（1）钢中含碳量　当钢中含碳量增加，且马氏体中固溶的含碳量增加时，组织应力影响增大，纵向淬裂的倾向增大。

（2）钢材的冶金质量　当钢中夹杂物及碳化物的含量高时，轧制或锻造时钢中的夹杂物和碳化物将沿轴向呈线状或带状分布，则横向的断裂抗力要大大低于轴向断裂抗力。因此，在同样的淬火应力作用下，甚至是切向应力略小于轴向应力时，也可能由于切向拉应力的作用，使工件形成由表面向中心的纵向裂纹。

（3）钢件的尺寸大小　若钢件尺寸较小，则相变的不同时性和冷却的不同时性所引起的应力较小，不易淬裂；截面尺寸大的工件表面呈压应力，也不易淬裂。所以同一种钢在同一种淬火冷却介质中淬火时，在淬透情况下存在一个淬裂的危险截面尺寸。实验证明，45钢和55钢对裂纹敏感的截面尺寸是5～8mm，其峰值在6～7mm之间，峰值处裂纹出现率高达100%。

（4）零件的形状　零件的形状对淬火裂纹的影响是很复杂的。圆套或空心厚壁管类零件的淬火裂纹常产生在内孔壁上。淬火时由于内孔冷却较慢，热应力较小，内孔表面在组织应力的作用下一般处于拉应力状态，而且切向拉力较大，内孔越小，冷速越慢，热应力则大为减小，切向拉应力就变得更大，当应力超过材料的断裂抗力就产生纵向裂纹。

（5）淬火加热温度　淬火加热温度升高，奥氏体晶粒长大，钢的断裂抗力降低，则淬裂倾向增大。由于切向拉应力比轴向应力大，因此产生纵向裂纹。若提高淬火加热温度，会改变纵裂的宏观形态，使裂纹由直线状变为锯齿状；同时，又使钢件纵裂的宏观断口形貌由瓷器状逐渐向石状断口转变。

（6）淬火冷却速度　普通钢件的纵裂大多是在马氏体转变区内快速冷却的条件下产生的，这是因为在这种冷却条件下马氏体转变时产生高体积膨胀速率和高组织应力。组织应力的大小与纵裂形成的危险性直接有关，换句话说，在马氏体转变区间内的快速冷却是大多数纵裂的直接形成原因。必须指出，由淬透性较高的钢种制作的较大尺寸工件即使在缓冷（油冷）条件下淬火也能淬硬淬透，仍有形成纵裂的实际危险性。因此，即使是纵裂，也并非都是在马氏体转变区内快速冷却的条件下形成。

图7-35　45钢淬火裂纹形貌

图7-35所示为45钢在严重过热淬火中产生的裂纹的宏观形态。目测可见裂纹平行于轴线，单条、细长、较直，起裂于纵向表面，沿纵向扩展的同时向横向内部（即沿半径方向）扩展。裂纹的纵向长度几乎达到试样的长度；横向深度在1/2直径左右，具有明显的外阔内尖的楔形特征，属于典型的纵向裂纹。

图7-36　裂纹尾部形貌（×100）

图7-36所示为裂纹的微观形态，抛光后侵蚀前在100倍显微镜下观察，发现主裂纹沿径向从表向里由粗变细，呈锯齿状，两侧有细小的二次裂纹，尾部尖细。

图7-37所示为侵蚀后裂纹处的显微组织，为粗大的淬火马氏体，在400倍显微镜观察下晶粒度可达5级。裂纹两侧无氧化脱碳现象，有明显的沿晶特征，这是因为显著提高了淬火加热温度，使晶粒粗化，裂纹沿晶界形成，所以呈现锯齿状。

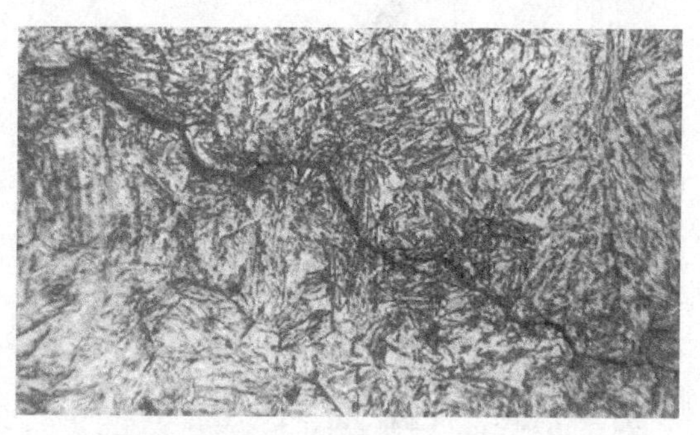

图7-37　裂纹处显微组织形貌（×400）

这组试样的直径为ϕ13.2mm、长度为25～30mm，在热处理综合实训时分别将它们在4kW的中温箱式炉中进行欠热（750℃±10℃）、正常（830℃±10℃）及过热（920℃±10℃）加热，保温15min后在水中淬火，发现过热淬火时有试样产生了裂纹，裂纹产生率平均达30%左右。

45钢的正常加热温度为830℃±10℃，在920℃加热淬火属于严重的过热淬火。由宏观检验和金相检验可知，钢在加热过程中，随着加热温度的升高，奥氏体晶粒粗化，晶粒间的结合力降低，断裂抗力减小，再加上试样尺寸较小，淬透的可能性较大，淬火开裂倾向增大。通过检验可知，产生纵向裂纹的试样在整个横截面内都得到了粗大的淬火马氏体，即已经淬透，所以淬透是纵裂形成的必要条件。

7.5.2　纵向裂纹案例分析——T10A钢磨床钳口淬火开裂原因分析

万能工具磨床用钳口的材料为T10A，在热处理后磨削时发现有约90%的工件开裂。其加工路线为：锻造→退火→粗加工→淬火+回火→精加工；热处理工艺为：淬火→清洗→回火→检查→消除应力→防锈→发蓝；技术要求为淬火后硬度不低于59HRC。盐浴炉加热温度为790℃±10℃，单个捆绑，保温4min后出炉预冷3~5s，然后在$CaCl_2$溶液中冷却，首件检验硬度符合要求，回火180℃±10℃，40min。该批零件淬火后首批检验，硬度值符合技术要求。为了提高热处理质量，采用宏观检验、微观检验、硬度测试等方法对钳口热处理后的裂纹进行分析。

1. 检验方法与结果

（1）宏观检验　目测钳口上的裂纹，单条细直，至左端孔处改变方向，向边缘扩展，终止于右端孔，如图7-38所示。用线切割机取样时，左端的孔散裂，磨制试样横截面，可以看出沿横截面已裂透（约8mm），如图7-38中的箭头所示。把断口敲开发现，沿整个纵截面并未完全裂透，右端孔处裂纹深度约为2mm。

图7-38　裂纹宏观形貌

（2）微观检验　磨光和抛光试样纵、横两个截面，在显微镜下观察，发现主裂纹由中间向外沿纵向扩展，两侧有二次小裂纹，如图7-39所示。

将试样用4%硝酸酒精溶液侵蚀后在显微镜下观察，发现其组织为回火马氏体、极少量碳化物和残留奥氏体，针状马氏体比较粗大，相当于5级，如图7-40所示。裂纹两侧无氧化脱碳现象，如图7-41所示。碳化物量少，分布不均匀，有棱角状出现，并有聚集现象，如图7-42所示。

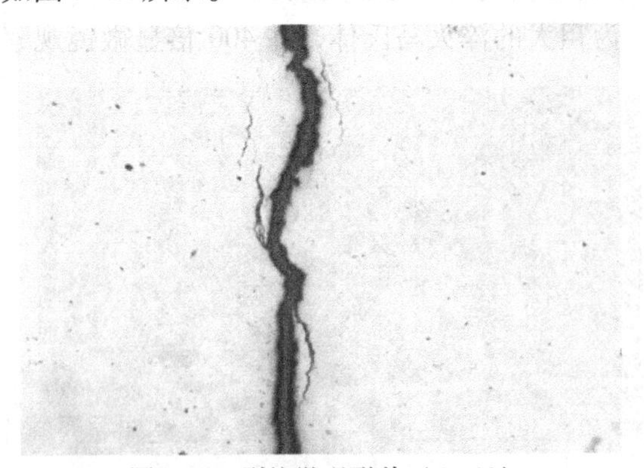

图7-39　裂纹微观形貌（×100）

图7-40　淬火回火后的显微组织（×400）

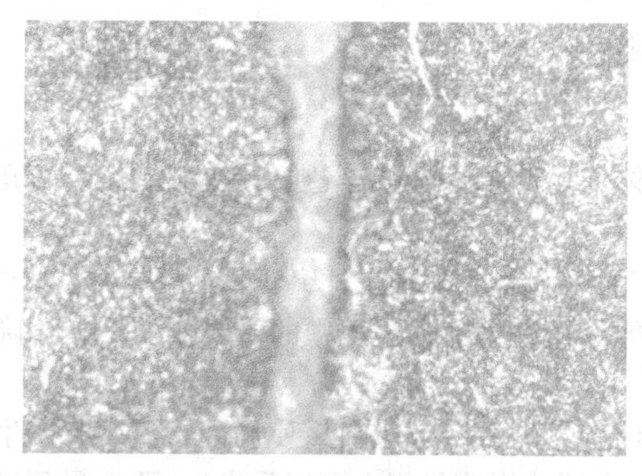

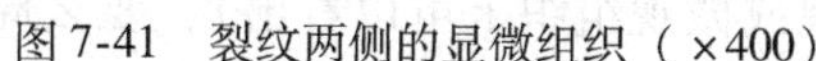
图7-41　裂纹两侧的显微组织（×400）

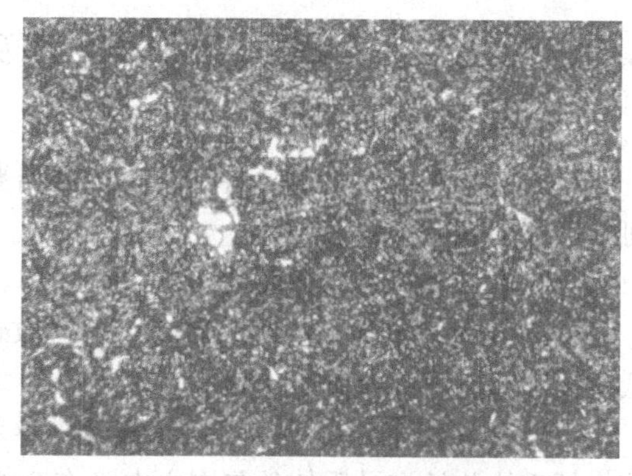

图7-42　碳化物分布（×400）

（3）硬度测试　用维氏硬度计分别在纵（裂纹两侧）、横截面测其硬度并换算成洛氏硬度，横截面平均硬度值为63HRC，纵截面的平均硬度值也是63HRC。钳口纵、横截面上的硬度值一致，说明钳口已淬透，硬度符合零件的技术要求。

2. 分析与讨论

（1）加热温度的影响　棱角状碳化物的出现是因为退火加热温度过高所致。而粗大的针状马氏体及少量的碳化物则说明淬火加热温度过高，奥氏体晶粒粗化，淬火后得到粗大马氏体，使钢的断裂抗力降低，则淬裂倾向增大。由于切向拉应力比轴向应力大，因此产生纵向裂纹。高碳钢淬火加热温度过高，二次碳化物逐渐溶解，奥氏体中的含碳量增加，提高了淬硬性，降低了马氏体转变点，增加了淬裂倾向。当零件尺寸较小（钳口实际厚度为8mm）、淬火加热温度高时，如果淬透，易形成纵向裂纹。经过调查，此批零件热处理时，三个零件垂直吊起来捆绑，加热时零件更接近于电极，虽然仪表上显示加热温度为790℃，但零件实际加热温度高于仪表显示温度，这与显微组织分析的结果一致。

（2）冷却介质的影响　此批零件出炉后直接淬入$CaCl_2$水溶液中。$CaCl_2$水溶液的冷却特点是：在奥氏体最不稳定区域冷却速度最大，在600℃时最大冷却速度达到1000℃/s；而在马氏体转变区域冷却速度最小，在300～200℃时冷速仅为150℃/s。溶液密度应控制在1.39～1.46g/cm^{3}之间，密度大则冷却速度慢，工件硬度达不到要求；密度小则冷却速度快，工件易淬裂。

由$CaCl_2$溶液（淬火冷却介质）的特性可知，工件开裂与否主要取决于溶液的密度大小，当溶液密度合适时，在马氏体转变区域的冷却速度很慢，不易产生开裂。实际检测结果发现，溶液密度仅接近于下限值，比较小。因此，当加热后没有经过预冷的零件淬火时，比正常密度下低温范围的冷却速度大大加快，内应力增大，促进了裂纹的产生。

3. 结论

由以上分析可知，磨床钳口的裂纹属于典型的纵向裂纹。影响纵裂的主要因素是淬火加热温度过高和$CaCl_2$水溶液密度偏低引起的。

4. 建议

热处理时，应定期检验淬火冷却介质的密度，以保证淬火冷却后期马氏体转变区的冷却速度达到最小；加强技术管理和培训，提高操作人员的技术水平和职业道德，严格执行热处理工艺操作规范。

7.5.3　弧形裂纹（横向裂纹）的形成及预防措施

1. 弧形裂纹的形成

（1）弧形裂纹形成的条件　应同时具备整体快速冷却、不能淬透、具有弧形裂纹的几何敏感部位的结构形式。

（2）几何敏感部位的结构形式　有孔洞、凹面和碗面、截面尺寸突变、轴肩。

（3）几何敏感部位的缓冷效应　几何敏感部位在淬火冷却过程中的主要作用是显著降低实际冷却速度，产生缓冷效应。

（4）几何敏感部位处的组织　几何敏感部位产生的缓冷效应要么使局部未淬硬，产生淬火托氏体并处在马氏体的包围之中（在金相的宏观或微观组织上可以看出），要么局部淬硬层被明显减薄。在热处理生产产生的弧形裂纹中，前一种占绝大多数。

（5）弧形裂纹的形成扩展方式及典型宏观形态　弧形裂纹首先在几何敏感部位的表面上形成，并由此沿曲（弧）面先向截面内部定向扩展，严重时可穿越零件的其余截面，再向零件的外表面延伸，直到在那里呈弧形露出，严重时常使相应部位沿弧形裂纹脱落（或经敲击即可脱落）。开裂面通常为形状各异的曲（弧）面，最典型的是从几个不同的方向观察时都呈弧形，这是判定弧形裂纹的重要依据。存在于几何敏感部位并可引起应力集中效应的因素（如尖锐拐角），并不诱发或促进弧形裂纹的产生。

2. 弧形裂纹的预防措施

（1）实施局部强冷　对于可能引起弧形裂纹的零件，要考虑对几何敏感部位进行局部强冷（高温区间）的可能性和实施方法。

（2）实施局部弱冷　对于可能引起弧形裂纹的零件，要考虑对几何敏感部位进行局部弱冷（高温区间）的可能性和实施方法。最典型的当属堵孔淬火，让孔在高温区内冷速更缓，并全部转变成托氏体组织。

（3）实施低温区缓冷　要考虑实施低温区缓冷的淬火方法。

7.5.4　弧形裂纹案例分析——接头淬火开裂原因分析与思考

某接头如图 7-43 所示，可见尺寸相差较大，突出的外檐较薄，形似悬臂梁。材料为 45 钢，其加工路线为：锻造→正火→机加工→调质，硬度要求为 280 ~ 320HBW。在调质处理后，发现有部分工件产生了图 7-43 中箭头 1 所示的裂纹。为了分析裂纹产生的原因，用线切割机在图 7-43 中的方框处切取 *A*、*B* 两个试样。在切割过程中，*A* 部分外檐脱落，说明外檐沿纵截面已经裂透，其余切至轴线处；*B* 部分包括裂纹尾部，如图 7-43 中的箭头 2 所示。为了寻找接头的淬火开裂原因，采用宏观检验、微观检验、能谱分析等方法对缺陷进行分析。

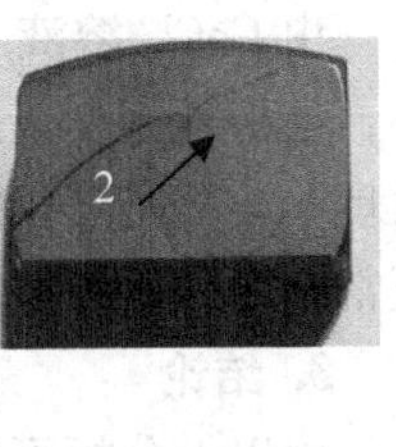

图 7-43　某接头外观及裂纹宏观形貌

1. 检验方法和结果

（1）宏观检验　如图 7-43 所示，裂纹为单条，长度约为 1/2 周长，并扩展至边缘，整条裂纹离截面突变处的最近距离约为3mm。对*B*试样横截面磨光、抛光，可以清楚地看到，裂纹从中间向外扩展并由粗变细，离尾部较近处呈“人”字形分叉。

（2）微观检验　如图7-44所示，裂纹由粗变细，尾部细尖，呈锯齿状及断续串连分布特征，旁边有二次裂纹，具有淬火裂纹特征。在主裂纹两侧及小裂纹中均存在较多的灰色氧化物。在*A*试样的纵截面上有较多条状的非金属夹杂物，根据GB/T 10561—2005评定的结果为A1.5、C1.0。

观察用4%硝酸酒精溶液侵蚀后的*B*试样，发现裂纹两侧的显微组织为回火索氏体，无脱碳；将试样用过饱和苦味酸溶液热侵蚀后可以清楚看出，裂纹沿晶界分布，晶粒大小不均匀。

观察用4%硝酸酒精溶液侵蚀后的*A*试样，发现纵截面从裂纹开始至零件的轴线处，其显微组织为回火索氏体、回火索氏体+托氏体、托氏体+网状铁素体。铁素体量由少增多，呈明显的网状及针状，如图7-45所示。这是由于淬火时，厚壁的中心部位冷却速度相对缓慢而在晶界优先析出铁素体。在工件厚薄交界处开始出现沿晶界分布的黑色托氏体，形似团状，这是淬火操作不当的结果。随着工件尺寸增大，淬透性变差，托氏体的量由少增多，心部几乎全为托氏体。淬火托氏体在高温回火时，因碳化物的析出以及聚集长大，其颜色由原来的深黑色团球状变为浅灰色，如图7-45中的箭头所示。

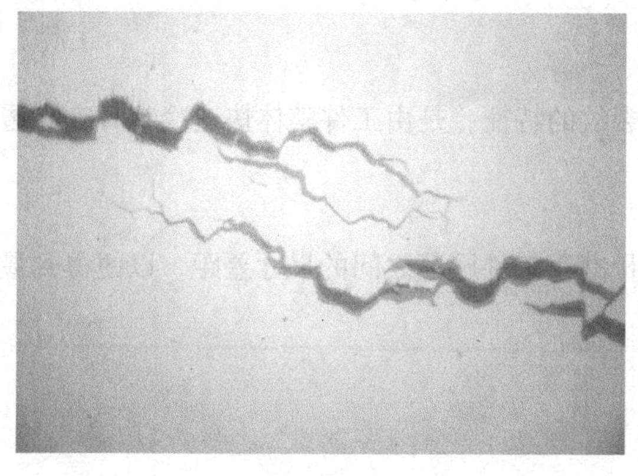

图7-44　裂纹形态（×200）

图7-45　远离裂纹处的显微组织（×400）

观察经过饱和苦味酸溶液热侵蚀后的*A*试样，发现纵截面上显微组织及晶粒的大小极不均匀，深色带状区域的晶粒小，浅色区域的晶粒大。条状灰色硫化物夹杂存在于深色带状区域中，淬火托氏体经饱和苦味酸溶液热侵蚀后只能看到灰白色团球状，如图7-46所示。

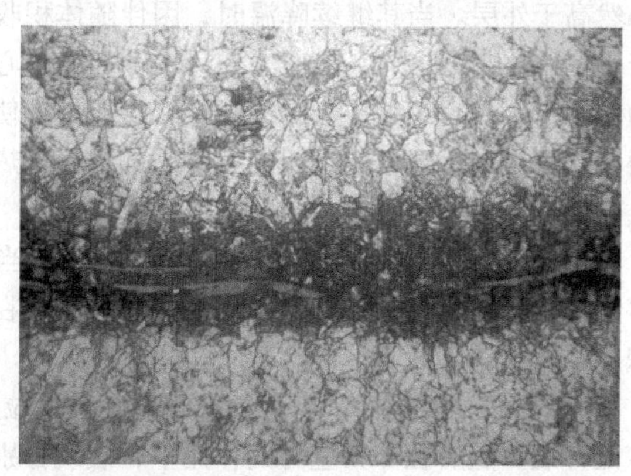

图7-46　纵截面上的显微组织（×400）

（3）能谱分析　能谱分析表明，裂纹中的浅灰色为氧化物，如图7-47所示。说明裂纹在淬火冷却过程中（即回火前）已产生，经高温回火后发生严重氧化。

2. 分析与讨论

（1）带状偏析及零件尺寸的影响　由宏观和微观分析可知，工件尺寸相差较大，显微组织中的带状偏析严重。这种现象的存在将导致工件在正常淬火加热温度和保温时间下，含碳量高处的淬火温度偏高，薄壁处的保温时间过长，使奥氏体中的含碳量增加、晶粒粗大，*Ms* 点下降；淬火快速冷却时，就会得到粗大的高碳马氏体。这种组织在热应力和组织应力的共同作用下，当超过材料的断裂强度时，就极易出现显微裂纹甚至开裂。钢材中存在沿轧制方向被拉长后呈带状分布的非金属夹杂物，在冷却时将成为铁素体优先析出的核心。严重的带状组织将造成力学性能的方向性，使垂直于带状组织方向的强度、塑性及韧性明显下降，同时使热处理后硬度的不均匀性增加。

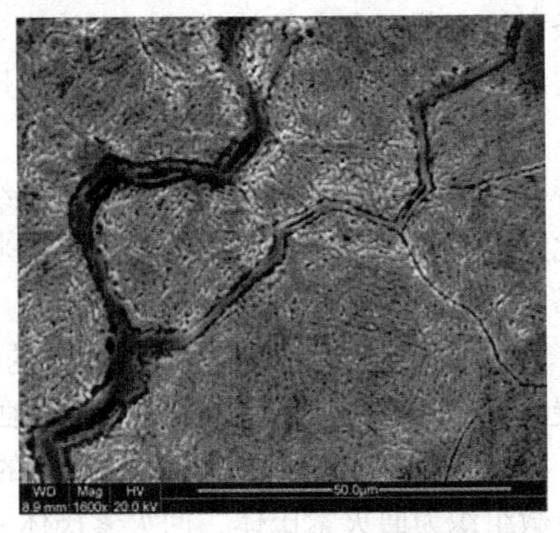

图 7-47　裂纹及两侧的显微组织形貌

（2）工件形状的影响　由微观分析还可看出，工件整体快速冷却时，在薄厚交界处出现淬火托氏体，这就为弧形裂纹的产生提供了条件。由于淬火托氏体及其周围的马氏体具有不同的比体积，在冷却过程中不同的收缩引起表面局部合成拉应力超过材料的断裂强度时，就会引起开裂。弧形裂纹始终在托氏体软斑附近的马氏体组织内形成和扩展，裂纹与软斑的距离为 2 ~4mm。

3. 结论

上述分析表明，接头产生的开裂具有弧形裂纹的特征，是由工件整体快速冷却时未淬透以及原材料中严重的带状偏析引起的。

4. 建议

在满足工件使用性能要求的前提下，应尽量减小工件厚薄之间的尺寸差距，以便得到最优质的淬火质量。

7.5.5　大型零件的淬火裂纹

1. 大件淬火裂纹的形成

（1）淬火残余应力的作用　大型零件的淬火残余应力为热应力型。淬火冷却介质的冷却能力越强、截面尺寸越大、加热温度越高，淬火残余应力越大，影响越大。

（2）应力作用方式与开裂原因　在冷却末期，外层金属已冷到低温，内部金属的温度必然高于外层。当其继续降温时，因伴随体积收缩受到外层金属的强力约束，而在中心部位产生三维拉应力，最大拉应力作用在截面的中心处。金属力学性能理论表明，在三维拉应力的作用下，大大约束了金属的塑性变形能力，使其转变为脆性状态，极易产生低应力脆性断裂，这就是具有珠光体组织的大件心部金属在热应力型应力作用下形成裂纹的根本原因。

（3）断裂形式

1）对于短圆柱型零件，常为纵向开裂，当其高度为直径的两倍左右时，有横断现象，多见于碳素工具钢。在这些零件的中心往往存在网状渗碳体，降低钢的强度，裂纹沿网状组织扩展。

2）对于轴类零件　当其轴向与切向最大拉应力超过零件中心处材料的强度时，首先在该处开裂。随后在淬火应力的作用下，裂纹分别沿纵向和横向由内向外扩展，直到在外表面露出裂纹，但是裂纹也可能终止于内部某处成为内裂。当残余应力足够大时，可能在淬火末期自行完全断开。更多时候是在露出零件表面裂纹的基础上，通过机加工等办法而显现。当零件长度远大于直径时，横断比纵裂更多见，而且在同一零件上可能产生多处横断或纵裂。裂纹源通常位于截面中心处，当截面中心附近区域存在冶金缺陷时，裂纹源才可能偏离截面中心处。

3）齿圈类零件　一般由中碳铸钢制造，只能形成径向裂纹。裂纹源为横断面的几何中心处或铸造的热节点处，并由此通过齿圈中心的径向面，由内向外扩展，最终裂开。

4）炸裂。炸裂是有伤害危险的开裂，应注意防范。炸裂发生在冷却末期以后。

（4）断口特征　断裂面平齐，无明显塑性变形发生，呈典型的脆性断口。

（5）内部冶金缺陷的作用　在大件的截面中心及其附近，是热应力型应力的最大拉应力存在和作用的位置，这里又是许多冶金缺陷产生或存在的部位。这些缺陷是重要的促裂及诱裂因素，也是大件淬裂的天然裂纹源和直接原因。由于种种原因的制约与影响，目前我国大型铸锻件的综合冶金质量还很不理想，因而成为影响大件淬裂的最重要的实际因素之一。

应该注意的是：存在于大型零件表面上的一切能引起应力集中效应的因素，在淬火过程中并无诱发和促进裂纹的作用，故此，在热处理之前不必清除大型铸锻件的表面缺陷。

2. 大件淬裂的预防措施

1）利用热处理基本应力的交互作用和双重作用特征，设计或改进大件的淬火工艺。

2）采取预冷降温的方法。

3）淬火冷却不进行到低温。

4）及时回火并注意回火冷却方法。

7.5.6　大件淬裂案例分析——顶尖淬火开裂原因分析

万能工具磨床用大顶尖在批量淬火中，有几个出水后听见较大的异常声响，有的直接发现了裂纹，有的磨削后裂纹才显露出来。追溯顶尖热处理的历史，在不同批次的淬火中，每次出水后都能听见异常声响，随后就会发现几个顶尖出现位置和特征相类似的裂纹，如图 7-48 所示；有的还出现了垂直于轴线完全断裂的特征，如图 7-49b 所示。顶尖材料为 T10 钢，加工路线为：下料→退火→机加工→淬火→机加工。热处理工艺要求为（780 ± 10)℃ × 15s，大端入盐浴炉至 2/3 部分进行局部加热淬火，160℃ × 1h 回火，硬度不低于 61HRC，用锉刀检验顶尖硬度，打滑时说明淬火硬度合格。实际淬火工艺为加热（800 ± 10)℃ × 20min 出炉后预冷 5s 左右，把加热的 2/3 部分入 $CaCl_2$ 溶液 30s 左右淬火，然后全部浸入溶液约 1s 出水。为了寻找顶尖淬火的开裂原因，提高热处理质量，采用宏观检验、微观检验、扫描电镜等方法对顶尖进行分析。

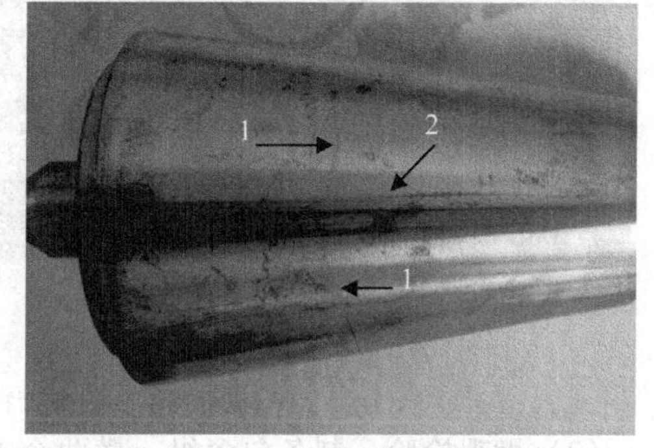

图 7-48　顶尖的表面裂纹形貌
1—横向裂纹　2—纵向裂纹

1. 检验方法与结果

（1）宏观检验　经过调查分析，发现在几乎所有出现裂纹的顶尖上均出现纵、横两个方向的裂纹。沿轴线在表面相对位置各有一条细而长的纵向裂纹，长度在 35 ~ 75mm 之间，如图7-48中箭头2所示；有的已裂至大端表面，如图7-49a所示。对三个表面存在裂纹的顶尖用线切割机切取金相试样，发现纵向裂纹已裂至零件中心且互相连接，具有明显的中间粗两边细特征，如图7-49b所示。用锤子轻轻敲击试样，则沿纵向形成纵劈，断口呈木纹状，近中心的凹槽应是纵裂的源区，如图7-50a所示。在离大端面1/3左右的纵向裂纹两侧有沿圆周一圈垂直于轴线并和纵向裂纹相交的弧形裂纹，如图7-48中箭头1所示。弧形裂纹在工件心部和纵向裂纹相连，从内向外由粗变细，纵向裂纹明显粗于横向裂纹，如图7-49c所示；有的已完全开裂形成横断特征，断裂面比较平齐，无明显的塑性变形，在中心附近有收敛于一点的放射状花样，放射点应为横断的源区，如图7-50b所示。从以上特征可以推断，顶尖开裂的主裂纹为纵向且起裂于工件中心，说明工件心部显微组织或原材料存在着缺陷。横截面断口经热酸蚀后，参照GB/T 1979—2001进行宏观低倍缺陷评定为中心疏松2级。横截面中心的裂纹应为未露出表面的纵裂，如图7-50c所示。

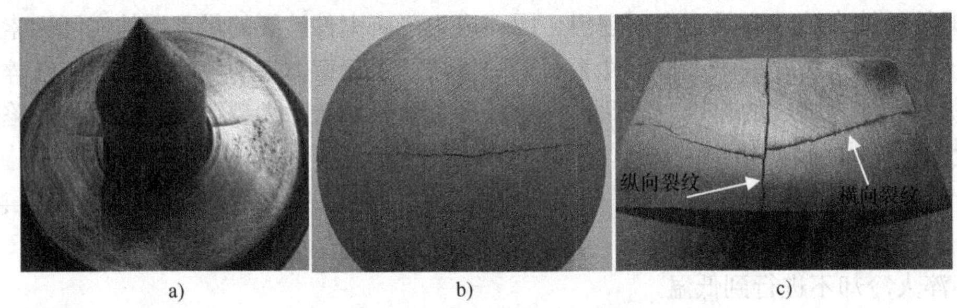

a)　b)　c)

图7-49　裂纹宏观特征

a）纵向裂纹端面特征　b）纵向裂纹内部特征　c）纵-横向裂纹内部特征

a)　b)　c)

图7-50　宏观断口特征

a）纵劈特征　b）横断特征　c）中心疏松及内部裂纹

（2）微观检验　制备包含纵、横两个方向裂纹的试样，观察未侵蚀的表面，发现纵向裂纹的开口度明显比横向弧形裂纹的粗。根据GB/T 10561—2005，在纵、横两个截面的裂纹两侧分别观察三个视场，通过测量夹杂物的大小及长度，对非金属夹杂物评定为A1.5、C1.5、D1e、DS1.5。

图7-51　三个试样横截面侵蚀后的颜色

对三个破损顶尖解剖并制备试样，宏观可以看到其中心有不同大小的灰白色区域，如图7-51

所示。显微组织极不均匀，表面有极薄马氏体层，从表至里依次为马氏体+残留奥氏体→托氏体+少量粒状碳化物，心部为细片状珠光体+大量粒状碳化物。光镜下可见灰白色区域碳化物聚集严重，存在棱角状碳化物，过剩二次碳化物呈断续网状，部分呈针状向晶内伸展，如图7-52所示。横截面上的纵裂纹末梢沿网状碳化物扩展，其周围的晶粒特别粗大。断续网状碳化物显示了晶粒的大小，在100倍显微镜下裂纹两侧的晶粒度评为1.5级（图7-53）；在500倍下和标准图谱进行比较，网状碳化物评定为3级。GB/T 1298—1986《碳素工具钢技术条件》规定：截面不大于60mm的碳素工具钢以不大于2级的网状碳化物为合格。显然，顶尖中心的网状碳化物已不符合标准。纵截面上的碳化物具有带状特征，塑性夹杂物沿带状分布，纵向裂纹和带状方向相同，如图7-54所示。

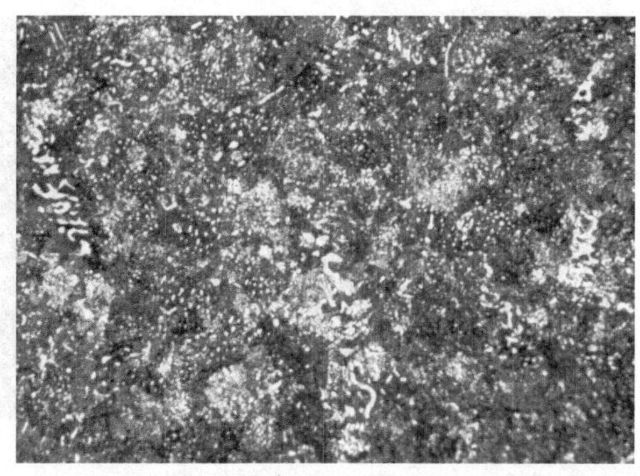

图7-52　横截面上纵裂纹旁的显微组织（×400）

图7-53　横截面上的纵裂纹末梢和网状碳化物（×100）

图7-54　纵裂及其附近的显微组织（×250）

（3）淬硬层深度的测定　用显微硬度法测定淬硬层深度，其结果见表7-6，可以看出，淬硬层极薄。

表7-6　顶尖表面的淬硬层深度（$HV_{0.1kg}$）

离表面距离/mm	0.38	0.44	0.50	0.56	0.63	0.69	0.75
显微硬度值/HV	743	824.2	781.8	835.4	713.0	572.0	527.8

（4）扫描电镜分析　通过扫描电镜对纵、横截面进行检验，发现源区断口具有准解理特征，其上的孔洞有可能是疏松，也有可能是由热酸蚀时非金属夹杂物的脱落所形成并沿晶界分布，如图7-55所示。

2. 分析与讨论

（1）原材料的影响　由宏观及金相检验可知，顶尖中心的原材料存在着疏松及非金属

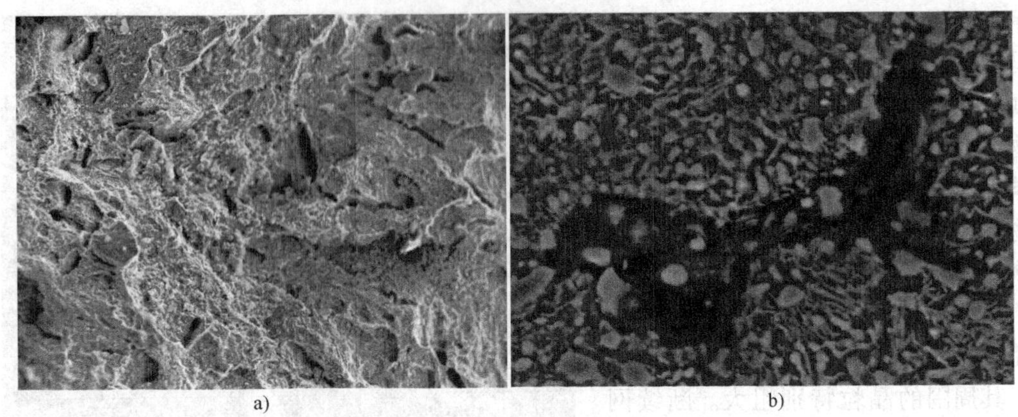

图 7-55　纵向裂纹附近横截面的 SEM 形貌
a）断口形貌（×200）　b）孔洞形貌（×200）

夹杂物等缺陷组织。这些缺陷的存在割裂了基体的连续性，使有效承载面积减小，在缺陷的尖角处还会产生应力集中，使随后热处理淬火出现裂纹的几率增大。

（2）不均匀碳化物的影响　由金相检验可知，显微组织极不均匀，心部碳化物聚集比较严重，呈带状、断续网状、针状和多角状。带状碳化物的存在与原材料化学成分的偏析程度有关，因为钢锭的最后凝固区是合金元素及硫、磷等杂质富集的地方，也是碳化物和非金属夹杂物最为聚集的区域，都会降低工件的有效受力面积。随着碳化物带状偏析的加剧，高低碳带之间的显微硬度差增大，热处理裂纹敏感性增强，还将影响工件的接触疲劳寿命。断续网状、针状这种呈魏氏组织分布的碳化物是锻后空冷时已经形成的，在后续热处理球化退火和淬火时是很难消除的；多角状碳化物是原材料退火温度过高造成的。网状、针状、多角状碳化物以及粗大晶粒的存在，严重减小晶粒间的结合力，割裂基体的连续性，增加应力集中倾向，使钢的脆性明显增大，断裂强度大大降低，裂纹倾向显著增加。

（3）淬火应力与心部组织的影响　由宏观检验可知，顶尖的裂纹形式应属于纵劈和横断。这是因为在顶尖淬火冷却的后期，外层金属先于内部冷至低温，这时内部的温度不同程度地高于外层，当心部随后继续冷却时，因体积收缩受到外层金属的强力约束，在中心部分产生三向拉应力。根据实际热处理工艺可知，顶尖整体的加热温度过高、保温时间过长。生产中为了获得较高的硬度，淬火时采用了冷却能力较强的 $CaCl_2$ 水溶液，加大了零件截面的内外温差，淬火时心部未发生马氏体转变，因此，淬火冷却后顶尖心部所受拉应力是由温差引起体积收缩所形成的热应力型三向拉应力。金属在三向拉应力的作用下，大大约束了塑性变形能力，使其转变为脆性状态。而顶尖中心粗大的网状碳化物、疏松及非金属夹杂物严重削弱了钢的断裂强度，成为工件开裂的萌生处和裂纹的扩展路径；淬火时心部所得到的片状珠光体也使心部强度大大降低。因此，顶尖淬火时当热应力中的切向和轴向最大拉应力超过材料的断裂强度时，就产生了低应力脆性断裂，形成纵劈和横断。

（4）工件尺寸的影响　由淬硬层测定结果可知，顶尖淬硬层深度与其直径之比很小，其形状尺寸符合短圆柱式大型非淬透件的条件。在由各种材料制造的短圆柱式大型非淬透件中，以碳素工具钢件的淬裂倾向最大。

3. 结论

综合以上分析可知，顶尖淬火开裂具有热应力型残余应力引起大型非淬透件纵劈和横断的特征，这主要是由顶尖中心部位存在着疏松、非金属夹杂物及网状碳化物引起的，而中心带状碳化物和细片状珠光体加速了裂纹的扩展。有可能是下料时料头切得太少，导致少量存在较多缺陷的工件在淬火时发生开裂。

7.5.7　应力集中裂纹和过热淬火裂纹

1. 应力集中裂纹

应力集中裂纹是由于宏观应力集中引起的裂纹，因应力同许多因素有关，所以应力集中裂纹有很大的随意性，没有明确的特征。生产中许多淬火裂纹都是由于应力集中因素而引起的。

应力集中裂纹由零件的几何形状和截面变化引起。当钢件上不同部位的截面尺寸相差很大时，容易使不同部位的冷却速度差异加大，因而不同部位马氏体相变的不同时性加大，组织应力增大，导致形成淬火裂纹。应力集中部位一旦产生淬火拉应力，则会使拉应力在局部位置急剧增加，当应力超过材料的脆断强度时，则产生应力集中裂纹。

除了钢件的结构和外形外，过深的切削刀痕往往也会引起应力集中，使钢件在淬火时容易沿刀痕形成裂纹。有时在钢件上面的打标记处也会引起应力集中裂纹。

此外，钢件的非金属夹杂物及碳化物等，不仅使断裂强度降低，特别是当其数量较多且分布不均匀时，往往还会引起应力集中，造成淬火裂纹。

2. 过热淬火裂纹

由于钢件的原始组织不合格，或者淬火加热温度过高、淬火加热时间过长，均易引起奥氏体晶粒长大，在快速冷却淬火时，形成一种宏观上没有规律性、显微观察为裂纹沿晶分布特征的淬火裂纹，称为过热淬火裂纹。

7.5.8　应力集中裂纹和过热淬火裂纹案例分析——V 型钢导轨端面裂纹原因分析

某机床厂生产的万能工具磨床上的关键零件 V 型钢导轨，材料为 GCr15 钢，其加工路线为：锻造→正火→退火→机加工→磁粉探伤→淬火→冷处理→回火→机加工（粗磨）→定性→机加工（精磨），要求淬火及回火后硬度不低于 60HRC。为了保证钢导轨的性能要求，在加工过程中安排了较多的热处理工序。但是，一次热处理淬火及回火后，在部分导轨端面的一侧发现了许多细小裂纹，如图 7-56 所示。为了分析裂纹产生的原因，提高生产效率，降低生产成本，采用宏观检验、微观检验等手段，对钢导轨端面裂纹进行分析。

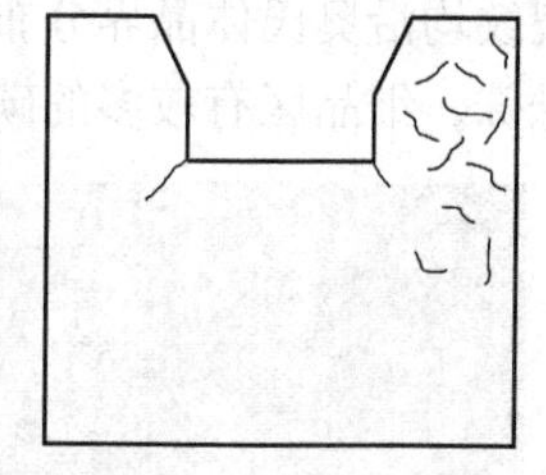

图 7-56　V 型钢导轨端面示意图

1. 检验方法和结果

（1）宏观分析　目测磨光并抛光好的试样表面，发现在钢导轨端面上的一侧有多条细小且互相独立、分布无规律的裂纹。在直角槽的两个尖角处也出现了裂纹，长度分别约为 1.5mm 和 4mm，如图 7-56 所示。

（2）微观检验　在显微镜下观察未侵蚀的试样表面，发现直角槽的两个尖角处裂纹由粗变细，有沿晶分布特征，其两侧无氧化，如图 7-57、图 7-58 所示。端面一侧每条裂纹由中间向外扩展，并由粗变细，且细直而刚健，有沿晶分布特征，其两侧无氧化，如图 7-59 所示。

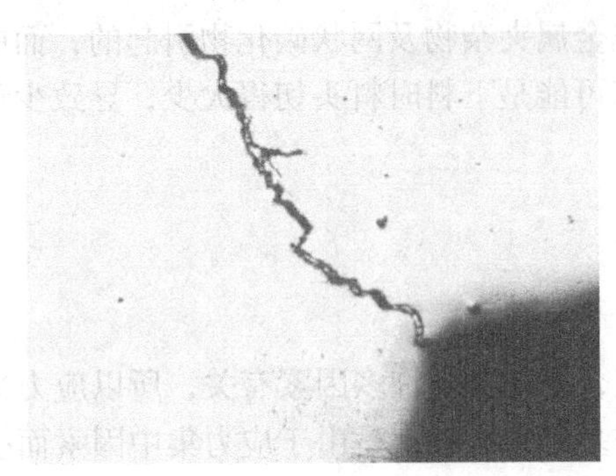

图 7-57　尖角处裂纹源区（×100）

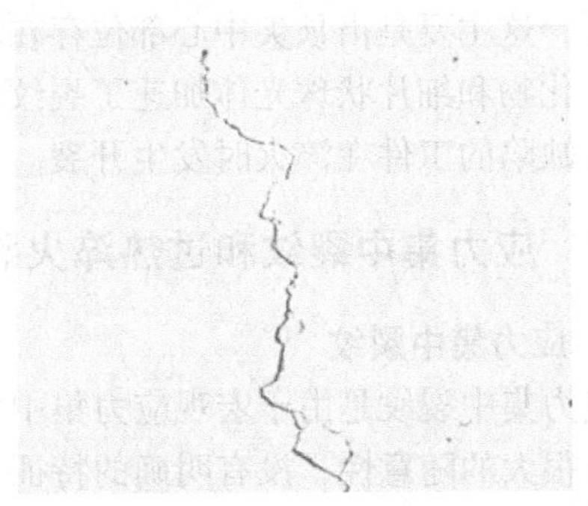

图 7-58　尖角处裂纹尾部（×100）

用4%硝酸酒精溶液侵蚀，在光学显微镜下观察，发现裂纹周围的显微组织为粗大的针状马氏体、少量颗粒状碳化物和残留奥氏体，碳化物分布不均匀。裂纹沿晶界分布，两侧无脱碳，如图 7-60 所示。

图 7-59　钢导轨端面裂纹特征（×200）

图 7-60　裂纹周围的显微组织（×400）

将饱和苦味酸溶液加热到 55 ~ 60℃，放入试样，热侵蚀 2min 后观察，可以清楚地看到裂纹均沿奥氏体晶界分布且晶粒粗大，如图 7-61 所示。整个端面上的晶粒大小不一、相差悬殊，细晶区有较多的碳化物，如图 7-62 所示。

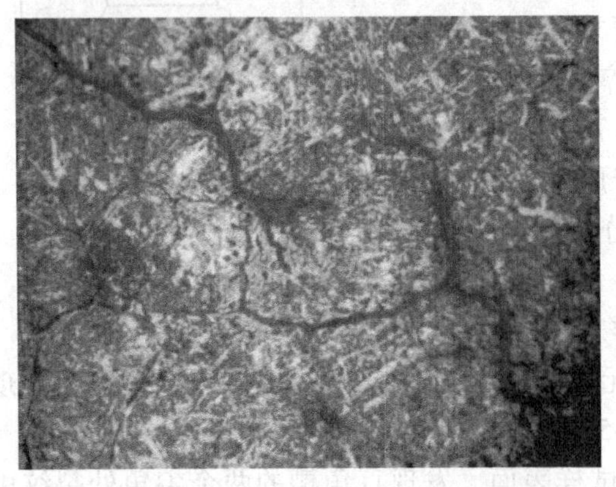

图 7-61　裂纹处粗大的奥氏体（×400）

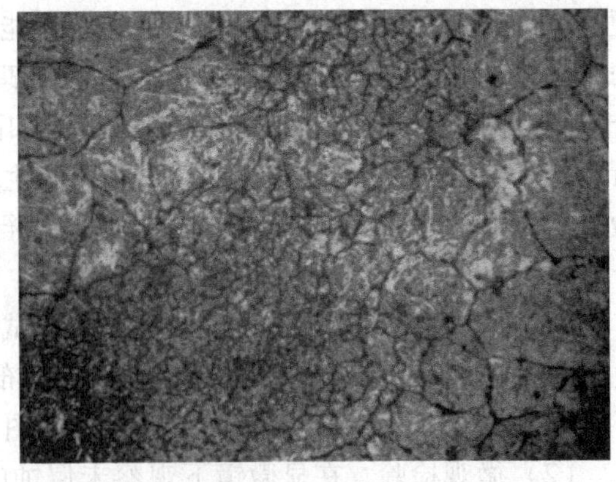

图 7-62　端面上奥氏体晶粒大小（×400）

2. 分析与讨论

（1）零件几何形状的影响　由宏观和微观检验可知，钢导轨直角槽尖角处的裂纹是由零件的几何形状引起应力集中而产生的淬火裂纹。零件上的尖角、棱角、凹槽等几何形状使工件局部的冷却速度急剧变化，增大了淬火的残余应力，从而增大了淬火开裂倾向。

（2）热处理工艺的影响　由于钢导轨端面的加热温度过高或淬火加热时间过长，引起奥氏体晶粒长大，在快速冷却淬火时，形成一种宏观上没有规律、显微观察为沿晶界分布的淬火裂纹，称为过热淬火裂纹。钢的加热温度越高、保温时间越长、奥氏体中含碳量越高、晶粒越粗大、*Ms* 温度越低、孪晶倾向越大，对显微裂纹越敏感。高碳工具钢在淬火时易开裂，与高碳马氏体形成时产生显微裂纹有关。显微裂纹的产生是片状马氏体在高速长大时互相撞击的结果，有时和奥氏体晶界相碰也会产生。这是因为撞击时产生很高的应力，而孪晶马氏体很脆，不能以塑性变形来使应力松弛，故产生显微裂纹。在其他应力（相变应力、热应力、外加应力等）作用下，显微裂纹发展成宏观裂纹，导致工件开裂。

3. 结论

由以上分析可知，钢导轨直角槽尖角处的裂纹是由尖角效应引起的应力集中而产生的淬火裂纹。钢导轨端面一侧裂纹是由于加热温度过高引起的过热淬火裂纹。

4. 建议

应严格控制盐浴炉淬火时的装炉量，使零件远离电极，从而避免淬火过热现象发生；应定期对仪表进行校验和维护；应严格遵守零件的加工工艺，加工出合适的过渡圆角。

7.6 磨削裂纹及案例分析

7.6.1 磨削裂纹的形成

淬硬的工具钢零件，或经渗碳、碳氮共渗并进行淬火的零件，在随后的磨削加工中有时会出现大量的磨削裂纹。这种裂纹通常细而浅，有时肉眼不易觉察，但借助磁粉探伤、酸浸或酸洗很容易显示。磨削裂纹呈龟裂或较有规则地排列，有时也呈辐射状。

磨削时，如果工艺参数选择不当或者操作不当，则工件表面温度达到 150 ~ 200℃时表面因马氏体分解而体积缩小，中心马氏体并不收缩，致使表层随拉应力而开裂。裂纹与磨削方向垂直，裂纹间相互平行。当磨削温度在 200℃以上时，表面由于产生索氏体或托氏体，使表层发生体积收缩，而中心则不收缩，当表面拉应力超过脆断强度时即出现龟裂现象。

磨削时，零件表面温度可高达 820 ~ 840℃或更高，其温度升高速度达到 600℃/s，如果这时冷却不充分，则磨削形成的热量足以使表面薄层重新奥氏体化，并再次淬火而形成淬火马氏体。此外，磨削形成的热量使零件表面的温度升高极快，这种组织应力和热应力也会导致磨削表面出现磨削裂纹。

零件淬火后，组织中如有大量的残留奥氏体或网状碳化物，或淬火后回火不足而残余应力过大，均容易在磨削时出现磨削裂纹。磨削裂纹最常见的典型形态有两种：一种为网状裂纹，另一种为与磨削方向垂直的平行裂纹。此外，磨削裂纹的产生与磨削件的几何形状和结构等因素有关，零件表面上的尖角结构具有明显的诱裂作用。

7.6.2 磨削裂纹的预防措施

为了防止磨削裂纹的产生，一方面要使淬火工件有良好的组织，避免过多的残留奥氏体，并采取措施消除网状碳化物，充分回火；另一方面，在磨削时，选用的砂轮粒度和硬度应和零件的淬火硬度相适应，磨削速度（砂轮线速度、工件转数要适当）不宜过快，进给量不宜过大，磨削时切削液要充分供给。

7.6.3　磨削裂纹案例分析——六方轴表面裂纹原因分析

六方轴是机械传动中的重要部件，工作时外六方与内六方联接承受较大的转矩，要求表面具有高的强度、硬度，以及高的耐磨性和较高的疲劳强度，而心部则具有良好的综合力学性能。因此，选择20CrMnTi钢进行表面渗碳淬火热处理，以保证其使用性能。六方轴的加工路线为：下料→车削→铣削（六方）→渗碳→淬火+回火→磨六方→磨外圆。技术要求为渗碳层1.2～1.5mm，硬度不低于59HRC。在一次热处理后磨削六方轴表面时，几乎每个面都出现了和磨削方向垂直的裂纹，如图7-63所示。为了寻找裂纹产生的原因，通过宏观检验、微观检验、硬度测试等手段，对六方轴表面缺陷进行分析。

图7-63　六方轴的表面裂纹形貌

1. 检验方法与结果

（1）宏观检验　目测六方轴表面，发现裂纹有明显的凸出现象，用手触摸时并无凸出感；裂纹走向与磨削方向垂直，六方轴表面中间部位的裂纹呈分散分枝状，靠近棱边处呈网状，即龟裂，间距为1.5～2mm，纵向大部分裂纹未延伸到边缘，如图7-63所示。

（2）微观检验　用线切割机垂直于裂纹走向切取试样，磨制纵、横两个截面。在显微镜下观察未侵蚀的纵截面，发现裂纹由粗变细并从中间向外扩展，且窄细刚健而密，有沿晶界分布的特征，内部无氧化，如图7-64所示；横截面上的裂纹由表面向内扩展，并由粗变细，有的从渗碳过渡层向两侧延伸，有的向一侧延伸，尾部呈“人”字形，深度在0.34～0.46mm之间，如图7-65所示。

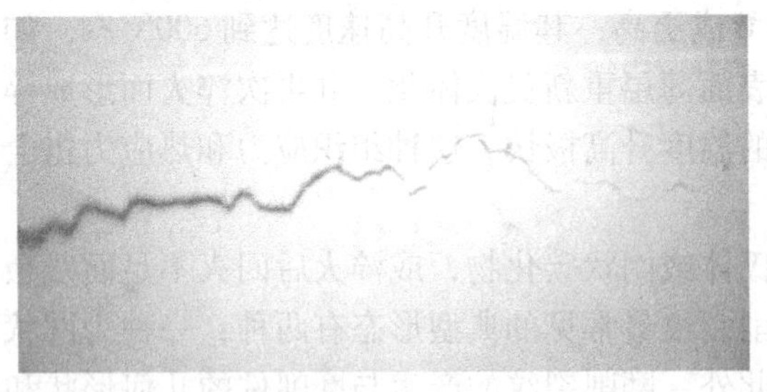

图7-64　纵截面裂纹微观形貌（×400）

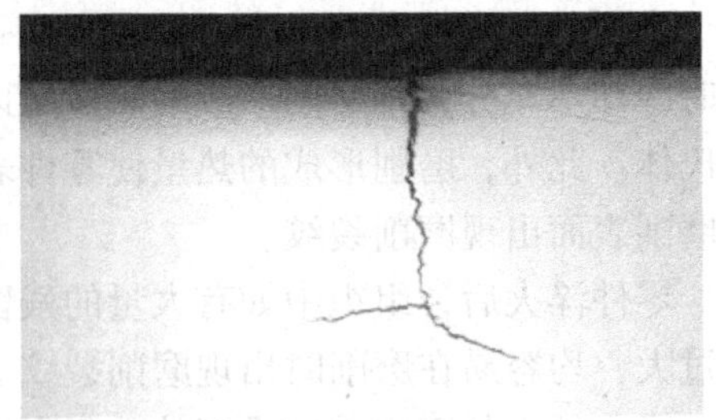

图7-65　横截面裂纹深度（×100）

目测用4%硝酸酒精溶液侵蚀的试样，发现在六方轴表面有垂直于裂纹但和磨削方向一致且分布比较均匀的“梭子”形白色区域，如图7-66所示，裂纹两侧无氧化脱碳。在纵截面的白亮区，显微组织为淬火马氏体和残留奥氏体，深色区则为回火托氏体。横截面的最表层有0.4mm左右的深色区，其显微组织为回火托氏体，这是因为磨削热使表面温度超过低温回火温度，导致表层的回火马氏体继续分解为回火托氏体；次表层浅色区为回火马氏体，心部组织为板条马氏体和少量铁素体，如图7-67所示。

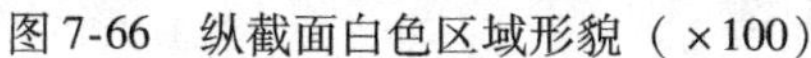
图7-66　纵截面白色区域形貌（×100）

图7-67　横截面显微组织（×100）

（3）硬度测试　用71型显微硬度计测试纵、横截面不同区域的显微硬度，测得纵截面白亮区的平均硬度值为730.0$HV_{0.1kg}$，深色区的平均硬度值为453.5$HV_{0.1kg}$；横截面表层深色区域的平均硬度值为540.5$HV_{0.1kg}$，近表层浅色区域的平均硬度值为740.0$HV_{0.1kg}$。

2. 分析与讨论

由宏观和微观检验可知，裂纹两侧无氧化，显微组织无脱碳，也无盐液渗入，表明裂纹是在热处理后产生的，具有明显的磨削裂纹特征。

（1）磨削应力的产生　磨削是利用砂粒的尖锐切削刃和工件表面接触进行摩擦切削的。工件在磨削时会产生切削形变应力、切削热应力及组织应力。

形变应力是由于磨削时工件表面金属与切削刃（砂粒）之间发生剧烈摩擦，使切削刃后的晶粒受拉和滑移，因而产生弹性与塑性变形。在刀具移动过后的工件表面上所出现的塑性变形使表面沿切削方向收缩，而在垂直方向伸长，其结果是使切削方向形成残余拉应力，而在垂直于切削方向上形成残余压应力。当残余拉应力超过材料的断裂强度时，就会产生垂直于磨削方向的裂纹。

磨削工件时，工件表层金属的受热特点是瞬时的快速加热和快速冷却，即被磨削区的表层温度最高，冷却也最快。磨削急速冷却后，由于表层金属体积收缩受到四周及中心冷金属的阻碍，导致产生残余拉应力。磨削温度越高，残余拉应力越大，工件开裂倾向越大。

磨削工件时，大量的磨削热使表层金属温度升高，当温度超过低温回火温度或相变点时，就会发生相变。由于显微组织不同，相变引起的体积变化不均匀，以致产生较大的组织应力。六方轴横截面显微组织及显微硬度测试结果表明，由于磨削热，使表面温度超过了回火温度，原来的回火马氏体密度小、比体积大，当转变为回火托氏体时，体积收缩，并受到内层金属的阻碍，使零件表面产生残余拉应力。

（2）磨削工艺的影响　从磨削面显微组织及显微硬度的测试结果可知，磨削面出现的分布均匀、大小基本一致的白色梭子形区域即周期性线条状烧伤。因为砂轮表面不平整、个别砂粒凸出，如果进给量较大，磨削时会产生周期性变化，使磨削面局部温度急剧升高并超过材料相变点，进而重新奥氏体化；在磨削快速冷却后形成淬火马氏体，即发生“二次淬火”现象，这时表层产生残余压应力。一般磨削加工起主导作用的是热，热主要引起残余拉应力。当残余拉应力超过材料的断裂强度时，材料表面就会出现裂纹，也会在工件表层内产生裂纹。磨削时，拉应力引起的裂纹为凹边裂纹，压应力引起的裂纹为凸边裂纹。在磨削表面上常常看到的有凸出感的裂纹应该是由压应力引起的。

3. 结论

由以上分析可知，六方轴表面的裂纹是在磨削过程中产生的。因为砂轮表面不平整以及磨削工艺参数选择不合理，致使磨削形变应力、热应力和组织应力的综合作用超过材料的断裂强度，进而形成裂纹。

4. 建议

对于精密零件可采取粗磨和精磨两道工序进行加工，在粗磨和精磨后应进行低温定性处理，以减少磨削应力，防止磨削裂纹的产生。

【强化训练】 钢材力学性能测试强化训练

★任务下达

1）材料：45 钢。试样尺寸：标准拉伸试样和冲击试样。

2）选择足够数量（和学生人数配套）的拉伸或冲击试样，进行不同的热处理。

3）测定不同热处理后试样的力学性能，观察经不同热处理后拉伸和冲击试样断口的形貌和显微组织。

★制订计划

1）熟悉钢的典型非平衡组织特征。

2）明确同种材料在不同热处理后其组织及性能的不同。

3）明确同种材料在不同热处理后组织与性能之间的关系。

★做出决定

1）根据以上分析，把 45 钢做成冲击和拉伸试样，分别进行退火、正火、淬火及回火处理。淬火可以选择不同加热温度、不同保温时间或不同冷却方式进行。

2）根据 45 钢的 Ac_3 点温度选择热处理工艺参数：退火及正火的加热温度为 830℃；淬火可选择欠热淬火 760℃、正常淬火 830℃、过热淬火 930℃以及不同保温时间、不同冷却方式，对正常淬火的试样分别进行低温 200℃、中温 400℃及高温 600℃回火。

★实施计划

1）对原材料进行力学性能测定，观察断口形貌和显微组织，并采集金相照片。

2）选择中温箱式电阻炉，分别进行退火、正火、淬火、回火处理。

3）空炉升温到给定温度后装入试样，保温足够时间（根据材料及试样大小等确定）后，根据不同工艺采用不同的冷却方式。

4）为了便于比较，测定不同热处理后（包括原材料）的洛氏硬度。

5）把不同热处理后的试样分别进行拉伸及冲击试验，并采集宏观断口照片。

6）把拉伸、冲击后的试样分别制成金相试样，观察显微组织并采集金相照片。

7）整个训练过程可以按照表 7-7 中的步骤进行。

★数据整理

1）整理各种热处理工艺后的硬度值、拉伸及冲击试验值，并填入表 7-7 中。

2）用 Word 文档形式整理、编辑采集的宏观断口和金相照片，为完成实训报告做好准备。

3）把不同热处理后的断口形貌特征及显微组织鉴别结果填入表 7-7 中。

表 7-7　45 钢不同热处理及性能测试结果登记表

热处理状态	工艺参数			显微组织	性能				备注
	加热温度/℃	保温时间/min	冷却方式		σ_b	δ、Ψ	a_K（室温）	HRC	
原材料	供应状态								
完全退火	830	20	随炉冷却						
正火	830	20	空冷						
	750								
	830	20	水冷						
	920								
		20							
淬火	830	40	水冷						
		60							
			盐水冷却						
	830	20	油冷						
			水冷						
	200								
回火	400	60	空冷						
	600								

★总结分析

1）同种材料在不同热处理（退火、正火、淬火）后的性能比较。

2）同种材料在不同淬火加热温度后的断口形貌特征及显微组织区别，把比较结果填入表 7-7 中。

3）分析材料、工艺、组织及性能之间的关系。

4）分析热处理过程中可能产生的缺陷，如过热淬火产生的裂纹。

5）分析淬火时可能产生的缺陷组织，如淬火中的非马氏体组织（淬火托氏体、先共析铁素体等）。

6）分析在执行热处理工艺时可能出现的错误。

7）分析缺陷（如裂纹）在不同温度回火后，其两侧显微组织的变化。

★实训报告

1）写出实训目的、热处理工艺参数并画出工艺曲线图。

2）用 Word 文档形式整理、编辑金相照片，并根据要求加以说明（参见图 1-10）。

3）应详细说明以下内容：组织形态、组成物的量、组织分布、颜色以及晶粒大小等。

4）提交打印的实训报告和电子稿各 1 份。

★说明

1）此项目可以作为实训时间为三周或四周的“材料力学性能强化训练”内容。

2）可以针对常用的20钢、45钢、T8钢、T12钢、40Cr、65Mn、9CrSi等材料，根据实训时间选择1种或2种分别进行不同的热处理，并分析材料、工艺、组织、性能之间的关系。

【拓展知识】 显微镜的发明及其对人类的贡献

1. 显微镜的发展史

显微镜是人类各个时期最伟大的发明物之一。在它发明出来之前，人类对于周围世界的认识仅局限在用肉眼或者靠手持透镜帮助肉眼观察。

显微镜是1590年左右由荷兰的眼镜制作师Zaccharias Janssen发明的。

17世纪中叶，英国的胡克（Robert Hooke）和荷兰的列文胡克（Antoni · Van · Leeuwenhoek）都对显微镜的发展做出了卓越贡献。胡克制作出了由物镜和目镜所构成的“复式显微镜”，加入了粗动和微动调焦机构、照明系统和承载标本片的工作台。列文胡克制作出了使用单透镜的“单式显微镜”，并在1673年使用该显微镜发现了红血球，之后，他还相继发现了细菌和精子。

细胞的发现，使显微镜的研究得到了飞跃的发展。

从18世纪到19世纪，显微镜的研究主要以英国为中心。德国的Leitz公司、Zeiss公司所生产的显微镜是从19世纪后期开始受到人们青睐的。

到了19世纪，高质量消色差浸液物镜的出现使显微观察微细结构的能力大为提高。1827年，阿米奇第一个采用浸液物镜；19世纪70年代，德国人阿贝奠定了理论基础。这些都促进了显微镜制造和显微观察技术的迅速发展，并为19世纪后半叶包括科赫、巴斯德等在内的生物学家和医学家发现细菌和微生物提供了有力的工具。

显微镜结构发展的同时，显微观察技术也在不断创新：1850年出现了偏光显微术；1893年出现了干涉显微术；1935年荷兰物理学家泽尔尼克创造了相衬显微术，他为此在1953年被授予诺贝尔物理学奖。

显微技术（Microscopy）是利用光学系统或电子光学系统设备，观察肉眼所不能分辨的微小物体形态结构及其特性的技术。

2. 显微镜的发明对人类的贡献

显微镜把一个全新的世界展现在人类的视野里，人们第一次看到了数以百计的“新的”微小动物和植物，以及从人体到植物纤维等各种物质的内部构造。显微镜还有助于科学家发现新物种，有助于医生治疗疾病。

1611年，Kepler（克卜勒）：提议复合式显微镜的制作方式。

1655年，Hooke（胡克）：“细胞”名词的由来便是由胡克利用复合式显微镜观察软木塞上某区域中的微小气孔而得来的。

1674年，Leeuwenhoek（列文胡克）：发现原生动物学的报导问世，并于九年后成为首位发现“细菌”存在的人。

1833年，Brown（布朗）：在显微镜下观察紫罗兰，随后发表他对细胞核的详细论述。

1838年，Schlieden and Schwann（施莱登和施旺）：皆提倡细胞学原理，其主旨即为

“有核细胞是所有动植物的组织及功能的基本元素”。

1857 年，Kolliker（寇利克）：发现肌肉细胞中的线粒体。

1863 年，英国的 H·C·Sorby（简称索氏）首次用显微镜观察经抛光并腐刻的钢铁试片，从而揭开了金相学的序幕。

1876 年，Abbe（阿比）：剖析影像在显微镜中成像时所产生的绕射作用，试图设计出最理想的显微镜。

1879 年，Flrmming（佛莱明）：发现当动物细胞在进行有丝分裂时，其染色体的活动是清晰可见的。

1881 年，Retziue（芮祖）：动物组织报告问世，此项发表在当世尚无人能凌驾逾越。在 20 年后，以 Cajal（卡嘉尔）为首的多位组织学家发展了显微镜染色观察法，为日后的显微解剖学奠定了基础。

1882 年，Koch（寇克）：利用苯胺染料将微生物组织进行染色，由此发现了霍乱及结核杆菌。此后 20 年间，其他细菌学家，如 Klebs and Pasteur（克莱柏和帕斯特）则是在显微镜下检视染色药品而证实许多疾病的病因。

1886 年，Zeiss（蔡氏）：打破一般可见光理论上的极限，他的发明——阿比式及其他一系列的镜头为显微学者另辟了一片新的解像天地。

1898 年，Golgi（高尔基）：首位发现细菌中高尔基体的显微学家，他将细胞用硝酸银染色而成就了人类细胞研究史上的一大进步。

1924 年，Lacassagne（兰卡辛）：与其实验工作伙伴共同发明放射线照相法，这项发明便是利用放射性钋元素来探查生物标本。

1930 年，Lebedeff（莱比戴卫）：设计并搭配出第一架干涉显微镜，另外由 Zernicke（泽尔尼克）在 1935 年发明出相衬显微镜。两人将传统光学显微镜延伸发展到相位差观察，使生物学家得以观察染色活细胞上的种种细节。

1931 年，恩斯特·鲁斯卡通过研制电子显微镜，使生物学发生了一场革命，使科学家能观察到百万分之一毫米那样小的物体。1986 年他被授予诺贝尔奖。

1941 年，Coons（昆氏）：将抗体加上荧光染剂，用以侦测细胞抗原。

1952 年，Nomarski（诺马斯基）：发明了干涉相位差光学系统。此项发明不仅享有专利权，并以发明者本人命名。

1981 年，Allen and Inoue（艾伦及艾纽）：将光学显微原理上的影像增强对比，发展趋于完美境界。

1988 年，Confocal（共轭焦）扫描显微镜在市场上被广泛使用。

3. 显微镜的发展阶段

人的眼睛不能直接观察到比 0.1mm 更小的物体或物质的结构细节。人要想看得到更小的物质结构，就必须利用工具，这种工具就是显微镜。

（1）第一代显微镜——光学显微镜　光学显微镜的极限分辨率是 200nm。由于光的衍射效应，其分辨率受限于半波长，可见光的最短波长为 0.4μm。

（2）第二代显微镜——电子显微镜　1924 年，德布罗意提出了微观粒子具有波粒二象性的假设，后来这种假设得到了实验证实。此后物理学家们利用电子在磁场中的运动与光线在介质中的传播相似的性质，成功研制了电子透镜，在此基础上于 1933 年发明了电子显微镜。透射电子显微镜（TEM）的点分辨率为0.2～0.5nm，晶格分辨率为0.1～0.2nm；扫描电镜的分辨率为6～10nm。它们的工作环境都要求高真空，并且使用成本很高，在一定程度上限制了电子显微镜的发展。

（3）第三代显微镜——扫描探针显微镜　20世纪80年代初期，IBM公司苏黎世实验室的G·Binning和H·Rohrer发明了扫描隧道显微镜（STM），它的分辨率达到0.01nm。STM的诞生使人类第一次在实验室观测到了原子，并能够在超高真空超低温的状态下操纵原子。因为这两项重大发现，这两位科学家荣获了1986年的诺贝尔物理学奖。在STM的基础上，又发明了原子力显微镜、磁力显微镜、近场光学显微镜等，这些显微镜都统称为扫描探针显微镜。因为它们都是靠一根原子线度的极细针尖在被研究物质的表面上方扫描，检测采集针尖和样品间的不同物理量，以此得到样品表面的形貌图像和一些有关的电化学特性。例如，扫描隧道显微镜检测的是隧道电流，原子力显微镜测试的是原子间的相互作用力等。

光学显微镜和电子显微镜统称为远场显微镜，因为相对来说样品离成像系统有比较远的距离，成像的图像好坏基本取决于仪器的质量。而扫描探针显微镜的工作原理是基于微观或介观范围的各种物理特性，探针和样品之间只有2～3Å的距离，会产生相互作用，是一种相互影响的耦合体系，称为近场显微镜。它的成像质量不仅取决于显微镜本身，很大程度上还受样品本身和针尖状态的影响。所以，在使用这一类仪器时，要想得到好的图像，关键是要学会分析判断各种图像及现象产生的原因，然后通过调整参数，得到相对好的图像。

4. 电子显微镜的发展史

光学显微镜的发明使科学家如列文胡克、博诺莫和巴斯德能够研究细胞、细菌和人体的生理。但到了20世纪20年代，光学显微镜已经不能满足医学研究的需要了。

1928年，恩斯特·鲁斯卡用电子代替光制作了一个显微镜，能够把实物放大17倍。到了1933年，他把放大倍数提高到了1200倍。

鲁斯卡发现，当电子束通过一个磁场时，就会像光通过透镜一样将一个物体的影像放大。电子有比光更短的波长，能提供更大的放大倍数。

到了1939年，科学家能看到的已不只是细胞，还有细胞内部的结构。而到了1965年，加利福尼亚大学用一个三维电子显微镜将神经细胞放大了2万倍。

今天的电子显微镜能放大100万倍。

【思考题】

你在热处理实习中预见过哪些热处理缺陷？试分析其产生的原因并提出相应的预防措施。

附　录

附录A　常用钢材的热处理工艺及显微组织

钢的种类			典型钢种	热处理工艺	金相组织	备注
碳素钢	结构钢		35钢 45钢	退火	P + F	预备热处理通常采用正火
				正火	$P_{细}$ + F	
				淬火 + 低温回火	回火马氏体（$M_{回}$）	
				淬火 + 中温回火	回火托氏体（$M_{回}$）	
				淬火 + 高温回火（调质处理）	回火索氏体（$S_{回}$）	
	工具钢		T8 T12	球化退火	粒状珠光体（$P_{粒}$）	预备热处理通常采用球化退火
				淬火 + 低温回火	$M_{回}$ + $K_{粒}$	
合金钢	结构钢	调质钢	40Cr 38CrMoAlA	退火或正火	P + F	氮化前的预备热处理通常采用调质
				淬火 + 高温回火（调质）	$S_{回}$	
		弹簧钢	65Mn 60Si2Mn	淬火 + 中温回火	$T_{回}$	先冷热加工成形
				低温去应力回火		
		轴承钢	GCr15	球化退火	$P_{粒}$	原始组织为细片状珠光体或无明显网状碳化物的细珠光体
				正火淬火、分级淬火	$M_{片}$ + Ar + $K_{粒}$	
				等温淬火	$B_{下}$ + M + Ar	
				低温回火	$M_{回}$ + $K_{粒}$	
				附加回火		消除内应力
		渗碳钢	20CrMnTi	正火	P + F	预备热处理采用正火
				渗碳后缓冷	P + $Fe_3C_{Ⅱ}$（过共析层） P（共析层） P + F（亚共析层） F + P（心部）	
				淬火 + 低温回火	$M_{片}$ + Ar + $K_{粒}$（过共析层） $M_{片}$ + $M_{板}$ + Ar + $K_{粒}$（共析及亚共析层） $M_{板}$（心部） $M_{回}$ + $K_{粒}$（最表层）	
	工具钢	高速钢（莱氏体钢）	W18Cr4V	锻造退火	S + $K_{粒}$	在560℃回火三次，每次保温1h
				淬火	$M_{隐}$ + K + Ar（多）	
				回火（三次）	$M_{回}$ + Ar（少） + $K_{粒}$	

（续）

钢的种类				典型钢种	热处理工艺	金相组织	备注
合金钢	工具钢	冷作模具钢（莱氏体钢）		Cr12MoV	等温退火	$S+K_{条、块状}$	
					低温淬火+低温回火	$M_{回}+Ar_{(少)}+K_{粒}$	不要求热硬性
					高温淬火+高温回火	$M_{回}+Ar_{(少)}+K_{粒}$	要求热硬性
		热作模具钢	热锻模	5CrNiMo 5CrMnMo	退火	$P_{片}+F$	属于亚共析钢 模面 $T_{回}$ 或 $S_{回}+T_{回}$
					淬火	$M+K_{粒(少)}+Ar$	
					回火	$M_{回}+K_{粒(少)}$	
			压铸模	3Cr2W8V	退火	$P_{点}+P_{粒}+K_{共晶}$	属于过共析钢
					淬火+回火	$M_{回}+K_{粒(少)}$	

附录B　金相热处理综合实训课程标准

一、课程基本信息

课程名称	金相热处理综合实训	开课系部	材料工程系
适用专业	材料成型与控制 金属材料及热处理技术 检测技术及应用		
课程总学时/学期总学时	90学时	课程总学分/学期总学分	3学分
先修课程	金属材料与热处理 热处理认识实习 热处理与金相制样	后续课程	毕业设计

二、课程性质与任务

1. 课程性质

“金相热处理综合实训”课程是“材料成型与控制”专业进行岗位能力培养的一门专业拓展学习领域的课程，同时适用于“金属材料及热处理技术”、“检验技术及应用”等专业。本课程针对人才需求组织教学内容，按照工作过程设计教学环节，针对岗位需求培养职业能力，为培养高素质技能型专门人才提供保障。

2. 课程任务

“金相热处理综合实训”课程的主要任务包括：①学习常用金属材料普通热处理的基础知识、工艺参数选择及实际操作方法；②同种材料在不同热处理工艺下的力学性能与显微组织之间的关系及显微组织鉴别；③使学生掌握普通热处理工艺操作的基本技能和操作要领，能根据不同金属材料选择合适的热处理工艺，并制订相应的热处理工艺规范。

通过对本课程的学习，学生应熟练掌握普通热处理工艺的基础知识，熟悉材料、工艺、组织与性能之间的关系以及钢的金相试样制备方法，并具备鉴别钢的非平衡组织的能力，为走上工作岗位并尽快独立承担生产任务奠定良好的基础。

三、课程目标

1. 知识目标（编号A*i*）

A1　原材料硬度测定及显微组织鉴别。

A2　原材料退火后的硬度测定及显微组织鉴别。

A3　原材料正火后的硬度测定及显微组织鉴别。

A4　退火及正火试样在不同淬火工艺参数下的淬火硬度测定及显微组织鉴别。

A5　不同淬火状态试样在低温、中温和高温回火后的硬度测定及显微组织鉴别。

A6　组织缺陷的检验。

2. 能力目标（编号B*i*）

B1　分析原材料显微组织特征及其与力学性能之间的关系。
B2　选择退火工艺参数，测定退火后的硬度，分析显微组织与硬度之间的关系。
B3　选择正火工艺参数，测定退火后的硬度，分析显微组织与硬度之间的关系。
B4　选择淬火工艺参数，测定淬火后的硬度，分析显微组织与硬度之间的关系。
B5　选择回火工艺参数，测定回火后的硬度，分析显微组织与硬度之间的关系。
B6　不同热处理状态可能出现的缺陷识别。

3. 素质目标（编号 C*i*）

C1　遵守纪律、严谨务实的工作作风。
C2　一丝不苟、精益求精的工作态度。
C3　开阔思路、灵活多变的工作方法。
C4　不耻下问、勤于动手的工作习惯。
C5　自学、自控、自理能力；管理、质量、效益意识。

四、教学内容与学时安排

序号	教学任务或项目	教学内容			理论学时	实践学时
		知识	技能	素质		
1	原材料硬度测定及显微组织鉴别	原材料硬度测定	使用洛氏硬度计测定原材料硬度	仔细观察 认真思考	2	7
		原材料显微组织鉴别	识别材料显微组织特征及采集金相照片	观察模仿 反复训练		
		组织与性能	原材料显微组织与硬度之间的关系	思考分析		
2	原材料退火后的硬度测定及显微组织鉴别	退火工艺参数选择及硬度测定	材料退火及退火后洛氏硬度测定	遵守操作规范 严格工作作风	2	7
		退火显微组织鉴别	识别退火显微组织特征及采集金相照片	发散思维		
		组织与性能	退火显微组织与硬度之间的关系；退火与原材料显微组织的区别及其与硬度之间的关系	一丝不苟 精益求精		

（续）

序号	教学任务或项目	教学内容			理论学时	实践学时
		知识	技能	素质		
3	原材料正火后的硬度测定及显微组织鉴别	正火工艺参数及硬度测定	材料正火及正火后洛氏硬度测定	正确判断 分析思考	2	10
		正火显微组织鉴别	识别正火显微组织特征及采集金相照片	仔细观察 善于思考 勤于动手		
		组织与性能	正火显微组织与硬度之间的关系；正火与退火显微组织区别及其与硬度之间的关系；原材料与正火显微组织的区别及其与硬度之间的关系	认真思考 综合分析 正确判断		
4	退火、正火试样在不同淬火工艺参数下的淬火硬度测定及显微组织鉴别	保温时间和淬火冷却介质相同、加热温度不同时淬火工艺参数的选择及硬度测定	材料在不同加热温度下淬火及淬火后硬度测定	认真对待规范 严谨工作作风 正确判断方法	6	24
		加热温度和保温时间相同、淬火冷却介质不同时淬火工艺参数的选择及硬度测定	材料在不同淬火冷却介质中淬火及淬火后硬度测定	创新意识 发散思维 综合判断		
		加热温度和淬火冷却介质相同、保温时间不同时淬火工艺参数的选择及硬度测定	材料在不同保温时间后淬火及淬火后硬度测定	规范操作 安全意识 注重细节		
		淬火显微组织鉴别	识别材料在不同淬火工艺下的显微组织特征及采集金相照片	仔细观察 分析思考 正确判定 取伪存真		
		组织与性能	材料经欠热、正常及过热淬火后的显微组织特征及其与硬度之间的关系； 材料在水、油、盐水中淬火后的显微组织特征及其与硬度之间的关系；	活跃思维 举一反三 融会贯通 联想思变		

（续）

序号	教学任务或项目	教学内容			理论学时	实践学时
		知识	技能	素质		
4	退火、正火试样在不同淬火工艺参数下的淬火硬度测定及显微组织鉴别	组织与性能	材料在保温时间不足、充分及过长后淬火的显微组织特征及其与硬度之间的关系； 同种材料在加热温度、保温时间相同，冷却速度不同时（退火、正火、淬火）的显微组织特征及其与硬度之间的关系； 退火、正火后分别淬火的显微组织特征及其对硬度的影响	活跃思维 举一反三 融会贯通 联想思变		
5	不同淬火状态试样在低温、中温和高温回火后的硬度测定及显微组织鉴别	回火工艺参数选择及硬度测定	淬火试样回火及其回火后硬度测定	认真观察 反复训练 切磋琢磨	6	24
		回火显微组织鉴别	识别回火显微组织特征及采集金相照片	仔细观察 分析总结		
		组织与性能	淬火试样在低温、中温及高温回火后的显微组织特征及其与硬度之间的关系； 根据硬度变化趋势分析其他力学性能的变化规律	收集信息 综合判断 温故而知新		
6	缺陷组织的识别	原材料切割和热处理淬火时可能出现的缺陷组织	原材料切割过程对显微组织的影响； 过热淬火时可能出现的裂纹； 淬火时的非马氏体组织的识别	比较鉴别 分析总结 归纳整理		

五、教学基本条件

1. 师资要求

1）熟悉热处理工艺及金相检验操作规范，熟悉热处理及金相检验设备的使用。

2）具有材料科学及加工成形领域的工艺设计经验，并获得高校教师资格证书（专任教师）。

3）具有讲师以上或相应职称的教师主导本课程的教学组织与实施。

4）获得国家中级热处理工、中级金相检验工及材料加工工程类工程师及以上从业资格。

5）具有教学过程的组织与实施能力，具有持续开发课程的能力。

2. 仪器设备要求

1）中温箱式电阻炉。

2）洛氏硬度计。

3）淬火水槽、淬火油槽。

4）常用金属材料（如45钢、T8钢等），应和学生人数配套。

5）侵蚀剂用化学药品若干。

6）砂轮机。

7）金相砂纸若干。

8）金相显微镜。

9）金相试样抛光机。

3. 实验实训场所要求

1）实训场所面积应保证能够容纳整班学生；场地通风、除尘条件良好。

2）电力供应能够确保实训要求。

六、课程实施建议

1. 课程模式建议

按照“理论实践一体化”的教学模式组织教学过程。以岗位定能力，能力再分解为知识、技能和素质（态度）；针对岗位职能需求，通过项目支撑、任务驱动实施讲练结合的课程模式。

2. 教学建议

借鉴劳动社会保障部“职业核心能力”研究课题的成功经验和方法，融入素质教育。素质教育主要培养与人合作能力、与人沟通能力、数字处理能力、信息处理能力、分析及解决问题能力等几个方面。具体内容如下：

1）教学实训的讲解示范突出重点，强调要领，重在能力培养。注意指导学生学会基本操作的要领，及时纠正不正确的操作方法。

2）尽可能使用电化教学手段辅助教学，提高教学质量。

3）要加强职业道德教育，把学生的思想品德教育、职业道德教育、劳动纪律教育和安全教育贯穿于教学实训的全过程。

4）贯彻以学生为主体、以教师为主导、能力本位的教育理念及方法。

3. 教学方法与教学手段

根据课程内容和学生特点，灵活运用讲授、演示、任务驱动、分组工作、角色扮演、启发引导等教学方法，引导学生积极思考、乐于实践，提高教与学的效果。教学组织形式应多样化，尽量利用现代化的多媒体教学手段。

七、考核与评价

1. 考核依据

1）实习中的学习态度，钻研精神，遵守纪律情况。

2）基本操作动作的正确性和要求掌握知识的情况。

3）实习报告。

2. 成绩评定

根据项目评定成绩，成绩分为优、良、中等、及格、不及格，最后将总评成绩计入成绩册。

八、课程教学资源

1）各类热处理及金相试样。

2）课程标准。

3）课时授课计划、课程教学方案。

4）教学课件、参考教材、音像资料。

九、说明

1）本课程标准根据第6章强化训练内容编制。

2）各学校在执行时，可根据实训室的具体条件进行取舍。

附录C 热处理工技能鉴定考核模拟试题

热处理工技能鉴定考核模拟试题（1）

单位________________**姓名**______________**准考证号**______________

题　号	一	二	三	四	五	六	七	八	九	十	总计
得　分											
阅卷人											

一、填空题（每空0.5分，共10分）

1. 常用的硬度测试方法有布氏硬度法、__________法和__________法。测试陶瓷硬度往往采用____________硬度法。

2. 常见的晶格缺陷有点缺陷、__________和__________等。置换原子属于________，当这种缺陷的量____________时，材料的强度、硬度提高，塑性、韧性下降。

3. 金属的结晶过程包括_____________与长大两个过程。

4. 冷塑性变形后的金属，加热温度较低时发生回复，其主要特点是___________________________。（1分）

5. 普通热处理工艺中通常用作预备热处理的工艺有____________和正火；用作最终热处理的工艺有____________和_____________。

6. 灰口铸铁按照石墨的形态分为灰铸铁、_____________、____________和可锻铸铁。

7. 高速钢淬火的温度为____________，高温淬火的原因是________________。

8. 化学热处理包括______________、______________、______________三个过程。

二、判断题（把答案写在题后的括号中，正确画√，错误画×，每题1分，共20分）

1. 材料的屈强比越大越好。（　　）

2. 材料的韧脆转变温度越高，韧性越好。（　　）

3. 只要有一定的过冷度，就可以形核。（　　）

4. 金属塑性变形的主要方式有滑移和孪生两种。（　　）

5. 感应淬火零件的硬度要求一般都比较高，所以淬火后多进行高温回火。（　　）

6. 灰铸铁消除内应力的低温退火工艺是将铸件加热至弹性温度以上，保温一段时间，使铸件各部分温度均匀，残余应力得到松弛和稳定化，然后缓冷至弹塑性温度范围，出炉空冷。（　　）

7. 若钢中含有大量的硫元素，可以使钢产生热脆性。（　　）

8. 渗碳时，在一定温度下，碳原子沿着浓度的上升方向做定向扩散，其结果是得到一

定厚度的扩散层。(　　)

9. 淬透性高的钢淬硬性一定也高。(　　)

10. 过冷奥氏体和残留奥氏体都是碳溶于 γ-Fe 中形成的间隙固溶体。(　　)

11. 其他条件相同时，金属结晶时的冷却速度越快，过冷度越大。(　　)

12. H70 是铜的平均质量分数为 70%、Zn 的平均质量分数为 30% 的普通黄铜。(　　)

13. 任何情况下，材料晶粒越细小，性能就越好。(　　)

14. 所有钢种都能通过热处理进行强化。(　　)

15. 相同含碳量的碳钢与合金钢回火后硬度相同，其回火温度也相同。(　　)

16. 高速钢要经过反复锻造才能打碎鱼骨状的碳化物。(　　)

17. 耐磨钢在受到强大冲击和摩擦时耐磨。(　　)

18. 所有铝合金都能通过固溶处理 + 时效的方法强化。(　　)

19. 工具钢的最终热处理是淬火 + 低温回火。(　　)

20. 球墨铸铁可以进行各种各样的热处理，灰铸铁则不能。(　　)

三、选择题（只有一个正确答案，每题 1 分，共 25 分）

1. 在发生 $\gamma \rightarrow \alpha + \beta$ 的共析反应时，三相的成分（　　）。

A. 相同　　B. 确定　　C. 不确定

2. 确定碳钢淬火加热温度的基本依据是（　　）。

A. $Fe\text{-}Fe_3C$ 相图　　B. 等温转变曲线　　C. 连续冷却转变曲线　　D. 淬透性曲线

3. 下列组织中塑性最好的是（　　）。

A. 铁素体　　B. 珠光体　　C. 渗碳体　　D. 莱氏体

4. $Fe\text{-}Fe_3C$ 相图上的共析线是（　　）。

A. *ECF* 线　　B. *ACD* 线　　C. *PSK* 线

5. 钢在锻造时的组织通常是（　　）。

A. 奥氏体　　B. 渗碳体　　C. 铁素体　　D. 莱氏体

6. 高锰钢水韧处理后可以获得（　　）组织

A. 马氏体　　B. 奥氏体　　C. 下贝氏体　　D. 索氏体

7. 以下热处理工艺中通常可作为 20 钢预备热处理的工艺是（　　）。

A. 退火　　B. 正火　　C. 淬火　　D. 回火

8. 相同含碳量的合金钢与碳钢，前者的等温转变曲线相对后者的（　　）。

A. 左移　　B. 右移　　C. 下移　　D. 上移

9. 下列牌号的钢通常用来渗碳的是（　　）。

A. 20CrMnTi　　B. CrWMn　　C. T8 钢　　D. T12 钢

10. 下列牌号的钢可用来做刃具的是（　　）。

A. 60Si2Mn　　B. 20 钢　　C. 45 钢　　D. 9SiCr

11. 消除过共析层网状碳化物最简便的热处理工艺为（　　）

A. 完全退火　　B. 不完全退火　　C. 正火　　D. 高温回火

12. 下列铁碳合金中，含碳量最高的是（　　）。

A. QT400-18　　B. 20 钢　　C. W18Cr4V　　D. T10 钢

13. 下列热处理工艺中既能用作预备热处理，又能用作最终热处理的工艺是（　　）。
A. 球化退火　B. 等温退火　C. 淬火+低温回火　D. 正火
14. 中频感应淬火的频率是（　　）。
A. 50Hz　B. 2000~8000Hz　C. 10~100kHz　D. 100~1000kHz
15. 片状珠光体中片层间距越小，则（　　）。
A. 相界面越多，强度和硬度越低　B. 相界面越少，强度和硬度越高
C. 相界面越少，强度和硬度越低　D. 相界面越多，强度和硬度越高
16. 球墨铸铁通常的淬火工艺为（　　）。
A. 860~900℃，油冷　B. 860~900℃，水冷
C. 900~930℃，油冷　D. 900~930℃，水冷
17. 钢由奥氏体区急冷到 *Ms* 点以下时，便可得到（　　）。
A. 上贝氏体　B. 马氏体　C. 下贝氏体　D. 珠光体
18. 扩散是钢的化学热处理过程中重要的控制因子，而影响扩散系数的最重要因素是（　　）。
A. 温度　B. 扩散方式　C. 晶格类型　D. 固溶体类型
19. 若零件要求综合力学性能好，可选择下列哪种热处理工艺（ ）？
A. 正火　B. 调质　C. 退火　D. 淬火+中温回火
20. 合金工具钢淬火时，下列冷却介质中较合适的是（　　）。
A. 10 号机械油　B. 水　C. 空气　D. 盐水
21. 通过铁碳相图可知，钢与白口铸铁组织最大的不同是前者无（　　）组织。
A. 珠光体　B. 马氏体　C. 奥氏体　D. 莱氏体
22. 下列钢中，淬透性最好的是（　　）。
A. 20 钢　B. 45 钢　C. 40Mn　D. 20CrMnTi
23. 去应力退火的加热温度范围是（　　）。
A. A_{c1} 以上 30~50℃　B. A_{c1} 以下某温度　C. A_{ccm} 以上　D. A_{c3} 以上
24. 感应淬火的淬硬层深度主要取决于（　　）。
A. 钢的含碳量　B. 淬火冷却介质的冷却能力
C. 感应电流频率　D. 感应电流电压
25. 马氏体的力学性能的显著特点是具有高硬度和高强度。马氏体的硬度主要取决于（　　）。
A. 钢中合金元素含量　B. 马氏体中的含碳量
C. 钢的加热温度　D. 钢的冷却速度

四、简答题（每题 5 分，共 20 分）

1. 简述钢的淬火温度确定的一般原则。
2. 化学热处理包括哪几个基本过程？常用的化学热处理方法有哪几种？
3. 亚共析钢、共析钢和过共析钢的组织有何特点和异同点。
4. 在制造齿轮时，有时采用喷丸法（即将金属丸喷射到齿轮表面上）使齿面得以强化。试分析强化原因。

五、综合题（25 分，第 1 题 13 分、第 2 题 12 分）

1. 附图 1 所示为共析钢过冷奥氏体连续冷却转变曲线示意图。

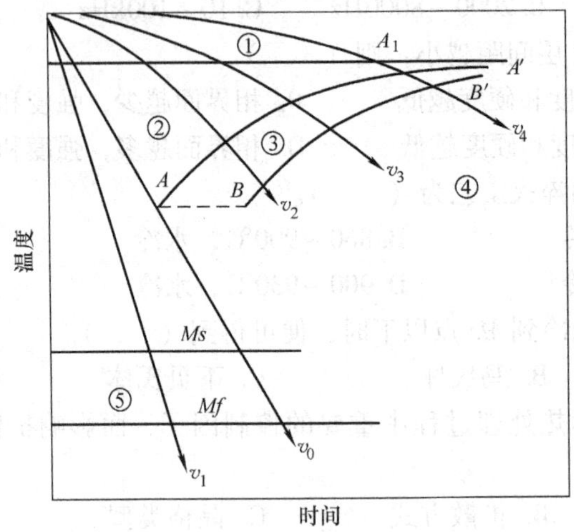

附图 1　共析钢过冷奥氏体连续冷却转变曲线示意图

1）指出以下五个区域的转变组织：区域①（A_1 线以上）、区域②（AA'左边）、区域③（AA'和 BB'之间）、区域④（BB'右边）、区域⑤（Ms 线以下）。

2）若将共析钢加热至奥氏体化温度后分别以图示冷却速度 v_1、v_0、v_2、v_3、v_4 冷却至室温，会得到什么组织？

3）连续冷却转变曲线的实用意义是什么？

2. 正火与退火的主要区别是什么？生产中应如何选择正火及退火？

热处理工技能鉴定考核模拟试题（2）

单位________________**姓名**____________**准考证号**____________

题　号	一	二	三	四	五	六	七	八	九	十	总计
得　分											
阅卷人											

一、填空题（每空0.5分，共10分）

1. 金属形核的方式有____________和非自发形核两种形式。

2. 常见的晶体缺陷有点缺陷、____________和____________三种类型。位错属于____________缺陷，晶界属于____________缺陷。

3. 划分冷加工和热加工的主要条件是____________。

4. 在铸造生产中，常采用________、____________和机械振动、搅拌等措施控制晶粒大小。

5. 铁碳合金相图上有三个基本反应，分别是____________反应、____________反应和共析反应。

6. 弹簧钢的最终热处理是____________和____________。

7. 通过铁碳相图可知，铁碳合金中的基本相有____________、____________和渗碳体。其中含碳量最高的相是____________，由它们组成的组织有____________和莱氏体。

8. 大部分合金元素加入钢中，都会使过冷奥氏体稳定性____________。

9. 高速钢要经过反复锻造，因为其铸态组织中含有大量____________组织；淬火需要两次预热，主要是因为合金元素含量高，使其导热性____________；回火次数不少于三次，以减少____________组织。

二、判断题（把答案写在题后的括号中，正确画√，错误画×，每题1分，共20分）

1. 不管什么零件选用耐磨钢，其耐磨性能肯定会提高。（　）
2. 残留奥氏体的存在既降低工件硬度，又影响其尺寸稳定性。（　）
3. 组成合金的组元必须是金属元素。（　）
4. 珠光体是由铁素体和渗碳体组成的机械混合物。（　）
5. 过冷奥氏体和残留奥氏体都是碳溶于γ-Fe中形成的间隙固溶体。（　）
6. 纯金属和合金的结晶都是在恒温下完成的。（　）
7. 增加金属的内部缺陷数量是强化金属的重要途径之一。（　）
8. 置换固溶体可能是无限固溶体。（　）
9. 高熔点的合金碳化物、特殊碳化物使合金钢在热处理时不易过热。（　）
10. 晶粒大小对钢性能的影响是：晶粒越细，则强度和硬度升高，而塑性和韧性下降。（　）

11. 高温渗氮，低温渗碳。渗氮后不再进行热处理，渗碳后需要热处理。（　）
12. 金属原子的结合方式是金属键。（　）
13. 为了获得马氏体组织，淬火冷却时冷却速度越快越好。（　）
14. 高速钢是莱氏体钢，因为它的铸态组织中存在着大量的莱氏体。（　）
15. 晶格畸变越大，金属强度越高，塑性下降，此现象称为加工硬化。（　）
16. 在选择钢材时，首先应考虑选择合金钢，因为其性能优良。（　）
17. 粒状珠光体是通过铁素体的球化获得的。（　）
18. 轴承钢的最终热处理工艺是淬火 + 中温回火。（　）
19. 氮化工艺最大的缺陷是工件氮化时加热温度较低。（　）
20. 一次渗碳体、二次渗碳体和三次渗碳体的含碳量相同、性能相同，只是形态不同。（　）

三、选择题（每题1分，共25分）

1. 金属具有良好的塑性、密度高等是因为由正离子和自由电子之间相互吸引结合形成的金属键（　）。

A. 有方向性　B. 没有方向性　C. 有偶极矩　D. 有方向性和偶极矩

2. 金属的典型晶体结构为（　）。

A. 简单立方、面心立方　B. 面心立方、体心立方、密排六方

C. 简单立方、体心四方、密排六方　D. 面心正交、体心正交、密排六方

3. 钢的原始组织越细，越易得到较均匀的奥氏体，使等温转变曲线右移，并使 *Ms* 点（　）。

A. 下降　B. 上升　C. 斜移　D. 不变

4. 常见的铝合金热处理强化方法为（　）。

A. 淬火 + 中温回火　B. 正火　C. 固溶 + 时效　D. 等温退火

5. 镗床主轴通常采用38CrMoA1钢进行（　）。

A. 氮碳共渗　B. 渗碳　C. 渗氮　D. 渗硫

6. 一种力学性能指标是指零件在受力时抵抗弹性变形的能力，它等于材料弹性模量与构件截面的乘积，这种力学性能指标称为（　）。

A. 刚度　B. 抗拉强度　C. 冲击韧度　D. 弹性极限

7. 具有高的抗压强度、优良的耐磨性、消振性和低的缺口敏感性，用于制造汽车和拖拉机中的气缸和机床床身的材料是（　）。

A. 球墨铸铁　B. 灰铸铁　C. 可锻铸铁　D. 铸钢

8. 测定薄层化学热处理的渗层硬度梯度时，最适宜采用的硬度试验方法是（　）法。

A. 洛氏　B. 布氏　C. 维氏　D. 努氏

9. 铸造铝合金热处理的淬火 + 完全人工时效通常采用（　）符号表示。

A. T2　B. T5　C. T6　D. T7

10. 金属的实际结晶温度与理论结晶温度之差称为过冷度，过冷度越大，则实际结晶温度（　）。

A. 越高　B. 越低　C. 可高可低　D. 不变

11. 3Cr2W8V 钢属于（ ）。

A. 亚共析钢 B. 共析钢 C. 过共析钢 D. 渗碳钢

12. 钢在连续冷却时，随着冷却速度的增加（ ）。

A. 转变温度不断上升，硬度不断提高

B. 转变温度不断上升，硬度不断下降

C. 转变温度不断降低，硬度不断升高

D. 转变温度不断降低，硬度不断下降

13. 在共析钢的等温冷却转变曲线上，根据温度高低不同，把曲线分为高温转变区、中温转变区和低温转变，中温转变区的组织为（ ）。

A. 马氏体型组织 B. 珠光体型组织 C. 贝氏体型组织

14. 正常渗碳后缓冷的组织从表层到心部依次是（ ）。

A. 过共析层、共析层、亚共析层和心部组织 B. 共析层、过共析层、亚共析层和心部组织

C. 过共析层、亚共析层和心部组织

15. 铁碳合金在固态平衡条件下出现的几种基本组织是铁素体、奥氏体和（ ）。

A. 索氏体、贝氏体、马氏体 B. 贝氏体、渗碳体、珠光体

C. 贝氏体、马氏体 D. 莱氏体、渗碳体、珠光体

16. 钢的马氏体的塑性和韧性主要取决于它的（ ）。

A. 奥氏体 B. 亚结构 C. 化学成分 D. 淬火冷却速度

17. 子弹壳通常用下列哪种材料制造（ ）?

A. 45 钢 B. HT200 C. H70 D. ZL102

18. 灰铸铁强化的主要方法是（ ）。

A. 热处理 B. 孕育处理 C. 固溶强化 D. 加工硬化

19. 下列牌号的钢可用来做刃具的是（ ）。

A. 15 钢 B. 20 钢 C. CrWMn D. 20CrMnTi

20. 合金元素可以提高钢的耐回火性，这意味着淬火钢回火时随回火温度的升高（ ）。

A. 硬度迅速下降B. 硬度不变 C. 硬度下降减缓 D. 硬度升高

21. 下列材料中塑韧性最好的是（ ）。

A. HT100 B. QT400-15 C. RuT260 D. KTH350-10

22. 渗碳的加热温度为（ ）。

A. 800 ~900℃ B. 900 ~950℃ C. 950 ~1100℃ D. 520 ~570℃

23. 钢在锻造时的组织通常是（ ）。

A. 奥氏体 B. 渗碳体 C. 铁素体 D. 莱氏体

24. 下列材料中不属于合金的是（ ）。

A. 钢 B. 铸铁 C. 纯铜 D. 黄铜

25. 使钢发生冷脆的元素是（ ）。

A. S B. Mn C. Cr D. P

四、简答题（每题5分，共20分）

1. 根据零件名称，从下列材料中选择合适的牌号填入相应的表格中（每空0.5分，共5分）

A. Cr12MoV　　B. W18Cr4V　　C. Q420　　D. 60Si2Mn　　E. T10A

F. HT250　　G. ZGMn13　　H. 40Cr　　I. 9SiCr　　J. GCr15

零件名称	所选牌号	零件名称	所选牌号
滚动轴承		大型桥梁钢结构	
机床主轴		高精度量具	
大型冲模		挖掘机铲齿	
车床床身		车辆减振弹簧	
木工工具		麻花钻头	

2. 根据材料牌号判断合金类型并填入相应的表格中（每空0.5分，共5分）

材料牌号	合金类型	材料牌号	合金类型
06Cr18Ni11Ti		ZG340-640	
QT400-18		2A01	
H90		T12	
GCr15		40CrMnMo	
20CrMnTi		ZL102	

3. 简述细晶粒钢强度高，塑性、韧性也好的原因。

4. 某工厂仓库积压了许多碳钢（退火状态），由于钢材混杂，不知道钢的化学成分。现找出其中一根，经金相分析后，发现其组织为珠光体＋铁素体，其中铁素体占视域面积的80%，问此钢的含碳量大约是多少？并根据含碳量判断该钢的牌号。

五、综合题（25分，第1题7分、第2题13分、第3题5分）

1. 已知GCr15精密轴承钢的加工工艺路线为下料→锻造→超细化处理→机加工→淬火→冷处理→稳定化处理，其中热处理工艺如下：

1）超细化处理：1050℃×（20～30min）高温加热，250～350℃×2h盐浴炉等温，690～720℃×3h，随炉冷至500℃出炉空冷。

2）淬火：835～850℃×（45～60min）在保护气氛下加热，150～170℃油中冷却5～10min，再于30～60℃油中冷却。

3）冷处理：清洗后在－40～－70℃×（1～1.5h）深冷处理。

4）稳定化处理：粗磨后进行140～180℃×（4～12h）稳定化处理；精磨后进行120～160℃×（6～24h）稳定化处理。

试分析GCr15精密轴承钢在加工过程中采用上述热处理工艺的目的。

2. 表面淬火的目的是什么？常用的表面淬火方法有哪几种？比较它们的优缺点及应用范围，并说明表面淬火前应采用何种预备热处理。

3. 拟用 T10 制造形状简单的车刀，工艺路线为锻造→热处理→机加工→热处理→磨加工。

1）写出各热处理工序的名称，并指出各热处理工序的作用。

2）指出最终热处理后的显微组织及大致硬度。

3）制订最终热处理工艺规范（温度、冷却介质）。

附录D 热处理工技能鉴定考核模拟试题答案

热处理工技能鉴定考核模拟试题答案（1）

一、填空题（每空0.5分，共10分）

1. 洛氏硬度；维氏硬度；洛氏HRA
2. 线缺陷；面缺陷；点缺陷；增加
3. 形核
4. 内应力大大减小，物理化学性能回复到变形前（1分）
5. 退火；淬火；回火
6. 球墨铸铁；蠕墨铸铁
7. 1260～1280℃；为了让更多的合金元素溶入奥氏体中，为二次硬化打下基础。
8. 分解；吸收；扩散

二、判断题（每题1分，共20分）

序号	1	2	3	4	5	6	7	8	9	10
答案	×	×	×	√	×	×	√	×	×	√
序号	11	12	13	14	15	16	17	18	19	20
答案	√	√	×	×	×	√	√	×	√	√

三、选择题（每题1分，共25分）

序号	1	2	3	4	5	6	7	8	9	10	11	12	13
答案	B	A	A	C	A	B	B	B	A	D	C	A	D
序号	14	15	16	17	18	19	20	21	22	23	24	25	
答案	B	D	A	B	A	B	A	D	D	B	C	B	

四、简答题（每题5分，共20分）

1. 亚共析钢：Ac_3 +（30～50℃），如果在两相区，有铁素体存在，将使淬火后的工件出现软点，降低钢的强度和硬度（2.5 分）。

共析钢、过共析钢：Ac_1 +（30 ~50℃），如果温度过高，渗碳体全部溶解于奥氏体中，提高了奥氏体中碳的浓度，使马氏体转变温度下降，淬火后残留奥氏体量增多，硬度和耐磨性下降；同时，奥氏体晶粒容易长大，得到粗大的马氏体，使钢的脆性和开裂倾向增大（2.5 分）。

2. 化学热处理的基本过程包括：

（1）分解　化学介质首先要分解出具有活性的原子。（1 分）

（2）吸收　工件表面吸收活性原子而形成固溶体或化合物。（1 分）

（3）扩散　被工件吸收的活性原子从表面向内扩散，形成一定厚度的扩散层。（1 分）

常用的化学热处理方法有渗碳、渗氮、碳氮共渗、氮碳共渗。（2 分）

3. 亚共析钢的组织由铁素体和珠光体组成，其中铁素体呈块状（1 分）。共析钢的组织由珠光体组成，珠光体中铁素体与渗碳体呈片状分布（1 分）。过共析钢的组织由珠光体和二次渗碳体组成，其中二次渗碳体在晶界形成连续的网络状（1 分）。

共同点：钢的组织中都含有珠光体。（0.5 分）

不同点：亚共析钢的组织是铁素体和珠光体（0.5 分），共析钢的组织是珠光体（0.5 分），过共析钢的组织是珠光体和二次渗碳体（0.5 分）。

4. 高速金属丸喷射到零件表面上，使工件表面层产生塑性变形（1 分），形成一定厚度的加工硬化层（2 分），使齿面的强度、硬度升高。（2 分）

五、综合题（25 分）

1. （13 分）

1）①A 区（1 分）

②过冷 A 区（1 分）

③A→P 区（1 分）

④P 区（1 分）

⑤过冷 A→M（1 分）

2）v_1：M（1 分）

v_0：M（1 分）

v_2：T（1 分）

v_3：S（1 分）

v_4：P（1 分）

3）意义：表示在各种不同冷却速度下，过冷奥氏体转变开始和转变终了的温度和时间的关系，是分析转变产物与性能的依据，也是制订热处理工艺的重要参考资料。（3 分）

2. （12 分）

正火与退火的区别：

1）加热温度不同。亚共析钢退火和正火的温度相同；过共析钢的退火加热温度为 Ac_1 +（30 ~50℃），而正火的加热温度为 Ac_{cm} +（30 ~50℃）。（2 分）

2）冷却速度不同。正火比退火的冷速快，珠光体片层细、数量多、晶粒细小，所以强度和硬度高。（2 分）。

生产中按以下原则选择退火及正火：

1）从切削加工性能考虑：对于低、中碳结构钢以正火作为预备热处理比较合适，高碳结构钢和工具钢则以退火为宜。中碳以上的合金钢一般都采用退火以改善切削性能。(2 分)

2）从使用性能考虑：如工件性能要求不太高，随后不再进行淬火和回火，那么往往用正火来提高其力学性能；但若零件的形状比较复杂，正火的冷却速度有形成裂纹的危险，则应采用退火。(3 分)

3）从经济性考虑：正火比退火的生产周期短，耗能少，且操作简便，故在可能的条件下，应优先考虑以正火代替退火。(3 分)

热处理工技能鉴定考核模拟试题答案（2）

一、填空题（每空 0.5 分，共 10 分）

1. 自发形核
2. 线缺陷；面缺陷；线；面
3. 再结晶温度
4. 增大过冷度；变质处理
5. 包晶；共晶
6. 淬火 + 中温回火
7. 奥氏体（A）；铁素体（F）；渗碳体（Fe_3C）；珠光体（P）
8. 提高
9. 莱氏体；变差；残留奥氏体

二、判断题（每题 1 分，共 20 分）

序号	1	2	3	4	5	6	7	8	9	10
答案	×	√	×	√	√	×	√	√	√	×
序号	11	12	13	14	15	16	17	18	19	20
答案	×	√	×	√	√	×	×	×	×	√

三、选择题（每题 1 分，共 25 分）

序号	1	2	3	4	5	6	7	8	9	10	11	12	13
答案	B	B	A	C	C	D	B	C	C	B	C	D	C
序号	14	15	16	17	18	19	20	21	22	23	24	25	
答案	A	D	B	C	B	C	C	B	B	A	C	D	

四、简答题（每题 5 分，共 20 分）

1.（每题 0.5 分，共 5 分）

零件名称	所选牌号	零件名称	所选牌号
滚动轴承	J	大型桥梁钢结构	C
机床主轴	H	高精度量具	I
大型冲模	A	挖掘机铲齿	G
车床床身	F	车辆减振弹簧	D
木工工具	E	麻花钻头	B

2.（每题 0.5 分，共 5 分）

材料牌号	合金类型	材料牌号	合金类型
06Cr18Ni11Ti	奥氏体不锈钢	ZG340-640	铸钢
QT400-18	球墨铸铁	2A01	变形铝合金
H90	黄铜	T12	碳素工具钢
GCr15	滚动轴承钢	40CrMnMo	合金结构钢（调质钢）
20CrMnTi	合金渗碳钢	ZL102	铸造铝合金

3. 金属的晶粒越细，其晶界总面积越大，对塑性变形的抗力也越大（1 分）。因此，金属的晶粒越细，强度越高（1 分）。同时晶粒越细，单位体积中的晶粒数便越多，变形时同样的变形量便可分散在更多的晶粒中发生，而不致造成局部的应力集中，因此塑性、韧性越好（3 分）。

4. 由于组织为珠光体＋铁素体，说明此钢为亚共析钢。（1.5 分）

根据公式 $w_c = A_P\% \times 0.8\% \approx (1-80\%) \times 0.8\% = 0.16\%$（3 分），可判断此材料为 15 钢（1.5 分）。

五、综合题（25 分）

1. 1）超细化处理：细化晶粒，碳化物颗粒尺寸小于 0.6μm，有利于淬火后获得细小针状马氏体组织，可提高冲击韧性、耐磨性和疲劳强度。（3 分）

2）淬火：相当于分级淬火，可减小变形。（1 分）

3）冷处理：减少残留奥氏体，提高硬度，稳定尺寸。（2 分）

4）稳定化处理：进一步稳定尺寸。（1 分）

2. 表面淬火的目的是使工件表层得到强化，使它具有较高的强度、硬度、耐磨性及疲劳强度，而心部为了能承受冲击载荷的作用，应保持足够的塑性与韧性。（3 分）

常用的表面淬火方法有感应淬火和火焰淬火。（2 分）

感应淬火与火焰淬火相比具有以下特点：

1）感应加热速度极快且淬火加热温度高。（1 分）

2）因加热时间短，奥氏体晶粒细小而均匀，淬火后可在表面层获得极细马氏体且脆性较低。（1 分）

3）感应淬火可提高工件的疲劳强度且变形小，不易氧化脱碳。（1 分）

4）感应淬火生产率高，便于机械化、自动化，适宜于大批量生产。（1 分）

但感应加热设备比火焰淬火的费用高，维修调整比较困难，形状复杂的线圈不易制造。（2 分）

表面淬火前应采用退火或正火预备热处理，也可进行调质处理。（2 分）

3. 1）两道热处理工序分别为退火、淬火＋低温回火。退火处理可细化组织，降低硬度，改善切削加工性能；淬火可获得高硬度和耐磨性，低温回火可去除内应力。（2 分）

2）最终热处理后的显微组织为回火马氏体，硬度约为 60HRC。（1 分）

3）T10 车刀的淬火温度为 780℃ ±10℃，冷却介质为水；回火温度为 180℃ ±10℃。（2 分）

参 考 文 献

[1] 黄丽荣．金属材料与热处理［M］．大连：大连理工大学出版社，2011.

[2] 刘宗昌．金属学与热处理［M］．北京：化学工业出版社，2008.

[3] 李泉华．热处理技术400问解析［M］．北京：机械工业出版社，2002.

[4] 张博．金相检验［M］．北京：机械工业出版社，2009.

[5] 李炯辉．金属材料金相图谱［M］．北京：机械工业出版社，2006.

[6] 任颂赞，张静江，陈质如，等．钢铁金相图谱［M］．上海：上海科学技术文献出版社，2003.

[7] 王广生．金属热处理缺陷分析及案例［M］．北京：机械工业出版社，2007.

[8] 孙盛玉，戴雅康．热处理裂纹分析图谱［M］．大连：大连出版社，2003.

[9] 燕样样．钢材相似显微组织分析与鉴别［J］．理化检验：物理分册，2012，48（6）：390-393.

[10] 石德珂．材料科学基础［M］．北京：机械工业出版社，1999.

[11] 唐仁正．物理冶金基础［M］．北京：冶金工业出版社，1997.

[12] 安运铮．热处理工艺学［M］．北京：机械工业出版社，1982.

[13] 夏立芳．金属热处理工艺学［M］．哈尔滨：哈尔滨工业大学出版社，1996.

[14] 燕样样，杜建平．电脑绣花机导轨热处理畸变的校正［J］．热加工工艺，2005（1）：74.

[15] 燕样样．浅谈铸铁试样金相试样制备方法［J］．金属热处理，2007，32（6）：104-105.

[16] 燕样样，王艳芳．异种材料焊接接头金相试样的制备［J］．金属热处理，2008，33（5）：94-96.

[17] 姚永红，燕样样，李红莉，等．铝合金钎焊接头金相试样制备方法［J］．金属热处理，2009，34（11）：113-115.

[18] 李泉华．材料热处理工程师资格考试指导书［Z］．中国机械工程学会热处理分会，2005.

[19] 李红莉，燕样样．T10A钢磨床钳口淬火开裂原因分析［J］．热加工工艺，2008，37（12）：98-99.

[20] 燕样样．斜键热处理裂纹分析［J］．热加工工艺，2010，39（4）：164-166.

[21] 白培谦．20钢钢板冷弯成型时开裂原因分析［J］．理化检验：物理分册，2005，增刊，41.

[22] 温宏权，向顺华，张永杰，等．60Si2Mn弹簧钢加热温度对表面脱碳的影响［J］．宝钢技术，2008，3：44-47.

[23] 曹安然，李玉芳，王剑，等．弹簧钢55SiCr氧化与脱碳特性的研究［J］，金属热处理，2010，35（9）：51-55.

[24] 姚永红．接头淬火开裂原因分析与思考［J］．热加工工艺，2010，39（16）：183-185.

[25] 燕样样．顶尖淬火开裂原因分析［J］．理化检验：物理分册，2011，47（9）：598-601.

[26] 燕样样．V型钢导轨端面裂纹原因分析［J］．热加工工艺，2008，37（4）：90-91.

[27] 燕样样．六方轴表面裂纹成因分析［J］．理化检验：物理分册，2010，46（11）：164-166.

[28] 张增志．耐磨高锰钢［M］．北京：冶金工业出版社，2003.

[29] 上海市机械制造工艺研究所．金相分析技术［M］．上海：上海科学技术文献出版社，1987.

[30] 汪守朴．金相分析基础［M］．北京：冶金工业出版社，2003.

[31] 燕样样．钢材相似显微组织分析与鉴别“续”［J］．理化检验：物理分册，2013，49（2）．

[32] 燕样样．金相试样制备技巧［J］．理化检验：物理分册，2013，49（3）．